海外中国研究丛书
刘 东 主编

[美] 苏源熙 著
卞东波 译
张强强 朱霞欢 校

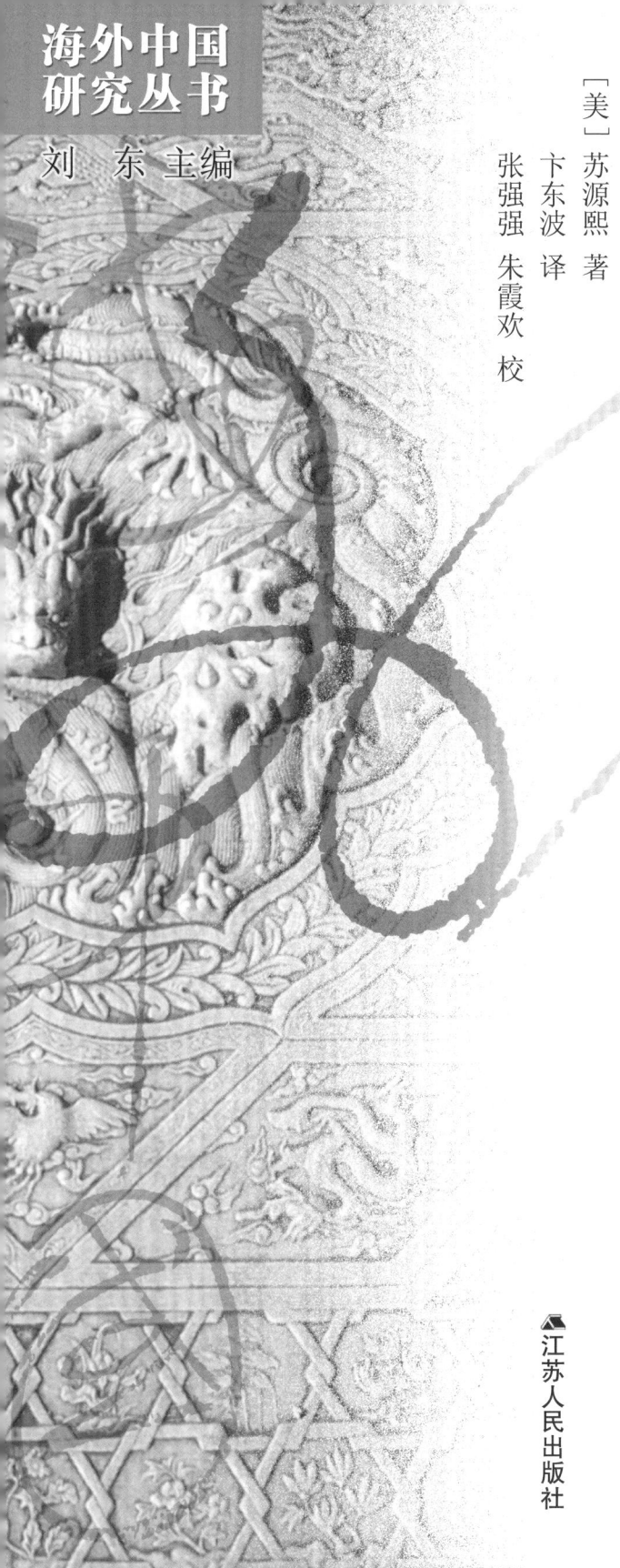

中国美学问题

THE PROBLEM OF A CHINESE AESTHETIC

江苏人民出版社

图书在版编目(CIP)数据

中国美学问题/[美]苏源熙著;卞东波译. --南京:江苏人民出版社,2011.2(2020.7重印)
(海外中国研究丛书/刘东主编)
ISBN 978-7-214-06825-5

Ⅰ.①中… Ⅱ.①苏…②卞… Ⅲ.①美学史-研究-中国 Ⅳ.①B83-092

中国版本图书馆CIP数据核字(2011)第022941号

The Problem of a Chinese Aesthetic
Copyright 1993 by the Board of Trustees of the Leland Stanford Junior University.
All rights reserved.
Translated and published by arrangement with Stanford University Press.
Chinese simplified translation rights 2009 by Jiangsu People's Publishing House
All right reserved.
江苏省版权局著作权合同登记:图字 10-2003-171

书　　　名	中国美学问题	
著　　　者	[美]苏源熙	
译　　　者	卞东波	
责任编辑	王　田	
装帧设计	陈　婕	
责任监制	王　娟	
出版发行	江苏人民出版社	
出版社地址	南京市湖南路1号A楼,邮编:210009	
出版社网址	http://www.jspph.com	
照　　　排	江苏凤凰制版有限公司	
印　　　刷	苏州市越洋印刷有限公司	
开　　　本	960毫米×1304毫米　1/32	
印　　　张	10.375　插页4	
字　　　数	298千字	
版　　　次	2011年2月第1版　2020年7月第2次印刷	
标准书号	ISBN 978-7-214-06825-5	
定　　　价	68.00元	

(江苏人民出版社图书凡印装错误可向承印厂调换)

"海外中国研究系列"总序

中国曾经遗忘过世界,但世界却并未因此而遗忘中国。令人嗟讶的是,20世纪60年代以后,就在中国越来越闭锁的同时,世界各国的中国研究却得到了越来越富于成果的发展。而到了中国门户重开的今天,这种发展就把国内学界逼到了如此的窘境:我们不仅必须放眼海外去认识世界,还必须放眼海外来重新认识中国;不仅必须向国内读者迻译海外的西学,还必须向他们系统地介绍海外的中学。

这个系列不可避免地会加深我们150年以来一直怀有的危机感和失落感,因为单是它的学术水准也足以提醒我们,中国文明在现时代所面对的绝不再是某个粗蛮不文的、很快就将被自己同化的、马背上的战胜者,而是一个高度发展了的、必将对自己的根本价值取向大大触动的文明。可正因为这样,借别人的眼光去获得自知之明,又正是摆在我们面前的紧迫历史使命,因为只要不跳出自家的文化圈子去透过强烈的反差反观自身,中华文明就找不到进入其现代形态的入口。

当然,既是本着这样的目的,我们就不能只从各家学说中筛选那些我们可以或者乐于接受的东西,否则我们的"筛子"本身就可能使读者失去选择、挑剔和批判的广阔天地。我们的译介毕竟还只是初步的尝试,而我们所努力去做的,毕竟也只是和读者一起去反复思索这些奉献给大家的东西。

刘　东

子曰:"小子何莫学夫《诗》?《诗》,可以兴,可以观,可以群,可以怨。迩之事父,远之事君,多识于鸟兽草木之名。"

——孔子《论语·阳货》(第十七篇第九则)

"认识"还有一种更普遍的意蕴。甚至在人们尚未进入命题和真理之前,这样一种"认识"就已然存在于想象与表达之中。于是可以说,倘若一个人聚精会神地浏览了更多动植物的画片,更多机器的图样,更多房屋或城堡的素描,倘若他阅读了更多有丰富洞见的小说,也即更多兴味盎然的故事——那么这个人,在我看来,就会比另一个获得更多的"认识",即使在他所接触的摹画或描述中,没有一星半点的"真实"。

——莱布尼茨《人类理智新论》第四卷第一章

目 录

译者的话 *1*

中文版序 *1*

谢辞 *1*

导论 *1*

第一章 中国讽寓的问题 *15*

第二章 讽寓的另一面 *57*

第三章 《诗序》:作为《诗经》的介绍 *87*

第四章 《诗经》:作为规范的解读 *119*

第五章 黑格尔的中国想象 *168*

第六章 结论:比较的比较文学 *211*

参考文献 *216*

附录:《诗经》中的复沓、韵律和互换 *246*

索引 *266*

译后记 *278*

译者的话

一、引 言

苏源熙(Haun Saussy)教授是美国年轻一辈的汉学家,1960年出生。他1981年本科毕业于杜克大学,专业是希腊语和比较文学。之后两年他在法国学习。正是在法国时,他开始学习中文,并接触到中国文学。回到美国后,1983—1990年,他在耶鲁大学比较文学系攻读博士学位,并于1990年获耶鲁大学比较文学博士学位,博士论文就是这本《中国美学问题》。[①]

获得博士学位后,苏源熙教授一直在比较文学与中国文学领域内从事研究与教学,历任洛杉矶加州大学比较文学系助理教授、副教授(1990—1995),斯坦福大学比较文学系、东亚语言系副教授、教授及系主任(1995—2004),2004年起任耶鲁大学比较文学系教授,现为耶

[①] 这本书的原名是"*The Problem of a Chinese Aesthetic*"(直译为《一个中国美学的问题》),为了简洁与显豁起见,在征得苏源熙教授同意后,这里译为《中国美学问题》。关于书名的说明,参见苏教授为本书所写的中文版序言。

鲁大学比较文学 Bird White Housum 讲座教授、东亚研究中心主任。并在 2009 年 3 月于哈佛大学召开的美国比较文学协会(ACLA)年会上当选为该学会主席。

苏源熙教授治学异常广泛，迥异于其他汉学家终生专守一块研究领域，他的研究视野涉及中国文学的各个层面与各个时代。既有对中国先秦经典，如《诗经》、《庄子》、《礼记》的研究，又有对清代长篇小说《红楼梦》的精彩解读，同时又把眼光触及到明清时代的女性创作。此外，他又把视阈投射到当代中国，写出了一系列反思当代中国文化的文章。另一方面，他又辛勤地在比较文学领域中开垦，但他的比较文学研究，不是简单的中西文学比较，而是以比较文学的方法与思路观照世界文学的图景，从而得出一些有意思的结论。他对比较文学的学科界定、比较文学的对象与方法、比较文学的未来，都做过精深的思考。他的著作真的可以说遍及古今中外，著有《中国美学问题》(*The Problem of a Chinese Aesthetic*，斯坦福大学出版社，1993年)、《话语长城与文化中国的他者历险》(*Great Walls of Discourse and Other Adventures in Cultural China*，哈佛大学出版社，2001年)，与孙康宜教授共同编有《中国古代才女诗作及评论选》(*Women Writers of Traditional China：An Anthology of Poetry and Criticism*，斯坦福大学出版社，1999年)，又与其他学者合作编有《Sinographies：书写中国》(*Sinographies：Writing China*，明尼苏达大学出版社，2008年)、《作为诗歌载体的中国书写文字：评注本》(*The Chinese Written Character as a Medium for Poetry：A Critical Edition*，福特汉姆大学出版社，2008年)。他又主持撰写了《全球化时代的比较文学：美国比较文学学会 2004 年报告》(*Comparative Literature in an Age of Globalization：The 2004 ACLA Report on the State of the Discipline*，约翰•霍普金斯大学出版社，2006年)。此外，他还有数十篇论文广泛涉猎中国古代文学、中国文化、中国音乐学、比较文学中各个方面的话题。

与美国很多汉学家不同的是,苏源熙教授并没有把汉学当作一种特殊的学科来加以处理,而以直接将其研究对象作为中国文学或中国文化整体上加以研究,同时又能从西方文学与西方文化的背景加以观照。所以与其说他的学术研究是汉学研究,其实更准确的说,应该还是属于西方学术。苏源熙的理论思维之强令人惊异,可能与他毕业于美国文学理论的重镇耶鲁大学有关,也与他的师承有关。所以在他的研究中,他并不是就事论事,而是能从普通的文本中发现有意义的话题,或有意思的文化现象;经过他的研究,这些文本以及文本群所反映出来的意义都能上升到一定的理论高度。

《中国美学问题》原是苏源熙教授的博士论文,经过修改后,由斯坦福大学出版社于1993年出版。这本书是美国汉学研究以及比较文学的名著,曾获得美国比较文学协会雷纳·韦勒克奖(René Wellek Prize)。虽然这本书已经在英文世界出版16年了,但其价值并没有随着时间而消失,而是随着时光的流逝,其价值反而更加突显出来,其独特的研究与解释方法,都值得中国研究者加以学习。

二、文本的迷宫

《中国美学问题》是一本不断制造难点又不断燃起兴奋点的书。它给读者造成的阅读障碍,首先是来自主题的多重性。如本书作者苏源熙在《导论》里说的,本书是个"混合体"、具有"不连续性和专题性"(页1、页2)。全书的主体部分讨论的是中国《诗经》文本及其儒家阐释中的讽寓问题:《导论》部分谈论比较文学的方法论,第一章回顾17世纪欧洲传教士起始的汉学争论,第二章又从《诗经》文本史的角度讨论讽寓问题,第三章则进入对《诗大序》的细读,讨论诗学与音乐学之间的关系,第四章选取《诗经》中几个典型的文本,讨论其中隐含的理论问题。但到第五章,作者的笔锋突然转到黑格尔关于历史哲学的论述。读者仿佛进入了一个文本的迷宫,既不易消化此中的诸多内容,也似乎时常在主题的频繁切换中困惑、迷失。

其次,行文的跳跃和言辞的晦涩也给阅读带来一定的难度。毫无疑问,该书的研究奠基于中国悠久的《诗经》阐释史与西方的汉学研究成果,同时也援引、评析了语言学、人类学、比较文学、音乐学、美学、哲学、社会学等诸多学科的论述,但作者并不像常规学术著作的写法那样周详地列出材料、观点并展开评析,而是常常根据自己的论述语境,融化了有关观点,蜻蜓点水般地触及某些领域、某些学者的结论,随即便或直接、或迂回、或批判、或质疑地展开辞藻华丽、思辨繁复的论述,而在论述中其实也展现了作者的观点。这种行文的风格使得读者——尤其是不熟悉其理论背景的读者——在初读之时跟不上作者的思路。

毫无疑问,这又是一本具有一定理论洞见、不断挑战前人已有结论的书。尽管关于《诗经》的注释、研究两千年以来已经汗牛充栋,但苏源熙仍能在细读文本之后不固守成见,不时发表新鲜而妥帖的见解。也尽管中西比较诗学研究已经拥有一些自圆其说的、符合当今认识伦理的结论,作者仍不停地挖掘出"合理"之下的悖谬,力图将检验的钻头探向生发出"比较"思维枝叶的最深的根部。苏源熙不满足于"清晰"地谈论一个领域的问题,他将相互独立的历史文本用共同的问题强力地贯穿在一起,展示了人文学科中看似不同领域问题实际上是彼此关联的,而探讨比较文学的"比较"方式,需要不断地省察出发点以及路径。

简言之,《中国美学问题》是一本文献梳评与理论反思并置的书,也是一本中国诗学与西方理论交汇的书。作者自己预见到了这本书的体系和风格会招致不解和批评:"中国文学研究的同行也许会对我从历史文献中抽绎文学理论的决定感到吃惊……那些主要从事文学理论研究的学者也许会对我不能表明我自己的理论并以中国作品加以辅证而感到诧异。"(页3)然而,他虽跨领域作战却在各条战线上都有所斩获。故有学者在书评中论道:"阅读这本书需要一定的勇气"①,因为它牵涉到的领域之广、涉及到的问题之多、思辨的程度之深让许多人望尘莫及。

三、本书的方法论启示

《中国美学问题》试图阐明的中心问题,是中国的"一种思考艺术作品力量的模式"(中文版序),即体现于《诗经》及其注释传统中的美学模式,苏源熙尝试以原本是西方的修辞学术语的"讽寓"(allegory)来认识、概括这种模式。

选择《诗经》及其注释为对象来研究中国的美学模式,原因是显而易见的。《诗经》一向被认为是中国文学的源头,《诗大序》的观点和术语成为中国文学理论的主要渊源之一。从这块"试验地"(苏源熙语)出发,意味着从尚未"笼罩在'中国性'解释下"的"践言性话语"出发(中文版序),有助于从开端、从根本触及中国的文学样态。

然而,书名以及书中的"中国",最好视为关于论述对象的地理性的标示词,而不是我们通常理解的某种特殊文化的范畴,用以限定一种特定的美学。换言之,在苏源熙这里,倘若宣称有一种独特的"中国美学"并致力于去追求它,在很大程度上只是机械地受到"文化决定论"及文化相对主义论的影响,不经反思地认定中国属于某种文化类型,然后把"一种特定文化的概要性统一"(页2)的意义安全地分配予其中任何的事物。他在导论和第一章里花费了不少的篇幅评析和质疑了人文学科研究中体现的相对主义式的研究。

---

① Joseph Allen, "Review to *the Problem of a Chinese Aesthetic*", *Harvard Journal of Asiatic Studies*, Vol. 55, No. 1(Jun., 1995), p. 219.

(一) 质疑"文化相对主义"

在苏源熙写作《中国美学问题》的时候,文化相对主义风头正健,几乎成为当代人文科学"学术意识形态"(页5)。这一套思维原则包括两个层面,一是以"文化类型"作为有效解释一个群体的道德、价值、文学等的依据;二是提倡相对性思考准则,追求各文化之间的价值平等。这种研究原则在欧美人类学界长期占据优势地位。奠定了现代人类学研究范式的"民族志之父"——马林诺夫斯基(Bronislaw Malinowski)以其田野工作和民族志书写,开创了寻求文化整体运作规则和从"当地人的眼光"解释当地文化的研究范式。① 这与"美国人类学之父"博厄斯(Franz Boas)提倡"文化相对主义"作为研究方法论、强调研究"复数"的文化(cultures)彼此呼应,起到了对抗并逐步取代了19世纪的种族中心论的作用。②

经过经验性学科的学术积累,从实践和理论上都将各种"文化"视为有效把握各种现象的最终工具。"文化"的范围收缩灵活,既可被第三世界国家用作反抗殖民话语、阐说本国历史、文化特性的单位;也可被用作申述一国之内的少数群体文化、抵制主流霸权对少数文化的"同质化"的单位。由于相对主义文化论强调差异、诉诸平等,为当今多种族群共存的现实提供了正面的伦理依据,故能渗透到社会科学和人文科学的诸多领域。在1990年代前后,中外学界都出现了提倡、讨论"相对主义论"的热潮。如1991年《亚洲研究杂志》第一期特辟专栏刊登了四篇文章讨论亚洲研究领域中的普遍性的研究范

---

① 马林诺夫斯基的民族志代表作,参见 Bronislaw Malinowski. *Argonauts of the Western Pacific*, London, G. Routledge & Sons, ltd.; New York, E. P. Dutton & Co., 1922。中译本见《西太平洋上的航海者》,梁永佳、李绍明译,华夏出版社,2002年。
② 博厄斯运用人类学资料论证各种族平等的代表著作,见 Franz Boas. *The Mind of Primitive Man*, New york: the Macmillan company, 1911。中译本见弗兰兹·博厄斯:《原始人的心智》,项龙、王星译,国际文化出版公司,1989年。

例和相对主义的范例。专栏编辑戴维·巴克(David D. Buck)比较了讨论文章,认为相对主义的研究范式比普遍主义的范式更为盛行。① 曾任国际比较文学文学学会会长的厄尔·迈纳(Earl Miner)于1990年出版的《比较诗学》,在最后一章专门讨论了"相对主义";他强调西方文学体系(如文类、文学史的理解等)和其他文化的文学体系之间是不同的,研究者必须秉持"相对性"的观念。② 受到此种思潮的影响,中国也有一些比较文学学者提倡运用相对主义认识论。③

但苏源熙却对这股思潮表示怀疑。他先后质疑了人类学、语言学和比较文学中的文化差异论。他以法国社会人类学奠基者涂尔干(Emile Durkheim)的宗教研究方式为例,委婉地批评了试图以客观和相对原则来进行研究的社会学方法。涂尔干提出"每一个宗教以它自身的方式都是真确的"(页5),并且从世俗的角度重新定义了各种不同宗教的共性。苏源熙认为,这种观察的方法要么可看作平行于任何一种宗教世界观的解释观,要么是凌驾于所有宗教之上的"准宗教"——无论是哪一种,类似于涂尔干对宗教的看法,社会学方法只是对其自身而言是"真确"的,对它试图解释的宗教则不然。同理,致力于研究各种族群文化的人类学,尽管对"他者"文化保持恭敬而客观的态度,但相对性原则中蕴含的逻辑矛盾使人类学的立场与其实践相互矛盾(页6)。苏源熙把自20世纪80年代以来欧美人类学中的"实验民族志的转向"思潮,视为该学科中秉承的相对主义认识论破产的标志(《导论》,页6,注释2)。

在语言学方面,苏源熙提到了英国汉学家葛瑞汉(Angus Charles

---

① David D. Buck. "Forum on Universalism and Relativism in Asian Studies: Editor's Introduction", *Journal of Asian Studies*, Vol.50, 1991, pp. 29—34.
② Earl Miner, *Comparative Poetics: An Intercultural Essay on Theories of Literature*, Princeton university press, 1990, pp. 213—238.
③ 乐黛云:《文化相对主义与跨文化文学研究》,《文学评论》1997年4期,页61—71.

Graham)。葛瑞汉声称自己是乐于敢于面对"语言相对主义的混乱"的人。在《中国思想与汉语关系》一文中,他反对郝大维(David L. Hall)与安乐哲(Roger T. Ames)的论述:中国传统哲学缺乏对"真""假"问题的关注,因为在古汉语中,是名词功能而不是命题表达占支配地位。葛瑞汉用语言材料反对了这一点,并认为"证明我们西方某些重要概念在中国思想中付诸阙如的做法,尽管仍然流行,但是颇不重要"①。接下来,他不是从概念的对等关系,而是从语言的语法功能上,检验中国是否存在与西方源于希腊语的"存在"(being)相似的概念。结果他得到了一个与文化决定论者相似的结论:"……西方本体论中的'存在'(Being)是一个受文化限制的而非普遍有效的概念。"(页9—10)②葛瑞汉的工作是在思想的载体——语言的层面上进行,因此显得特别有意义。他被苏源熙描述成这样的人:突破机械的和极端的文化相对主义、乐于从其他文化中寻求可以与本文化相通的具有普世意义的哲学概念。但苏源熙最终认为葛瑞汉的"证明过程与他的结论是不同层面的",即"证明过程"是一种寻求普世性、在文化间可译的哲学概念的工作,但由于这种寻求仍以"文化"为界,故得出的结论还是回到了文化相对论的观点。苏源熙肯定了他力求寻求中西语言结构以及哲学概念的通约性的努力,认为这种碰撞产生了"新的自我"——"由碰撞产生出的自我认知是对旧的、受文化制约的自我的认知,自己在仪轨上的替代品"(页12)。

而在美国的汉学和比较文学研究中,苏源熙也认为文化相对主义的思维方式也促使某些值得怀疑的结论产生。其中一个重要的观

---

① 葛瑞汉:《中国思想与汉语的关系》,载《论道者:中国古代哲学论辩》,张海晏译,中国社会科学出版社,2003年,页452。
② 此处葛瑞汉的话转引自苏源熙的原著,与《论道者》汉译本所载录的《中国思想与汉语的关系》稍有出入。后者的翻译为:"……西方本体论的 Being 是文化的局限,而非由于幸运的巧合我们自己的语系(至少是希腊语和拉丁语)偶然完美地表达出来而阿拉伯语和中文则遮蔽了它的一种普遍有效的概念。"《论道者:中国古代哲学论辩》,页488—489。

点,也就是《中国美学问题》一书试图辩驳的观点,是美国的一些汉学家关于中国传统诗学本质特征的基本判断:中国传统诗学话语将中国文学等同于一种"自然的"文学。几位重要的汉学家对此各有表述。宇文所安(Stephen Owen)概括为中国诗的"非虚构"(nonfictional)传统:"在中国文学传统中,一般都认为诗是非虚构的:其陈述被认为是相当真实的。以某种隐喻的方式是发现不了意义的,因为在隐喻的方式中,文本的词语指言外之物。"①余宝琳(Pauline Yu)在追溯中国诗歌批评中的"意象"历史时阐述:"自然作为意象的刺激物和来源,其重要性自中国最早的诗歌以来就十分明显。人与自然的联系不但在道家传统占据中心地位,在儒家传统中也是如此。"由诗人感受到自然外物所激发而作的诗歌,"被视为诗人对其周围世界并与之融为一体的文字反映。在真实现实与具体现实、具体现实与文学作品之间没有分裂……"②此种关于中国诗学特质的论断是以西方诗学的"摹仿论"作为参照而做出的。作为西方诗学最根本的论述,"摹仿论"建立在柏拉图关于可见世界和理念世界的区分基础上,从柏拉图的"对可见之物的摹仿",发展到亚里士多德的"对可能之事"的摹仿——即经由对感性的个别的事物的摹仿而揭示一般性。在这种二元的宇宙论对应的诗论中,"希腊传统为西方人提供了那个'诗'的观念,也就是'虚构'观念"③。而中国传统哲学观念则是一元宇宙论的,不存在现象与本质的对立,由此决定的传统诗论并不认为诗歌是一种通过摹仿和虚构制作出的"人工制品",而是"在个体与世界之间无缝的联系使诗自发地揭示情感,提供对统治稳定的指南,服务于

---

① Stephen Owen, *Traditional Chinese Poetry and Poetics: Owen of the World*, Madison: The University of Wisconsin Press, 1985, p.34.
② Pauline Yu. *The Reading of Imagery in the Chinese Poetic Tradition*, Princeton University Press, 1987, p. 33, 35.
③ 宇文所安:《中国文论:英译与评论》,王柏华、陶庆梅译,上海社会科学院出版社,2003年,页92。

道德说教,更进一步,主客之间或客体间的联系在中国传统中已预先建立;诗人的主要成就通常存在于其超越个体性及其世界元素的差别的能力……"①

以上各家的阐述有三点共性:其一,汉学家们着眼于中西诗学的差异,力图说明中国诗学之为"中国诗学"的本质体现;其二,对中国诗学的解释,是在比较的视野中展开的,确切地说,是以西方诗学作为参照系展开的对中国诗学的论述;其三,关于两者的差异,都从诗学追踪到哲学范式的差异,也就是力图从本体论层面阐明诗学话语的不同。

著名比较文学学者张隆溪教授批评了以宇文所安和余宝琳为代表的汉学家所总结的中国传统诗学。他重释了刘勰《文心雕龙·原道》的中心观点是朝"人文之文"而非"自然之文"倾斜,而且"西方写作至少在现代哲学和语言学建立之前,其本身亦被认为是自然符号的体系"。——采用这种例证的方式,指出汉学家的解释经不起反证,只是陷入"站不住脚的中西文学与文化的二分法"和"失败的文化相对论"②。

与张隆溪相似,苏源熙也指出汉学家勾勒出的中西方诗学差异,其前提假设与相对主义密切相关。他讨论了宇文所安、浦安迪(Andrew Plaks)、余宝琳的批评文本,他们都将中西诗学的根本分歧归因于不同的本体论范畴。具体到本书的研究对象——讽寓,结合上文所阐述的,既然批评家们认为中国诗歌是非虚构的、事实性的,那么在其中就不可能存在西方意义上的、"一个双层文学世界(模仿本体

---

① Pauline Yu. *The Reading of Imagery in the Chinese Poetic Tradition*, pp. 32—33. 类似的关于中国传统诗歌的特征总结亦可见,《新普林斯顿诗学词典》中的"中国诗歌"词条。参见:Alex Preminger and T. V. F. Brogan (ed.). *The New Princeton Encyclopedia of Poetry and Poetics*, Princeton University Press, 1993, p. 187.
② 张隆溪:《文为何物,且如此怪异》,王晓路译,载《中西诗学对话:英语世界的中国古代文论研究》,巴蜀书社,2000年,页285,286,296。

论上的二元宇宙)"(页29)的讽寓,而只有字面上的意义,或者"在一种一致性中发生"比喻方式(页33)。讽寓,以及西式的比喻修辞,在中国文学中是不存在的。中国文学中所谓的讽寓性解读,余宝琳认为应当称为"语境化"(contextualization)的解读(页30)。这些批评家们不但指出了中西方的差异,而且通过重新给"他者"命名、寻求"他者"自身文化系统的完整而强化了差异的合理性。这就类似于人类学对异民族文化的研究,奠定在文化自足性和复数文化之间的相对性的基础上。

但苏源熙对这种寻求差异并取得成功的实践提出两点怀疑。第一,对于成功解释中西文学差异的依据——从哲学理念中寻求文学阐释的做法,其理由并不是充足的。因为"信念的范畴不但没有在思想史中稳定下来并取得立足之地",并且,"因为假如人类学意义上的信念决定了文本的文学特征"(页39),那么文学语言和文学学科的自足性则受到挑战。第二,用以解释文化间差异的参照系是值得怀疑的。苏源熙举例道,余宝琳关于"西方诗歌追求表达'一种形而上的真实'",而"中国诗歌言说的是'此岸世界的真实'"的说法,实际上是先接受了西方此岸/彼岸的世界观,才把中国作为"此岸世界"的一种对应物;反之若先接受中国世界观的话,那么西方的两个世界则会被看成"容纳于一个单一而总括参照系内的许多互补的配对中的又一个"(页41)。这样看来,目前看似有意义的跨文化比较还是潜在地以某种文化为标准而展开的比较。"相对主义"所"相对"的绝对标准的缺失(如同它自身宣称的那样),导致了暂时的、不稳定的参照标准的诞生,即被用来比较的文化互为参照;如此开展比较反而也使得阐述文化差异变成无效的行为。苏源熙用余宝琳等努力区分中西修辞、但结果是无法区分的例子来说明这一点(页37—39)。

实际上,文化相对主义在文学领域受到的欢迎是有限度的。即便是提倡相对主义的文学研究者——如上文提到的迈纳和乐黛云——同时也论及相对主义的局限,仅取其合理之处,为跨文化比较提供一些政治伦理的依据。① 宇文所安、浦安迪、余宝琳等与其说是在相对主义信条下展开中国诗学论述,不如说是在批评实践中追求一种自身完整的中国诗学阐释。相对于其他以西方术语解释中国文学的模式,他们的研究更为客观,具有开创性和启发意义。而苏源熙批评他们研究范式,是因为这套方法隐蔽着与文化相对主义悖谬逻辑类似的前提:差异是绝对的——从这个前提所得到的关于中国诗学的概括,是把中国作为与西方截然不同的他者的逻辑的延续。苏源熙对这种比较的方式和结论感到不满。在后文中,他探讨比较诗学方法论,并重新阐述了中国诗学。

(二) 比较的方法

在第六章"结论:比较的比较文学"中,苏源熙把黑格尔、莱布尼茨、利玛窦等所做的一些工作都称为"比较文学"的工作。关于黑格尔的内容,容后文详述。此处先介绍苏源熙通过对莱布尼茨的诠释而提出的比较的可能性。

首先简略交待17、18世纪欧洲耶稣会士在向中国传播天主教教义时涉及到的翻译问题。第一位有影响力的传教士利玛窦采取的翻译策略是,用中国经学和儒家经典语汇——特别是先秦原始儒学的语汇——来翻译天主教的术语和观念,如用"上帝"来翻译 Deus,用

---

① 如迈纳说:"如果一切都被相对化或被否定,那么在比较研究乃至其他研究领域中,任何有意义的工作都不能展开……我们必须假定某个稳定的实体,某套合理的观念,以及某种联系与区别的逻辑。"这就是说,在比较文学研究中,相对主义的贯彻也以可资展开比较的文学实体的确定为基础。参见 Earl Miner. *Comparative Poetics: An Intercultural Essay on Theories of Literature*, Princeton University Press, 1990, p. 237. 乐黛云亦认为,文化相对主义有可能导致"文化保守主义的封闭性和排他性",导致"本文化的停滞"、"否认某些最基本的人类共同标准"等等,见乐黛云:《文化相对主义与跨文化文学研究》,《文学评论》1997年4期,页62。

"天"来表示道德权威。这样做的理由,一者是为了便于向中国人传教;二者是试图用原始儒家典籍来驳斥当时流行的宋明儒学,"然后进一步以西儒(西学)攻古儒"①。利玛窦去世之后,其接替者龙华民反对这一做法。他认为中国人是无神论者——无论是古儒还是宋儒,因此,用中国经书的术语不能翻译、传达出天主教具有神学维度的思想:"根据我们的理解,中国人因为他们的哲学原理,从来不知道不同于物质的精神实体;因此他们既不懂上帝、天使,也不懂理性的魂灵。"(页47)龙华民对中国哲学的理解集中体现在他对"理"的解释上。他认为"'理'即是最基本的物质",或者是一种"气"。因此,像利玛窦那样的传教士用这个词去命名神性,"是在无意识地散布一种泛神论的唯物主义"(页48)。这样的结果无疑损害了天主教教义的纯洁性。

苏源熙在第一章检视了汉学家们总结中国诗学的得失之后,宕开一笔写三四百年前欧洲汉学的旧事,这可作多层面理解。首先,指出今天关于中国文学中有无修辞的争执"是一种老问题的新版本"(页43),与传教士们的争论一样,都是关于中西方文化沟通基础问题的讨论,说明汉学研究中始终存在着未解决的基本的方法论的问题。其二,将传教士的事例视为今天学界研究的一种"讽寓",增加文本的丰富性。此外,当代学者都将中西文学差异的问题上溯到中西本体论差异的层次,那么神学家们关于中国本体论的讨论,无疑可作为当代研究的借镜。更重要的是,苏源熙发现,重新解读莱布尼茨对翻译问题的解决方案,似乎可以开辟出新的比较空间。

莱布尼茨的基本立场是将中国哲学看成一种"自然神学",而不是无神论。由此他支持利玛窦的翻译,并运用来自否定神学对圣经

---

① 潘凤娟:《从"西学"到"汉学":中国耶稣会与欧洲汉学》,载《汉学研究通讯》,2008年第2期,页16—18。

文本的阅读技巧阐释了中国的"理":

> 如果中国经典的作者否定赋予"理"或第一本原以生命、知识及权威,那么他们毫无疑问意味着所有这些东西都是按照人类感受的(anthropopathically),并适用于人类……在赋予"理"所有最伟大最完美的意义时,他们还要给予它比所有东西还要伟大的性质(页49)。

对此,苏源熙解释道:"(根据莱布尼茨所说)当中国人拒绝将'意识'判定为'理'时,他们所否定的是狭隘的人类意义上的'意识',……'类似于某些神秘主义者的顾忌,狄奥尼索斯(Dionysios)这个伪判决者就是他们的一员,否认上帝是一种存在(ens, ōn),同时又说上帝是超存在(super-ens, hyperousia)。'"(页49)这就是说,中国哲学语言没有表达出上帝是一种存在,就相当于否定神学所主张的,人类语言不可能表达出上帝"是什么",只能说上帝"不是什么"。这样,中国哲学虽然不是按照西方主流神学表达神性的方式来表达神性,但仍体现出超验性的维度:因为可以"将'不存在'(non-being)与'多于存在'(more-than-being)相提并论"(页51)。此外,根据否定神学,人类所有的语言都不能表达上帝的存在,自然西方语言也是如此。那么,"就'精神实体'而言,欧洲人并不比中国人知道得更多"(页52)。因此,莱布尼茨"选择保持人类语言间的可译性,而否定所有语言可以接通神的语言"(页53)。

这里再对苏源熙的意思略加说明。苏源熙的意思是:龙华民认为中国人只能把最终的本体论原则表达为物质性的存在,而不能触及精神实体(就相当于当代西方学者将中国宇宙论视为一元的,没有西方源自柏拉图的"理念"那样超越可见世界的"实体世界");所以,类似西方学者判断的"中国文学没有隐喻、讽寓等修辞方式",龙华民认为中国语言不能翻译西方神学内容。然而,通过莱布尼茨的反驳,苏源熙看到,龙华民所说的物质性与精神性的差异,并非中西语言(和文化)的基本差异,理由是,根据否定神学,中国语言对神性保持沉默,是以否定性的方式触及了神性;而西方语言看似表达了神性,但实际上未必。这样一来,以"上帝的存在"作为共同的表达对象,中西语言均是有限的;它们由此获得在同一种参照标准下的一致性,因而它们之间在关于本体论的问题上是可译的。由这个结论反过来思考前面提到的汉学家们谈论的中西本体论差异的问题,所谓的二元宇宙观与一元宇宙观的"差异"也就不成为"差异"了。

假如相对主义假设的文化决定论和文化差异的前提是可疑的,龙华民、余宝琳等指出的"差异性"从莱布尼茨的角度看又是可驳斥的,那么中西文学比较应当在什么样的层面、以什么方式来展开?

回到苏源熙对莱布尼茨的解读。他指出,在莱布尼茨对中国哲学文本的阅读中,有两点值得注意:

> 首先,正如我们在这些情境中可能做的那样,莱布尼茨用辩论回应辩论,用阅读回应阅读;但他也用修辞来回答龙华民的观点,并揭示了从中文翻译必要的修辞学基础……
>
> 其二,这是一项很大的成绩——特别对一个逻辑学家而言——将动词"to be"转换成隐喻或甚至本意的词义反用,正是莱布尼茨将"不存在"(non-being)与"多于存在"(more-than-being)相提并论时所做的。……当我们说存在与非存在之间的差异可能因修辞(即将这些术语及其对立面视作偶然的,仅仅是修辞性的)而被沟通或中和时,修辞获得了巨大的能量——所有的本体论现在都处于修辞性阅读的主导之下——但其性质或应用则会减弱(页50—51)。

在这里,苏源熙把莱布尼茨对中国哲学文本的处理解读为一种"修辞性阅读"。所谓"修辞性阅读"来自解构主义文论家保罗·德曼(Paul de Man)的批评观。概括地说,德曼主张,阅读不是以读者作为主体的(正如文本的主体不是作者),阅读使用的是文本提供的语言;而语言的本质特征是修辞性的,因此阅读就是对语言修辞的解读。这种阅读将语言的意义与指涉的一致性视为暂时的"契约性约定",从而通过不断揭示语言在字面以外的其他指涉意义,来解构文本原先被解读出来的确定意义。① 以修辞性阅读原则来看,苏源熙认为:龙华民只是对中国文本进行字面意义的解读,这个解读的结果是中国缺乏宗教语言;而莱布尼茨却质疑文本语言和意义之间的确定关系,并将文本作为讽寓来解读,从而将"不存在"等同于"多于存在"——这样,"所有的本体论现在都处于修辞性阅读的主导之下"(页51),修辞性阅读在文本的内在逻辑中(而不是通过现有的存在物的参照)创造出了语言的新的指涉意义。

根据这样的一个"莱布尼茨方案",苏源熙将中西文化本体论差异的问题,转化成"存在与指涉"(being and reference)的问题。就后者而言,"存在"始终处于语言的笼罩下,处于读者(进行修辞性阅读的读者)的选择之中。因此,要解决翻译或者说中西文化沟通的问题,重要的是提供"语言或美学的缓冲区"(页54);换言之,即通过修辞性的阅读和诠释,"在新的语境中重建指涉的可能性"(页56)。这就是苏源熙提出的新的比较的方法。

四、"讽寓"与中国《诗经》研究

(一)"讽寓"与"讽寓解释"

《中国美学问题》的主体部分是关于《诗经》文本意义的再阐释。

---

① Paul de Man. *Allegories of Reading: Figural Language in Rousseau, Nietzsche, Rilke, and Proust*, Yale University Press, 1979. 同时参照乔纳森·卡勒《论解构:结构主义之后的理论与批评》,陆扬译,中国社会科学出版社,1998年;李增、王云《论保罗德曼修辞阅读策略的符号学及修辞学基础》,载《外语学刊》,2004年第6期,页25—29。

通过细读，苏源熙宣称《诗经》中的诗歌和《诗经》注释都可称为"讽寓的"。联系起作者在第一章对"讽寓"术语能否用于中国文学的问题的厘清，很容易把这本书的关键词理解成仅作为传统修辞范畴之一的"讽寓"，把这本书的主题解读为再一次将西方文学概念应用于中国文本的努力。实情并非如此。

关于讽寓能否应用在中国文学的问题上，有三类观点。第一种以法国人类学家和汉学家葛兰言（Marcel Granet）和英国汉学家魏理（Arthur Waley）为代表。他们都认为《诗经》的传统解释是一种"讽寓性诠释"。对葛兰言来说，"讽寓的"解释，意味着"象征的"、"道德的"——从而是"荒唐的"解释，他本人对这些注释加以摒弃，力图探求另外的解释《诗经》文本之途。① 而对魏理而言，儒家学者所采用的这种注释方式是为了让诗歌发挥道德教化作用，这类似于西方学者对《圣经》的诠释。② 他们二人在将"讽寓性解释"视为对文本表面语言之外的意义的解释这一点上相同，但对于这种注释是否可取的态度不同。第二类观点来自余宝琳。如前所述，余宝琳认为中西方的诗学话语有着根本性差异，如"讽寓"这样的西方概念不能应用于中国文学上。在《讽寓、讽寓解释与〈诗经〉》一文中，余宝琳以西方的"讽寓"模式为标准，分析了《诗经》中的诗歌不符合讽寓创作的西方模式，《诗经》的注释是一种语境化的诠释，而非讽寓化的诠释。③ 第三类观点是张隆溪的观点。他认为作为儒家经典的《诗经》的注释与《圣经》的注释类似，都是讽寓性的解释。这个观点与魏理的有类似之处，但出发点不同。魏理的出发点在于寻求中西"讽寓"表面上的

---

① 葛兰言：《古代中国的节庆与歌谣》，赵丙祥、张宏明译，广西师范大学出版社，2005年，《导论》，页5。
② Arthur Waley. *The Book of Songs*, New York: Grove Press, 1960, pp. 335—336.
③ Pauline Yu. "Allegory, Allegoresis, and the Classc of Poetry", *Harvard Journal of Asiatic Studies*, Vol. 43, No. 2, 1983, pp. 377—412.

相似性,而张隆溪的出发点是考察经典文本的阐释:"在字面意义之外去追求精神意义,可以说是所有经典评注传统共同特点之一。"①

苏源熙参考并在书中引用、评价了以上大部分批评家的观点,特别看重余宝琳的《中国诗歌传统的意象解读》关于西方比喻修辞和"讽寓"观念史的梳理。以上批评家使用的"讽寓"含义是传统意义上的"讽寓":作为一种"言此意彼"的言语方式,作为一种分析对象的文学作品创作手段;以及追求文本字面意义外的"另一意"的阐释方式。② 苏源熙使用的"讽寓"自然含有这两种意思,但更重要的,还包括了被德曼改造过的意涵。

在德曼的修辞性阅读中,"讽寓"是一个关键词。他对讽寓的重视通过对浪漫主义重象征轻讽寓的批评而揭示出来:

> 在象征世界里,意象与实体可能是合一的,因为实体及其表征在本质上并无差别,所不同的仅是其各自的外延:它们是同一范畴中的部分与整体,它们之间的关系是共时性的,因而实际上在类别上是空间性的,即使有时间的介入也是十分偶然的。但是,在讽寓的世界里,时间是其最早的构成性的范畴,讽寓符号及其意义之间的关系并不由某种教条来规定……在讽寓中我们所拥有的仅仅是符号与符号之间的关系,其中,符号所指涉的意义已变成次要的……③

昆体良说讽寓"言此意彼",即这种修辞手法内含着一种表述中的"他

---

① 张隆溪:《讽寓》,《外国文学》,2003 年第 6 期,页 54。
② 《新普林斯顿诗学辞典》的"讽寓"词条:"西方的讽寓概念指两种互补的程式:创作文学的方式和解释文学的方式。讽寓性的创作是指创作出的作品的表面意义指向一种'另外的'意涵。讽寓性的阐释是指把作品视为其指向'另外的'的意义的结构来阐释。"参见:Alex Preminger and T. V. F. Brogan (ed.). *The New Princeton Encyclopedia of Poetry and Poetics*, Princeton University Press, 1993, p. 31。
③ Paul de Man. *Blindness and Insight: Essays in the Rhetoric of Contemporary Criticism*, University of Minnesota Press, 1983, p.207。

者",即语言的表面意义与实际意义不符合,这契合了德曼关于语言本质的看法。他在此基础上更进一步,不只是把"讽寓"视为狭义的修辞方式中的一种,而是作为文学语言的内在特征:其表达的意义是不连续的和多义的,而不是像"象征"一样表现了整体的、同一的意义。由此,文学文本就是讽寓性的文本,对其阅读是一种讽寓性的阅读。由于切断文本的言意关系,则对意义的判定是一个无止境的过程,"它会依次产生一种替补式的比喻叠加,用以说明先前叙述的不可读性"。

了解了这个理论背景,我们就可以明白,苏源熙扭转了其他汉学家对讽寓与《诗经》关系的关注视角:他并非考察汉儒对《诗经》文本具有教化性质的诠释是否符合西方传统修辞的"讽寓",而是预先将"讽寓性阅读"视为一种阅读、分析方式,去解读言意不定的、内在地为讽寓文本的《诗经》及其注释。他既探求《诗经》文本语言的其他指涉意义,又并探求汉代儒生如何"讽寓性阅读"了《诗经》——以及,这些文本对于中国古代社会而言,又是一种怎样的"讽寓"?

(二)《诗经》的研究传统与"讽寓的另一面"

中国已经有长达两千年的《诗经》研究传统了,但中国古代学者没有也不可能提出《诗序》"讽寓性的"这样的观点,但早有学者指出《诗序》的"穿凿"与"附会"了,甚至产生了声势不小的"废序"运动。苏源熙在书中也回顾了这段《诗经》研究史,而他在展开《诗经》研究时,不但将《诗经》诗歌、汉儒注释视为讽寓解释的对象,同时也将宋儒、20世纪的中国学者和欧洲汉学家的解读作为对象。各家各派的诠释,从解构批评的眼光来看,都是对《诗经》诗歌多元的指涉意义进行的一次判断;而苏源熙对这些诠释文本的再解读,使它们所确定下来的意义又指向了另外的意义,从而揭示《诗经》文本的另一种可能的意义。

在本书的第二至第四章里,苏源熙将《诗经》的讽寓问题分解为三个方面:(1)《诗经》中的诗是否具有"讽寓性"的品质?(2)《诗大序》这篇《诗经》评论的纲领性文献是否建构了一种可被称为"讽寓的"诗学理论?(3)《诗经》的其他注释如何在整体上建构起了一种"讽寓的"阅读范式?

第二章题为"讽寓的另一面"。这"另一面"(the other side)是什么,作者没有明说。从行文中可以读出他的意味。首先这大体是指与"讽寓意义"相对的一种"真实意义"。苏源熙指出,无论是用"讽寓"去否定《诗经》注释的现代读者,还是像余宝琳那样否定《诗经》文本是"讽寓"的读者,他们的共同点就是认为"注释偏离了诗歌"(页60),也就是说,他们认定存在着一种诗歌的真实的"原意",而且只有追求"原意"才是合法的。因而,"另一面"还指与阐发"讽寓义"相对立的追求"原意"的行为。

然而,果真存在着"原意"吗?如果存在,这是一种什么样的"原意"?苏源熙先假设存在"真实的""原意",那么就意味着注释是一种"误读"。他通过追溯《毛诗》的形成历史而发问:"最初的误解发生在何处"?很明显,这些流传了两千多年并被视为权威的注释,"并非开始于一个局部的错误","而是产生于一套明确打算要系统实施的先见"。这是否意味着"错误在更深处"(页66—67)?要回答这个问题,苏源熙进而给出现代民俗学的一种解释:《诗经》来源于民间,其诗歌最初是歌者的自由歌唱;与这种诗歌的民间来源相比,为了维护政权需要的儒家注释就是后起的、过度的、"充满意识形态色彩的、人为的与伪善的批评"(页71)。那么,官方—文人阶层对于"民间"的遮蔽,是不是系统性"误读"的深层理由?苏源熙立即指出,认为《诗经》来源于民歌,是"五四"一代学者通过文学研究进行的政治性诉求。事实上,根据陈世骧、朱自清的意见,"民歌是《诗经》中最晚形成的部分,并且在它们创作过程中极可能受到宗庙与官廷音乐的影响"(页70)。

也就是说，追求作为民歌的《诗经》的"原意"，也并非是合情合理的。"原意"既然不合符逻辑，视注释为"过度的"的观点也就不那么牢靠了。

当然，即便"原意"的存在受到质疑，注释的可信度仍是一个问题。而注释的可信与否，始终与其对诗歌的字面义与比喻义的阐发相关。那么，从解构阅读的角度来看，怀疑注释的可信度、关于注释可信度的讨论、批判，恰恰意味着"修辞性的解释与学术史的解释遇合"（页71）。"学术史的解释"，就是通过学术史的论证，讨论《诗经》存在"原意"与否；"修辞性的解释"，就是说假定"原意"——字面义——及其对立面（比喻义）的存在，并对它们进行讨论，实际上就是对《诗经》文本进行的一种修辞性的阅读，即讽寓性阅读。这样即便人们否定注释的"过度诠释"，他们也已然将《诗经》诗歌视为一种讽寓性的文本。这种通过否定讽寓性注释而肯定了《诗经》文本具有讽寓意涵的表现，也可堪称"讽寓的另一面"。

接下来，苏源熙讨论对于先秦时代而言，《诗经》的"意义"意味着什么。他采用并发挥了王金凌、朱自清的观点，将诗歌意义的获得与诗歌的"应用"——在社交场合"赋诗"——联系起来："到春秋时期，对有意而精心的赋诗活动而言，一切意义都可以引申出来同时被认为是适当的。"（页76）在这里，苏源熙重新解说了中国诗学的核心术语"诗言志"——这里的"志"并非创作者的"原意"，而是赋诗者在其吟颂场合中所要表达的"志"。诗歌的原意，有可能就是其在应用中所要表达的意义。

把《诗序》置于这样的历史背景中看，就可以理解那些看起来对诗歌主题牵强附会的解释是如何产生的：这是学者们力图从"践言性（performative）语境"中去推求诗歌意义的结果——当然"解释者对语境细节的渴求往往使他们对诗歌意义言过其实"（页77）。另一方面，应用于仪式的《雅》和《颂》部分的诗歌，因其社会用途在于弥合社会关系,所以诗歌的意义以这种反复应用的意图为先决条件。这进一步说明,诗歌的"原意"包含着"应用"的历史语境。由于诗歌的意义无法从"原始的""字面义"来获得,只能是在每一次的"用《诗》"过程中,随着具体的社交场合而赋予诗歌以不同的意义。那么,《诗经》的诗歌总是在"言此意彼",它们本身就"有资格被冠以'讽寓'的名称,而非作为讽寓解释的受害者"(页88)。

第三章"《诗序》:作为《诗经》的介绍"主要讨论了《诗大序》。《诗大序》整合先秦以来对诗歌的思考,提出了一套完整的关于诗歌的理论,奠定了中国文学理论中"诗言志"的悠久传统。而这一章的中心议题,是《诗大序》是否提出了一种可称为"讽寓的"诗学主张?苏源熙的回答是肯定的。他从《诗大序》与《乐记》的关联着手,指出《诗大序》中的"艺术表现论",借鉴了《乐记》中关于音乐表现的理论,且二者都包含了先王制定的"美教化"的音乐标准;但《诗大序》通过突出"言"的表现方式,将音乐理论改写成了诗学论述,在这种诗学论述中,"美刺"理论是其特有的、区别于《乐记》的话语。所谓的"美",是指上层"教化","刺"意为下层"讽谏"。"刺诗"的主张,将"变风"和"变雅"界定为讽刺文学——当一篇看起来是表现堕落、赞美罪恶的诗歌被解读为反讽之时,它就符合了注释者对正统性的要求。因此,《诗大序》引入"言",首先证明言语问题是《诗序》的主题,其次,"言"是非透明的,这就有可能对其进行讽寓性的解读。融入了这种讽寓理论的诗学话语,成为贯彻"王道"教化、统一《诗经》中各类诗歌解释原则的规范诗学话语。

进一步,苏源熙讨论"美刺"理论的标准。这个标准不可能来自音乐或者语言的内部,只能来自外部——来自《诗大序》和《乐记》都继承的《荀子》关于"圣人制礼"的观点。"圣人制礼"为现存的政治、道德及其他技艺规定了准则,这决定了《诗经》解读必须在"美学—道德"的诗学原则下进行:

……教化不仅是《诗序》论述的一段枝节,也是解读的目的,这个目的先决于并独立于被解读的作品……教化理论把《诗经》中的诗变为道德典范,它对诗歌所做的,就是教化的现实(如果有这么一种现实)对诗歌描绘的世界当做的(页117)。

这就是说,传统儒生所做的那种看似牵强和政治化的《诗经》注释,实际上处于这种先在的"理由"(reasons)的规定之下,是"圣人之规""突入一种已存在的非道德秩序"(页118)的体现。他们所进行的工作,是在这种历史话语中的一种"规范性阅读",即,一种讽寓性的解读。

第四章"《诗经》:作为规范的解读"探讨《诗经》的注释——主要侧重于注释者对于诗歌中喻象①的处理——是一种什么样的规范性解读方法。这一章分为两部分。第一部分通过精心选择的个案来展示道德解读如何有力地指向"国君"的主题。这些个案是《国风》中的《桃夭》、《汉广》、《破斧》、《伐柯》和《大雅》中的《公刘》。它们的共同点在于:诗中的自然意象以及劳作场景都被解读为对婚姻的暗示与婚礼的仪式。由这几首诗中相互关联的意象,传统注释者解读为:缔结婚姻的双方,是国君与贤臣的比喻;婚礼之媒者,既是工具("斧"、"礼"),也是工具的使用者;而工具和工具使用者的"操作",就是仪式/王道的比喻/讽寓(页136—137)。苏源熙把这样的解读模式称为"操作"(work):"即用创造的对象取代给定的对象"(页134)。在这种解读中,在作品中大量出现而自足自为的"喻象",均被讽寓化为操作或者仪式活动的对象。

关于喻象与诗歌意义之间的关系,传统修辞理论以"赋比兴"三个术语加以概括,并长久地重视"比兴"而轻"赋"。第四章第二部分却倒转了这一倾向。苏源熙体会到郑玄关于"赋比兴"的论断是传统讨

---

① 原文是"figure",但据苏源熙教授给译者信件中的解释,此术语整合了"辞格"与"物象"两种意义。

论这些术语的基础。但他通过解读郑玄自己用比兴理论去理解诗句的不合理性,证明了这些修辞术语还可能有着其他的意味。以他对郑玄注解《沔水》的解读为例。郑玄认为,这首诗里"沔彼流水,朝宗于海",是一种"比",用以比喻"诸侯朝天子"。苏源熙对这个解释进行了深入分析。如果水的意象,是作为诸侯的一种"比"而存在的,则说明这句诗仅仅是描绘了水流于海的画面,是一个完全的、没有其他含义的自然意象:水就是水,而不是其他别的什么。但《毛传》的注释却说水"犹有所朝宗",意味着水不仅是自然而然流入大海的水,它还是一种"朝宗"般的水。苏源熙说,这个解释"意识到这一行诗已把什么东西加入自然之中"(页148)。就是说,水还是自然物象,自然还是自然;但诗歌的创造性语言("朝宗")又使得它不仅是自然中的水,还同时生发出别的意味,这实际上是一种双关,也可理解为讽寓。苏源熙认为这种解释才是对诗歌创造性语言的尊重;而像郑玄那样把这句诗理解为"比",不过是将"诗歌阐释变成对事物阐释的一个子集"(页148)。总之,这个例子说明,郑玄对"比兴"的界定并以此为角度展开的阐释是有限度的。

　　苏源熙转而进入对"赋"这个长久以来被忽视的术语的研究。"赋"意为"铺陈"、"直接形容"。此外,它还意味着"赋诗",即"表演或歌诵诗歌"。就后一种含义而言,"比""兴"只是"赋诗"这种活动中的一种体裁,是"构成赋的可能的情境材料"(页156)。重新界定了"赋"的意义后,苏源熙用注家解读《鸱鸮》的故事来说明"赋"的重要性以及赋与"兴"的关系。这首诗的《诗序》明确说明周公"赋"了这首诗。但周公所赋却不是"直接形容",而是用"兴"的手法隐晦其意,这使得成王不明白诗的意思。周公赋诗本来是要表达其志,为何又不明确表达?苏源熙引用《荀子》将"兴"与有德君子联系起来的解释,说明"兴"在这里是必要的:这种话语方式适合君子以下对上地对国君发言,这是"人品高尚的历史角色"创造一种"规范性历史"的必要仪式

（页161、164）；尽管"兴"使得意义变得隐晦，但"兴"消失的话，典范的历史也就消失。"兴"虽是必要的，但它必须得到理解，理解的方式就是通过历史知识揭示其隐含的意义。成王知晓了历史上真正发生的事情之后也就明白了周公之"志"，明白了周公之志也就解出了《鸱鸮》的意义。苏源熙认为，注释家基于历史文献解读这首诗，他们试图说明诗即历史，诗中含有历史的意义，而重"赋"这些诗，就是以诗重新讲述历史，就是"谋划了历史"（页163）。"赋"因此战胜了"兴"。

无论是将"操作"视为仪式和王道的讽寓，还是重述"赋"的使命，作者认为，以《毛诗》为代表的传统注释进行的是这样的规范解读："将每一个典范追溯为文化创始人创礼制乐的功业。"这种解读揭示了："当下发生的历史是创始行为的再现（及纪念）；并且只能以践言性解读传承，这种解读对文本也有所作为。"（页165）

至此，苏源熙肯定并重释了《诗经》解释传统的"讽寓"。不是现代读者予以否定的"讽寓化的注释"，而是作为一种古典语言模式的讽寓：

> 《毛诗》解释传统仅知道一种历史，即诗学的或讽寓性的历史：说它是诗学的因为它产生了它所叙述的事件，说它是讽寓性的因为它对事件的叙述与生产在相同的语词中发生，尽管以不同的语言模式发生（页167）。

这实际上是说传统注释用讽寓阅读的方式将诗歌解读为一种规范的历史，这并非真实的历史，而是一种诗的历史，一种美学的历史。

让我们再概要性地回顾第二至第四章的论证层次。苏源熙把《诗经》文本的讽寓问题分解为三个层面来讨论：诗歌的讽寓、《诗大序》的讽寓性诗学理论、整个注释传统的讽寓性阅读模式。其中，诗歌本身的内在的讽寓性质，是被解读的前提。《诗经》的诗歌虽然不是由具体作者有意识创作的具有讽寓结构的作品,但在先秦时代,它们字面以外的意义是诗歌交流场合中被应用的主要意义。这证明了它们从文献可征的最早应用历史开始,就被视为具有潜在讽寓义的文本。而在汉代它们跃升为代表官方意识形态的经典文本,《诗大序》对"言"的强调和"美刺"理论的创造,就权威性地提出一种关于讽寓诗学的主张。这种诗学之所以是讽寓的,因为其先在地规定了解读诗歌的原则和目的是道德的、教化的;还因为这种规定是整体解读结构的准则,而不是在具体注释中偶然散发的意识形态色彩。在这种整体性的原则指导下,具体的诗歌注释,把《诗经》中普遍存在的自然物象描写,讽寓为婚姻的暗示,再把婚姻讽寓为王道之礼;诗中的劳作场景,被讽寓为礼制的仪式;进一步地,注释家以"赋"胜"兴"("兴"作为诗歌的必要手段,也是一种表达心志的必要仪式)的解读方式,使得诗歌成为揭示历史、创造历史的模式。这个历史,就是体现了"圣人制礼"的历史,王道的历史。因此,苏源熙说:"《诗经》的乌托邦美学将历史组织为一系列的模仿行为:帝国观念的实现及失落。"(页 168—169)

整个论证过程和结果,处处体现出作者与前人研究的论辩。如对喻象的解读,是对余宝琳在《中国诗歌传统的意象解读》一书中把诗中的自然物仅作为引起他物的自然意象的观点的回应。他的关于《诗经》诗学是一种讽寓性诗学的观点,也是对前人将中国诗学定义为"非虚构的"、"自然的"诗学模式的回应。

苏源熙解读《诗经》文本的方法,如前所述,是一种修辞性阅读,也就是讽寓性的阅读。传统注释家通过讽寓性阅读,通过诗歌语言创造了一种讽寓性的历史;苏源熙通过讽寓性阅读,把这些注释家的工作重构为讽寓性的创造。这里揭示的并非是自我循环的解读逻辑,而是对"如何阅读"的选择。苏源熙在书中多次表达了:你所得到的意义取决于你阅读文本的方式,阅读本身就是一种"践言性的话语"。"阅读"本身作为一种准方法论,基于解构批评的观念:语言与意义的分离,使得一次次建立言意关系的阅读过程永远不能终结。对于部分中国读者而言,苏源熙的研究大概体现了西方学者用"西方的"理论来"强解"中国典籍的"西方话语",得出的是一种别扭的、不合乎"中国本意"的结论。但在下这样的结论之前,请再重新回顾苏源熙对于文化差异逻辑的反驳,回顾他对于《诗经》文本做出的独特阐释。只有结合他的论述误差来反思他的方法论,才是一种不扣帽子的、有意义、有效力的批判。从另一方面看,中国的典籍能作为西方批评理论实践的实验地,体现了其本身的丰富性、世界性;而且,即便就中国传统本身而言,两千年来也充满了不断涌现出歧义的、"反叛的"阐释观点,我们没有理由坚持一种想象中的狭隘的"中国本位",去防御性地、不加区分地反对"西方人的话语"。

五、历史与美学

得出关于中国诗学是讽寓性诗学的结论之后,苏源熙并未立即终结这本书。他在第五章里谈论了黑格尔。这似乎是他受到最多怀疑、诟病的一章。众所周知黑格尔对中国的评价——如中国历史"还在世界历史的局外"——在今天被视为材料不足的情况做出的一种有偏见的误解。而在一本研究《诗经》的书中谈论黑格尔,就好像把自己纳入了充满偏见的"西方话语"场域。实际上,正如苏源熙讽寓性地解读莱布尼茨和《诗经》一样,他也是讽寓性地解读黑格尔对中国历史做出的哲学论述。

这仍要回到保罗·德曼。德曼把黑格尔作为一个讽寓家来解读对苏源熙产生了影响(中文版序)。在他晚年的文章《黑格尔〈美学〉中的符号与象征》中,德曼通过对黑格尔自己论述的"符号"(sign)与"象征"(symbol)、"记忆"(Gedächtnis)与"回忆"(Erinnerung)的区分的解读,解构了黑格尔关于美学是"理念的感性显现"以及由此发展而来的艺术象征论的概念。① 德里达认为,德曼将"全部黑格尔辩证法"视为"一个庞大的寓意体"。由于讽寓"借助寓意表达与表面意思相反的东西",它"甚至有助于构建历史概念、历史哲学和哲学历史概念,所以人们不再相信像历史这样的东西能够阐明该寓意性,因为通常的历史概念本身就是该寓意作用的结果,带有它的标记和印记。"② 将黑格尔哲学作为讽寓文本来解读,解构了其中的某些看似明确而单一的字面意义,得出其他的一些意义,这就是德曼所做的。

苏源熙的第五章做了类似的事情。他分析的是黑格尔对中国历史的书写:"所有黑格尔关于东方的规定都是必要的修辞,这些修辞构建了历史书写的可能性而不用置身其中。"(页 209)据苏源熙的解读,黑格尔散布在《历史哲学》、《哲学全书》、《美学》等书中,对中国的修辞性描述有这些关键词:第一部、自然、(地理的)空间、散义、尺度等。

所谓"第一部",是指黑格尔把中国历史作为《历史哲学》的第一部。苏源熙就"第一部"这个顺序,解读出"单独的一部分"(如《存在与时间》第一部、《哲学全书》第一部一样)、整个课题的"导论"等含义。黑格尔曾大量论述了中国的历史,但又渐渐地把这部分内容压缩,为其他的世界历史论述留出空间。苏源熙问,这样的"第一部"对他书写的整个"历史"意味着什么?他从黑格尔的其他著作里引入关于动物"骨骼"的片段,说明骨骼作用在于支撑,是使动物变得"自主"、"朝向'抽象的自我反映'前进"的基础(页 174)。黑格尔又将亚洲民族的特征概括为植物性的"活化石",这实际上是把东方历史等同于一种"骨骼"——推动整个世界历史像动物一样运动起来的"骨骼"。

这副"骨骼"的特点是什么?显然黑格尔不认为中国历史是真正

---

① Paul de Man. "Sign and Symbol in Hegel's 'Aesthetics'", *Critical Inquiry*, Vol. 8, No. 4, 1982, pp. 761—775.
② 雅克·德里达:《多义的记忆》,蒋梓骅译,中央编译出版社,1999 年,页 84。

的历史。根据他在《哲学全书》中对哲学课题的分类,中国历史属于"自然哲学"(页180)。这继承了17—18世纪一些欧洲传教士和哲学家将中国哲学视为"自然理性"的观点。然而,这里的"自然"并非自然界意义上的那个"自然":它"首先是一套解释程序";其次"主要指称我们与自然的关系模式"(页182)。这就是说,当我们把某种对象界定为"自然"时,实际已经是把那些自在无言的存在用一套逻辑、历史观念组织起来了,我们是在用话语将它命名为与我们相对的"自然"。例如我们谈论"地球的历史"的时候,地球这种自然物的历史,就成为一种"人工制品"(页185)。所以,苏源熙说,"东方是以自然形式呈现的历史,或以历史形式呈现的自然",这"是一种特别类型的隐喻"(页185)。

东方的对于世界历史的这个矛盾,如何与其他的历史调和?如何把不同的地理空间的东方与西方,整合到时间链条之中?苏源熙引用康德的《判断力批判》关于"对一空间的测量同时就是描述它"的一段话后,提出从空间到时间的过渡,是"想象之暴力"(页194)。他用了一个注释说明"强制是必要的"(页194,注释1)。这就将东方辩证性地变成了世界历史。

在清理了黑格尔对"中国历史"的描述后,苏源熙转向分析黑格尔描述中国的美学词汇。"散文"被拈出来进行分析。黑格尔说,中国是一个"散文性的帝国",中国的历史学家记录"为散文形式所制约的历史实际情况"(页196)。在这里,"散文"意味是什么?苏源熙将黑格尔的《美学》与《历史哲学》对读之后,发现黑格尔写了中国的历史主题,但却没写中国的美学。而通过把中国形容为"散文的",就"把中国的性状一下命名为历史及自然"(页200),因为在黑格尔的美学体系里,散文的出现意味着历史的起源。也就是说,"散文"作为一个文学文类的名称,本来是用来形容中国社会一种"自然的"、平淡而无历史性动因的性状,但苏源熙通过对"散文"一词在《美学》中含义的挖掘,发现:"散文"所内含的美学的历史性含义,使得它所描述的中国也具有了"历史"的意义。

与"散文性"的描述类似的另一种描述,是黑格尔把中国的宗教理解为"尺度的宗教"。"尺度"被黑格尔认为是"实体的比喻表达法"(页205),就是说中国人崇拜实体的尺度,这是愚蠢的。但苏源熙指出,"如果尺度是符号的能指(signifier),那么它并不与先在的事物或符号的能指相应"(页206),就是说"尺度的宗教"并非如同"象征型"那样是由表意形式对符号所指的支配,而后者是黑格尔认为的东方艺术的特点。因此,"散文"和"尺度"两个描述中国的词汇,是误用的比喻,它们所体现出来的含义与作者想要它们表达的含义相反。黑格尔"言此意彼"式的写作,揭示了中国具有历史的、符号的性状。

总之,在苏源熙看来,黑格尔的意图是把中国描述为非历史,并试图借助形而上的阐述来达到这个目的;但是在这样做的时候,他所采用的语言处处展示出与其意图相悖的罅隙:中国乃是通过美学成为历史。黑格尔的做法因此与莱布尼茨用修辞性阅读读出的中国神性表述、与《诗经》注释家在规范阅读的原则下建构起的礼制帝国如出一辙。苏源熙的讽寓性阅读把三者并置起来,并使它们互为讽寓。他把他们相互比较,并把比较阅读的方式,称为"比较的比较文学"。

最后,引用苏源熙自己得出的"中国诗学"模式——也就是他试图的提出的"中国美学问题"——作为结束。这段话再次赞美了《诗经》注释传统的创造性,并说明美学成功的标志就是被它一手创造的历史抛弃——

> 在可为规范的美学中,艺术对自然及行为的模仿,没有自然与行为会模仿艺术品为它们设置的模式这种期待更重要。经过经典性诠释的《诗经》之类的著作倒转了人们常常假定的被表现物(the thing represented,自然、存在、《诗经》的真正意义、历史

上所发生的事情)对于对它们的表现(presentation,艺术、语言、注释、历史书写)的优先性。但在模仿之模仿(mimesis of mimesis)中,当被表现物具有表现的性质,甚至比表现更"表现"时,审美的模式跟不上它自己作品的步伐,并再次居于次要地位……(页215)

梁昭　卞东波
2009年夏于哈佛燕京学社

中文版序

给译者造成很多麻烦的总是一些小词。比如这本书英文标题中的冠词"the"和"a"。刚开始的时候,我还不想出如何把这本书的书名"*The Problem of a Chinese Aesthetic*"翻译为中文后,而不使其不意味着"中国美学中的问题"(Problems in Chinese Aesthetics)——这个题目太笼统了。"中国美学问题"(Problems of Chinese Aesthetics)也可能并不是这本书比较好的书名,因为我这本书并未涵盖中国美学中遇到的所有问题,乃至很多问题。而且,本书并非关于大而化之的美学的,而是关于主要在西欧的思想中,又不仅仅在西欧的思想中,与审美思维中和中国有关的特有的方法、模式或结构的。所以与其把这本书命名为"中国美学问题",不如直接称之为"一个中国美学的问题"。但这又会造成一种印象,就是这本书是在定义明确的"中国美学"领域中讨论一个问题,这其实也并不正确。我想表达的是"一个问题,就是中国美学的问题",但这又太啰唆。准确地说,本书讲的是能否找到一个词来界定"中国美学"的问题——界定就是说,这个词与政治、宗教、道德或教育是不同的,也与希腊美学、印度美学等等是不同的。

如果有一种简便、明了的方式用中文来表达,那么我想说的是,本书的主题在于描绘一种思考艺术作品力量的模式(或可称之为"儒家"的思维模式),并将其视作一个问题,即作为要去完成但又未必能完成的任务。本书的主题不是对"中国美学"的概观,因为这种概观要以许多有争议的关于文化、语言、翻译以及文学的假设为基础。说"一种中国美学",也就暗示着对中国而言不止有一种可能的美学。中国美学的多元性已经多多少少得到承认。依我看,现在研究中国文学的人,与大约 1600—1700 年间讨论圣经中译的神学家,甚至是黑格尔那里产生出的一套中国感受模式太过一统,而且还有不能进一步容纳更多自由空间(free play)的缺点。

对这种模式而言,语词的意义毫不含糊,语言直通现实,而阅读不过是信息的聚集。或者,从反面说,我们通常发现这是在此感知领域(一般相信是中文的)之中表述此种模式的方法:语言并不是修辞的,意义可能是含蓄的,但绝无欺骗性;说话者知道他们在表达什么,并且忠实地表达了他们的意思。在我看来,这从来不是对一种人类语言(是或不是"中文")的可信的描述。我看到发现一种如此简单语言的欲望,但我认为这只不过是一种乌托邦。

那么,把本书的题目变为一种论题阐述,它差不多可以这样表述:"我认为,把一种感性语言以及不被怀疑的判断归结到中国(或某个可能的'中国'),这个问题值得探究;我也认为中国文学传统(或这个传统的某一部分)中权威的认知、判断及语言之模式也是值得探索的。"我寻找这些假设:它们保证在中国上古文学作品中,认知与判断的切合(因为艺术创造不外于此)能成为持续不断的解释的焦点,也即《诗经》的主题;而我发现,就像在其他一些传统中一样,这些假设迟早要归结为对意义的执意断定,而不是对意义的耐心揭示。如果自然是我们所发现的世界,艺术就是我们所创造的世界;那么不管中国文化怎么试图自为地抓住自然的构成模式及自足性,它总是被铭刻于自然之上,而且总是肇始于一种艺术活动。本书中,我称这种活动为"操作"(work),并看到它为斧所象征。

把中国文化与自然等同于起来(就像许多人所做的),听起来挺不错,但事实上是把中国缩减为一种非人为的、不自由的过程。为文化的选择找到自然的支持,这种行为赋予文化动因某种至高无上的地位,但剥夺了它们其他类型的权威。中国文化的创始者(就像其他文化传统的创始者)在他们改造自然中展现了自由——他们占有语言的过程也是一样:他们使用修辞、隐喻以及转义,他们以"非自然"的方式改变语词的意义。在本书中,我试图揭示:一种文化的历史性(the historicity of culture)意识贯穿于《诗经》的古代注释之中。(我使用的主要是《毛传》,但我发现这一点在其他各派注释中也成立。)这甚至能拓展到可以称为"自然的历史性"(the historicity of nature)中去,即各种文化以不同方法用自然来实现自身之目的(实际以及表意的目的)的方式。

在我写作本书之时,"文化"这个术语最流行的用法就是将其变为一种第二自然(secondary nature)。"文化"这个词在美国有时被用作"种族"文雅的同义词(我不喜欢这个习惯——对于种族的问题,我不会想得太多;但如果我真的思考种族问题,我会直接称之为种族。)"文化转向"在历史学、文化研究,甚至法学及哲学中都是惹人注目的;对许多人来说,"文化"似乎是一种终极的语境,它能满足把意义分配给人类作品的需要。而我认为,这是不够的,因为文化本身就是人类的作品;而通过借鉴另一种同样的作品(纵然它更古老、更廓大及更包罗万象)来解释同种作品,似乎就是一种无止境倒退的开始。

我想,应对这种无止境倒退,甚至跳出它的方法就是强调起始的历史性,也即尚未形成,所以也尚未笼罩在"中国性"解释之下的文化的历史性。开启了一个历史系列的践言性话语(performative utterance),使一些东西成为可能,却未成为这些东西的一部分。作为《诗经》中诗歌起始的特有模式的"兴"同样如此,因为它开启了一种意义的网络,但并没有完全成为这个网络的一部分。我认为,上古中国人对起始的关注映照了我自己对总括性的文化类型的反感。

文化决定论甚至试图把中国定格为世界文明中最没有流动性,最不肯变化的一员,因此成为一种不变自然的文明等同物;我认为,这种理论可以被解读为处于矛盾中的文化起始的例证。它们也证明了,历史叙事依赖于形而上学对矛盾隐喻式的解决;就这种矛盾而言,我最典型的例子就是"骨骼",它是鲜活动物体内的僵死之物,但它能使动物站立起来并奔跑;因此它经常提醒黑格尔的读者,想在生命与死亡之间做一完全的分别是不可能的。本书还揭示了其他的"骨骼"(或赋予运动能力的无生命物),它们是音乐与文字间的鸿沟,表达与意图间的鸿沟,讽寓与指涉间的鸿沟。

"中国美学"这个词可能会使一些读者期望能读到一些关于中国美学传统或文化独特属性的内容。事实上,本书之写作就是为了反对以下观念,即必须有一种文化上适当的解读文本的方法,一种中国解释学,一种中国审美方式;对我来说,开始的时候,"问题"就是一些聪明的学者认为应该一直有这么一个独块巨石(monolith)。文化独特性的观念从来没有吸引过我。我设想,世界各地的人们用大致相同的精神能力,差不多相同的物理世界,以及尽管可能千差万别,却能做类似工作的语言去完成他们作为人的任务。各式各样的决定论(种族的、地理的、语言的、经济的)充斥于书册间,但我从来没有发现它们是令人信服的。至此,读者可能猜到我对起始的着迷,并如何将它们变为一种时刻,即事情有多种发展的可能性的时刻,很少事情是固定的或已被决定好的时刻。《中国美学问题》就是我对起始的颂诗,每次我翻阅它时,我都高兴地看到过去的自我,那时我尝试着揭橥受限制的或已有定论的起始的多种选择与可能性。几年后写就的,同样收于本书中的论文《〈诗经〉中的复沓、韵律与互换》将"兴"视为一种不同的起始,即将它看作是一种声音模式的起始,随着其展开,这种模式引导着作品的内容,这是对我了解的现代中国诗歌研究中过度强调主题与参照的反拨。我试图对语词与音乐之间的关系多做研究,这是两条总是企图相遇的平行线,这些平行的系列经常要结合在一起加以考虑。

本书受到多方面的影响。孙康宜与杰弗里·哈特曼(Geoffrey Hartman)示范了如何用崭新的方法去解读旧的文本。我的两位老师保罗·德曼(Paul de Man)与雅克·德里达(Jacques Derrida)教给我的不仅仅是与哲学的原理相符的处理哲学文本的方法:他们不是寻找观点和论据,而是要寻找修辞手法与若隐若现的修辞策略。对他们来说,作品内在的不一致不只是瑕疵或意外,而是解释的机遇,也很可能比成功的哲学论证更有回报。与德里达早年的论文不同,德曼晚年关于黑格尔的论文把黑格尔塑造为一位讽寓性的、多层次的思想者,而我希望我对黑格尔的解释效仿了德曼的理路,甚至将黑格尔名声不好的东方主义看作是一种修辞性阅读的材料,而不仅仅是需要反驳的错误。

在我写作本书之时,我发现中国注释传统对细节的不厌其烦,追寻任何能想象到的解释线索的意志,长达几个世纪保持对一个议题关注的能力,都让我对这一传统愈加感佩。我不可能在数年之内处理这些一代又一代注释家所做的工作,我只希望我的研究能帮助当代的读者看到这些注释家,除了勤奋与博学之外,还是多么富有想象力。《古史辨》派的学者,就像朱自清与闻一多,用他们的怀疑精神推翻一切,从而寻找新的解释方式,也是我学习的榜样。

想到本书就将与新的及更广大的读者见面,我是很开心的。我感谢卞东波从事这份艰难,有时又有颇多挫折感的任务。本书游刃于中国研究与比较文学两个学科之间,必不能完全实现这两个学科的期待。有人可能感到其中对汉学的研究不够,其他则又会感到其理论的狭窄。不管这些源自单一学科的视角的质疑,我还是希望,本书能使其他人确信,学科间的关系最好表述为"和",而非"或"。有人也许会问:"莱布尼茨、黑格尔与《诗经》之间的关系何在?"对这类问题的回答,我总觉得是:"让我们拭目以待。"

苏源熙
2009年4月于纽黑文

谢　辞

本书部分内容曾作为博士论文提交到耶鲁大学比较文学系。它能得以全部完成,要特别感谢我的导师孙康宜与杰弗里·哈特曼(Geoffrey Hartman)教授的耐心指导。尽管时间很短,但我也非常感激能有幸亲炙于已故的保罗·德曼(Paul de Man)教授。我的论文的答辩委员凯茜·克露丝(Cathy Caruth),安敏成(Marston Anderson)及霍梅客(Michael Holquist),以及斯坦福大学出版社的匿名评审都给我提出许多有价值的建议。海伦·塔塔(Helen Tartar)作为编辑对本书提出了必要的鼓励与商榷。我也感激约翰·哲默(John Ziemer),他对于精确、连贯以及明晰的文风的追求都极大地改进了我的初稿。当然,文中的错误则应由我负责。

派屈娅·德曼(Patricia de Man)诚挚地允许我引用她丈夫未刊的遗稿。傅汉思(Hans Frankel)教授惠借书籍于我,并介绍他的私交给我认识。班森·梅茨(Benson Mates)教授为我提供了一份非常罕见的莱布尼茨著作的复本。波鸿黑格尔档案馆库尔特·瑞纳·梅斯特(Kurt Rainer Meist)教授与时为加州大学河滨分校的张隆溪教授回答我的疑问,并允许在本书中引用他们的回信。已故的汉诺威下萨克森州联邦州图书馆(Niedersachsische Landesbibliothek)莱布尼茨档案馆主任阿尔伯特·海因凯普(Albert Heinekamp)教授热心地告诉我如何充分利用该档案馆的收藏。波鸿黑格尔档案馆赫尔默特·施耐德(Helmut Schneider)博士帮助我找到了黑格尔早年关于历史演讲的现存文献。感谢柏林普鲁士文化遗产(Preussischer Kulturbesitz)稿本部允许我查验稀见的黑格尔资料,以及加州大学学术委员会为我提供访学及研究基金。同样要感谢加州大学洛杉矶分校中国研究中心为我提供了资助。

数年前,安德烈·马汀涅(André Martinet)一席客气的劝告为本书的写作提供了必要条件("如果是复合语使你感兴趣的话,那么也许你应该研究中文")。朱莉娅·费依·查尔方特(Julia Fay Chalfant)给我睿智的建议并督促我完成本书。我对以上诸位的帮助衷心感谢。

苏源熙

导　论

　　康德的助手,一个神学学生,对怎样结合哲学与神学不知所措,一次问康德他该参考何书。

　　康德:去读游记吧!

　　助手:我不太懂教理神学的部分……

　　康德:去读游记吧!

——沃尔特·本雅明①

　　本书以下内容是个混合体,不仅仅在于题目的选择。本书肇始于对中国诗学中一些特定问题的研究,并不可避免地要扩展到更具有普遍性问题的领域中去。我期望本书可以成为一个望远镜,能对从以上任何一方面进入的人都有所助益。

　　假如本书题目中有一个关键词的话,那应是"问题",甚至于可以说是"难题"。为何如此？本书呈现了数年中关于翻译实验的结果,而翻译

---

① 题辞:本雅明(Benjamin)《康德不为人所知的轶事》(Unbekannte Anekdoten von Kant),《本雅明著作集》,4:809。

本身不是别的,正是诸多问题所在。① 在本书写作过程中,我不时翻译文本;在其他地方,我尝试翻译隐晦的观念系统(或揣度翻译的可能性);我在各处遇到一个两难选择,不得不承认遇到了阻碍。我们从事翻译的人倾向于少谈成功,而多谈权衡与折衷(trade-offs),并且我们的谦恭经常被证明是合理的。如果翻译是一个交易站,那么其中"最贵重与最低廉的货物并没有截然分离——它们杂陈于我们眼中,并且我们也经常看到用来搬运它们的瓶子、箱子和袋子"②。那些可以抛弃的外在形式(同义词、注释、脚注、旁注)的堆砌,标明了一个译者是诚实的或困惑的,抑或两者皆有;因为尽管这些形式有助于我们知道什么是实质的、什么是附带的,然而同时作为勤勉读者的译者也许对这个问题有各种看法,如果可能,他们更愿意保持文本原初的包装(即"瓶子、箱子和袋子")。

  我这本书的旨趣及其所尝试的翻译创新之处何在?在本书中,一些旧的方法被赋以新意,同时一些熟悉的作品以新的方式并置在一起。正如构成本书各项研究所显示的,本书一以贯之的观点是以修辞的分析性方法与下面的观念相较量:首先,一种特定文化的概要性统一;其次,一套形成概要性观点之基础的历史叙述;最后,历史问题绝对的——即哲学的——系统表述。如果修辞学经受住这么些考验并坚持到最后;那么这个故事产生出来的不单单是修辞学的胜利,而且是由它带来的启迪:经受住这么多考验意味着在每一阶段都要学习新的规则。

  为了突出不连续性和专题性,本书包括以下章节:关于当下的讽寓理论(theory of allegory)与17世纪派往中国的耶稣会传教士以及他们的通信者之一莱布尼茨翻译实践的比较;关于中国的《诗经》学史以及

---

① 我高兴地发现,"问题"(problem)这个词在能翻译拉丁语"pro-ject"的同时,在希腊语中还有局限(limit)的涵意:"*problēma*(*pro-ballō*),任何向前抛出或突出的东西:*pontou problēma halikyston*(Sophocles),'海水冲刷过的海角'……2.障碍,阻碍……Ⅱ.任何放在人们面前,作为掩护、防御、障碍物的东西……Ⅳ.任务,业务……2.几何学中的问题,等等。"(LSJ, *s. v.*)

② 歌德(Goethe)《普遍言论》(Allgemeines),载《西东部诗集》(*West-Ostlicher Divan*),页154。

(有时被称为"讽寓性的")《诗经》的阐释传统;关于我半是历史地、半是从修辞分析的角度重构的《诗经》的讽寓性机制;以及黑格尔著述与讲授的世界史中中国的位置(地位不容小觑,但需要加以说明)。

  关于古代中国诗歌修辞之性质,以及审美思维和实践与其他各种活动之关系(当特定传统在特定时刻的特定氛围中,审美领域与其他活动会被加以对比),我提出新的结论或重新阐释关于它们的旧假说。中国文学研究的同行也许会对我从历史文献中抽绎文学理论的决定感到吃惊,或者期望我把那些文献研究按时代展开,并分时代进行分析,而不是将它们作为可供选择的立场放在一起;那些主要从事文学理论研究的学者也许会对我不能表明我自己的理论并以中国作品加以辅证而感到诧异。我对这些反对意见并无好的回应。比较性的课题常常是富于争议的。一个硬币掷五十次和五十个硬币掷一次结果一样;比较文学难道是如此简单的一个领域,以至于问题的扩展只构成一些变奏,而不能形成对其深度的检思?!

  既然比起大多数的结论本身,我更珍视得出结论的过程,那么我试图让"如何成为问题的"(how-question)优先于"问题是什么"(what-question)。作为规则,我试图用所谓的细读法(close reading)去解决文学史与比较文学的问题。并非我的解读比其他任何人更"细",也不是说我的细读格外纯粹;而是我力图给阅读以最后的发言权,特别是在我遇到的问题自身似乎更适用于其他解读方式的地方。我入手的中国材料常常被看作是一簇纷繁纠缠的解读上的困惑(interpretive puzzles),如果可以这么说的话,这一事实使上述工作中的比较的一面变得简单。

～

  于是,在天平一端,本书要处理《诗经》这部抒情诗集接受过程中所产生的语文学上的问题;在另一端,本书通往一部普世的人类史(对,就是那个名声不好的工程)的视野,以及这种历史是怎样被书写与被理解的。所以本书是关于很容易被读者看成是扭结而成的文化关系之本身,即是文化关系一个样本的。借用早先一次关于本书部分内容的报告会上一个提问者所用的标词,"西方人眼中的中国形象",这个课题似乎与今天一些研究者理解中国人本身的虔诚努力完全不同。"形象"(image)这个词的当代用法假定了这一点。黑格尔所*知*的中国并不比柏拉图所知的埃及更多,或者,某些人也许会影射,不会比他所知的"亚特兰蒂斯"(Atlantis)更多。难道这个课题是建立在巧合(专有名词出现在一连串毫无关联的文本中),甚或并非巧合,而是对它们错误的认同之上?再次引用作为译者的歌德的话,"就像一个的隐喻被过度引申就会变得难以成立一样,一个比较的判断引申越多,也就越难以被接受。"①如果把黑格尔的中国与他同时的陈奂的中国都叫做"中国"的把戏也不过是上述隐喻之一,那么我们越想从中得到更多意义,它就越难以被接受,在这种情况下怎么办?

　　本书各章的共同研究对象不是在现实,而是在理想的或经文的语境之中,即在由各种各样的见证者建构(然后阐释)而成的中国之中。这听起来有点不可知论的味道,但本书主题之一的古典性(antiquity)允许将"建构"做更字面上而非模式化的理解。《诗经》的编者、《尚书》的作者等等与荷马(Homer)和赫西奥德(Hesiod)在相同的程度上,创造了他们所赞美的国度;而在此意义上,他们的做法与黑格尔试图从思辨的世界历史逻辑中抽绎出中国的概念,或者莱布尼茨希望通过一种双关建立天主教神学与中国物理学之间的相互融通并无二致。在第三章与第四章中,我让"建构"这个想法走得更远,并找到理由证明对于中国的发明(invention)与对中国诗歌语言的发明非但是大致同时,

---

① 歌德(Goethe)《普遍言论》(Allgemeines),载《西东部诗集》(*West-Ostlicher Divan*),《警告》(Warnung),页174。"隐喻"(metaphor)可以翻译 Gleichmis, Gleichmis 亦能被翻译为"寓言"(parable)。

而且密切相关。

中国一直处于被发明的过程中,现在依旧如此;但人们是根据任何他们喜欢的方式创造中国的吗? 当然,"中国"是一个国家的名字,但更准确地说是对一种国际文化的命名;至少在今天的北美,"文化"是一个有道德与认识论层面的、有问题的身份标签(identity-tag)。根据一种已被接受的说法,文化可以是许多互不隶属的领域,是不能以其他标准体系来判断的标准体系,所有这些系统在任何情况下被都赋予平等存在的权利(仅仅是平等的权利:让一种文化凌驾于其他文化之上是一种危险,要被指控为文化上的井蛙之见,一种道德盲视的形式)。熟悉文化是一种美德以及通向美德的方法。对于学术中意识形态的一面(而我也不能处于超然于它的境界),这种处置事情的方式现在是人文科学继续存在的万能理由的一部分——是不幸而必须要继续做的官样文章。

以此种对文化的定义来界定中国,定型了人们自己的著作以及公众对其可能的反应。因为其他文化的中介作用,茨维坦·托多罗夫(Tzvetan Todorov)说:"我把自己放在引号里阅读。"① 爱弥尔·涂尔干(Emile Durkheim)在八十年前关于宗教的论说(作为新的世俗法兰西第三共和国的代言人,阐说一个新大学的学科)现在在讲堂、法庭以及各种场合上已经适用于各种文化:

> 从根本意义上,不存在任何错误的宗教。每一个宗教以它自身的方式都是真确的(true)……宗教是一套关于神圣事物的信仰与仪轨自身一致的体系,是一种将所有信奉它们的人结合在一个被称之为"教会"的道德共同体之内的信仰与仪轨。②

真确的宗教(唯一的一种)就像不幸的家庭一样:每一种宗教都以自身

---

① 托多罗夫《理解与文化》(Comprendre une culture),页10。
② 涂尔干《宗教生活的基本形式》(*Les Formes élémentaires*),页3,65。

的方式而真确。作为发起宗教社会学的前奏,涂尔干的定义对成为一种单个宗教的形式特征和所有宗教的内容特征做了很清楚的区分。作为宗教样本的所有宗教之自动真确的内容,对单个宗教而言,或者说对宗教本身而言,无一真确。宗教表现的内容不再是研究的对象,除非这个内容是新的宗教定义促成的。于是,令单个宗教真确的 *façons*(方式)成为受关注的唯一焦点。实际上,正是因为作为名号的"真确"被涂尔干的宗教定义重新塑造,它才能继续在宗教社会学中不失去其意义。忘记这点的研究者也就成了这种研究题目的辩护者和提供者,因为所有的宗教,不管它们多么折衷和宽容,都必然有它们声称为真确的命题。

难道宗教与作为宗教离子的具体宗教(或者文化的概念与任何特定的文化要求)间的分野,仅仅是一种逻辑禁忌,一种"社会学方法"所遵循的规则吗?这个问题是由涂尔干定义本身一般性的特征引起的。① (与之类似的是美国宪法的第一修正案中"确定宗教自由"的条款②)禁忌的原因并不难找到。如果社会学方法仅是"宗教"中的一种,那么其结论中的真确性只是特定宗教形式上加上括号的真确性;同时如果它被定位在所有宗教之外及之上,那么通过变为"神圣、隔绝、禁止"之物,它将魔法般获取那个地位。用任何一种方法,社会学方法都会变成它自己的对象和典范之一。

研究民族学的民族学(ethnology of ethnology)是一块方兴未艾的领域,而相对性原则已受到其本身应受的关注。如果美国宪法第一修正案中确定宗教自由条款被当作它本身所管辖之行为的个例,那么它可能

---

① 我很感激艾伦·斯特柯尔(Allan Stockl)提出的建议:作为群体认同标志(identity-marker)的"图腾"理论与第三共和国教育政策间有其相似性。
② 对构成性的世俗主义的挑战试图确立这种矛盾。路易斯安那的宇宙创造说法案(Louisiana's Creationism Act)的发起者认为最高法院此前就给予"世俗人道主义"以宗教的地位——并且通过暗示,显示了法律的无能[引自 Justice Scalia in *Edwards* v. *Aguillard*,482 U.S. 578 (1987),页 624]。

丧失其规定性的效力;人种志也一样,因此为了记录与保存人类社会的多样性,人种志需要以一个不变的标尺确定它的依据,这个标尺是悬于文化纷争之上的超文化的原则——盛世中对"文化"的定义,或者在衰世中的所谓"我及我所感到的"。① 人类学是首尾一致的吗?人类学的方法能与例证的领域保持区隔,或者它们注定要终结于民族稀奇物之堆积吗?人类学必须——但不可能——变为其自身的典范;从而一种经验主义的学科变成了一种反思的哲学。这种学科的矛盾是它趋向一致的[也许是得不偿失的(Pyrrhic)]证据。

既然我们当前都是人类学学者,那么正是于此,文学语言的调查者找到了要做的工作,越来越多地工作。抽搐显示出身体的问题。对世界历史来说,有更多的内容是我们在学校的课堂上闻所未闻的;我们又感觉到我们必须为这些从未听闻过的人们做点什么,甚至仅仅承认他们的存在也好,这种意识导致任何定见、任何级别的作者(教授在他们的综述,本科生在他们的期中论文中)去阐说"西方的文明"、"西方的形而上学"——而若干年前在同样的领域中他们在"文化"或"哲学"之前不加任何地域性限制语。让我们把这称作通向自我知识(对自己*作为一个"自我"*的认知)的步骤,并继续审视这种认知认出新发现的自我的方法。任何姿态终会得以解释。地域性的修饰语是(语法学家可能说)限制性抑或是非限制性的?我们是在谈论"文明,即西方文明"还是"文明——确切指西方"?这些短语表面上的谦逊(我不是发言人,只能想象谦逊地使用这些语词)好像立即表示出说话者对非西方的形而上学、哲学等等有所了解,并以此来强调对比;或对"西方文明"有充分的了解以至能对它

---

① 关于新近的一些观点,参见格尔兹(Geertz)《反"反相对主义"》(Anti-Anti-Relativism);克利夫德(Clifford)及马尔库斯(Marcus)《书写文化》(*Writing Culture*);马尔库斯及费彻尔(Fisher)《作为文化批评的人类学》(*Anthropology as Cultural Critique*)。因为相对化研究的结果正好关注欧洲的"自我"在文化特性上的判断,在人类学书写中,作为一种自我意识、极度自传性质及主观性的转向,克利夫德、马尔库斯、费彻尔所欢呼的也许代表了相对主义认识论的死亡所表现出的可使用的"图腾"。

作整体的观瞻并了解其局限性。① 至少,如果"西方文明"是他们所惯常思考的,这显示了巨大的自信。自我(self)是一个*自我*(*oneself*)可以放在引号里的东西吗?

尽管实际的观点与理论的观点可能引向不同的结论,但这个问题是值得提出的。吉恩·塞兹内克(Jean Seznec)与安东尼·格拉夫顿(Anthony Grafton)已经发现这种习惯:将古代视为有界限的并且首先是异质的对象,一如文艺复兴时期的学者与更近的过去做合适的时代上的及自我定义性的划分。② 毫无疑问由于历史的原因,对研究中国的学者而言,讨论自我与他者这种明确的、互相不能越界的范畴的诱惑特别强烈。葛瑞汉(A. C. Graham)在他的论文《中国经典中的"存在"》篇首说道:

> 汉语对*任何*语言结构与哲学概念形成之间关系的研究都特别地重要……它是少数纯粹的孤立语典型之一,没有词尾的屈折变化与粘着……汉语也是有自己重要的哲学传统,完全独立于从印欧语系中发展的哲学的语言(斜体是本书作者所加)。③

中国哲学传统的独立性是乐观主义的基础:这种与印欧哲学主体甚少共通之处的客体从根本上提供了确认或修正人们坚定看法的机会(以及能感到的义务)。中国不是一个国度或一种语言,而是一个世界——好比那种莱布尼茨想展开因果性与神意(Providence)实验的并行世界。

---

① 佳亚特里·斯皮瓦克(Gayatri Spivak)[德里达《论文字学》(*Of Grammatology*)译者序,页 lxxxii]指出,这个问题的一个例子——具体论述可被解读为"几乎是种族中心主义的复兴"——正好出现于《论文字学》的段落中,德里达在其中集中展现欧洲对"东方"理解的有限性。张汉广《德里达、书写与中文》展现了一种更自信的成熟。
② 塞兹内克《异教神的生存》(*The Survival of the Pagan Gods*),页 319—323;格拉夫顿(Grafton)《文艺复兴时期的读者》(*Renaissance Readers*)。关于宣称"断裂"姿态的意义,见本书的第五章。
③ 葛瑞汉《中国经典中的"存在"》,页 1。这篇 1967 年写成的论文之主旨来自葛瑞汉的另一篇论文《西方哲学中的"存在":与中国哲学中"是/非"及"有/无"的比较》(1959),大致与本弗尼斯特(Benveniste)著名的《思想的范畴与语言的范畴》(*Catégories de pensée et catégories de langue*)(《普通语言学问题》,Ⅰ,页 63—74)同时写作。

于是,我们(不管我们是谁)与中国的关系变成一种了解必然性与偶然性、自然与文化、类型与例子,符号与意义之间关系的方法。更一般地说,比较是可贵的,因为它能提供证据(evidence),-Vidence 意为"视像,看,所能看到的",但"e -"是什么?"外面的,向外的"能够翻译它,感知现象学——所见之物外突于背景的事实——能够解释它。① 反差最大的证据比其他任何证据更突出。异质文化贡献给人类学的不仅仅是背景:它与认识论上关于参照与感知的主题有密切关系。*Ta exō* 在柏拉图的《泰阿泰德篇》(*Theaetetus*)198c2 中意为"头脑之外的事物"(thing outside the mind);在修昔底德(Thucydides)1.68 中,它意为"外国事物"(foreign affairs)。② 对读哲学的人来说,游记是关于参考的传奇故事,提供了证据与展览品[法国小说家维克多·谢阁兰(Victor Segalen)关于中国的笔记即明确命名为《真实国度之旅》(*Voyage au pays du Réel*)]。对罗兰·巴特(Roland Barthes)与克里福德·格尔兹(Clifford Geertz)这样不同的旅行者而言,在外航行就是一次深入外部世界的旅行,在那里外部世界——譬如符号公开的、远离中心的一面——最终能自为地存在,而不必理会相关的"内里"(inside)。③

而来自中国的证据之异足可以给经验主义一个思辨的扭转。葛瑞汉曾经说过:

> 探索异国观念系统最大的意趣就是从外部看本国文化本身看上去到底是怎样的,例如我们会觉得西方本体论中的"存在"(Be-

---

① 相关的一个动词为 *Eivdor*,意为"完全或清楚地显现",强调可视的物体"向外"并进入公众视野。因为将要 *evidentia* 的话,观察的物体必须突显出来,而且必须有一个公共空间可以从中观察它。昆体良(Quintilian)引用希腊语中的"*enargeia*"("独特的感觉","形象的描绘")作为"*evidentia*"同义词(《雄辩术原理》Ⅳ.2,63)。
② 参见 LSJ, *exō*, *exōterikos*,以及复合词。
③ 巴特(Barthes)《符号帝国》(*L'Empire des signes*),页 43,83,106,135;格尔兹《文化的解释》(*Interpretation of Culture*),特别是页 83,386,400。

ing)是一个受文化限制的而非普遍有效的概念。①

我们被引导而感受到——就像一件证据被感知——只有个例,并且个例——即,比如存在(Being)——只有作为文化的个例才存在。这些个例还给哲学(哲学常常并不感知并与文化有长期的对立关系)留下什么去做的吗?

我并不期望将哲学传统从经验主义中解救出来;而我的目标是揭示一些当经验主义学科开始继承哲学的衣钵时出现的问题。涂尔干关于宗教社会学的原则给我们一种不包含真理的"真值"(truth-value without truth)[就像代数中,一个公式(formula)不需要代入任何具体数字,而本身具有真确性],哲学或文学的问卷理论也是如此,但并不努力区分"成为真确"(being true)的判断与"看似真确"(seeming true)的判断。(每个人都"看似真确"可能并不"真确")我希望,"不包含真理的真值"不仅仅以双关的方式而令人想起康德对于审美对象是表现"无目的的合目的性"(purposiveness without a purpose)的著名描述。人们能施加到这些对象上的惟一判断就是美学判断——确定是无功利性的,因为"所表现物的真实存在"不再起作用。② 这定然致使很多哲学难以卒读——或者使其成为审美经验奇特的部分而变得可读。想象一下,在如下段落中"有一种研究存在之为存在(Being qua Being)的科学……这种科学与任何所谓特别的科学都不同,因为任何其他科学都不对存在一般之为存在做出思考"③,用与文化上限制的同义词替代"存在"(being)这个词,如"作为希腊民间观念的存在",那确实给人们"异"(alien)的感觉。

然而葛瑞汉的证明过程与他的结论是不同层面的——并且我认为对任何把(我们今天所理解的)"文化"作为最终决定因素的认识论而

---

① 葛瑞汉《论道者》(Disputers of the Tao),页 428。
② 康德《判断力批判》(Critique of Judgment),第 2 段,页 16。
③ 亚里士多德《形而上学》(Metaphysics),《全集》第四册开头部分[特里德尼克(Tredennick)译]。

言都是如此。葛瑞汉到中国思想资源中去寻求对于(希腊语)动词"to be"之涵义的某些观点的证明或证伪。他的结论(你只能说,以及不可否认地意味着,希腊语或希腊人接触过其他的语言中的"存在")源自某种特别的失望:这种失望是某些人的失望,他们期待着"存在"或"第一哲学"(first philosophy)能翻译出这些术语的(假定的)本土语言以外的语言,并能把这些本土语言的权威性与指涉性带到其他语言中去。①如果这个试验要展开,那么哲学语言应该是可互译的,只有偶尔不可译,就像"存在"的翻译受到阻碍一样。然而,假如我们不允许那种指涉诱导我们——假如我们事先把作为能指(signifier)的"存在"之有效性限定在这一套特殊的语言游戏中——那么能把将一个词翻译为中文从来不能确证或否证的一个特定观念,葛瑞汉的反证将无任何震撼价值。对那些为葛瑞汉的结论所赢得的人而言,他的论断将会失去意义,因为它建立在他们不赞成的前提之上(即"存在"可能或应当是可译的这一前提)。为了从中得到一点还能得到的,他们必须找到天真到能深信不疑的玩这个游戏的人;过一段时间,这样的人都难以找到了。

这样,葛瑞汉的论证是一个经典的怀疑性(即解构的)论证。但是它并非无人操纵。它也许尚未有名字,它的发展还没有分配到任何教职或图书编号(call numbers),但是某种东西一定要在那里,把"存在"带出去遛弯,看着它不适应当地的情况,并写下报告。不管这种东西到底是什么——人类学、语言学、语义学、常识、动物行动学、纯粹理性、生物人——它都在宣告判断。而要做到这一点,它就必须从全视的(all-seeing)观点来发言,或至少是相对于它所比较的各种文化与语言的产品,因为这些文化与语言产品根据其类型都是不完善的以及"受文化限制

---

① 关于这个期待,参见蒯因(Quine)《语词和对象》(*Word and Object*),页 73—79;及其所著《经验主义的两个教条》(*Two Dogmas of Empiricism*),载《从逻辑的观点看》(*Logical Point of View*),页 20—46。

的",而不是"普遍有效的"。这种东西必须是上面提到的地方学科所有的内容甚至更多,却没有它们的局限性。它必须把自身放到作为上述语言(希腊语、汉语、"西方本体论"等等)的元语言(meta-language)的位置上,并且俯瞰这些语言的局限。① 它必须承担第一哲学(用这个现在已经名誉扫地且能令它名誉扫地的术语)的工作。

然而,对语词的如此令人惊骇的运用,会揭示出认识论的相对主义中的自相矛盾,令这种相对主义超越它赋予自身的权威。像这样的怀疑主义要求做出比幼稚的状态能做出的更强烈的认识性的主张。它要求天真的主张是可以检测的,并且能对自身进行测试。葛瑞汉文章的主题并不仅是与奇特的东西有教育意义的碰面,自我与他者的对话,更是旧的自我与旧的他者为一个判断权力增大的新自我所压制。不过我们对新的自我或其能力缄口不言。它作为怀疑性论证必然的副产品,而自身却从未被怀疑过。所以由碰撞产生出的自我认知是对旧的、受文化制约的自我的认知,自己在仪轨上的替代品,就如前文所述,人们在美学的、客观的思维框架中观察到的自我;这就是说它所知道的自我是过时的(如果托多罗夫说,"我把'自己'放在引号里阅读",那么这不会在字面和道德上显示出更准确吗?)。既然它产生的差异是相对于那个被取代自我的差异,所以没有什么东西在源于那种差异的任何伦理约定中真正处于危险状态。这是解决上文提及的宪法修证案问题的途径之一:人们只需将判断能力从一系列被判断的对象上拿走。

应该有一种揭示为引号的运用所遮蔽之内容的方法。托多罗夫与葛瑞汉保持距离的姿态可能得益于与人们不能取消的引号的对比(即标识自我与自我认知程度间差异的引号)。受文化或历史限制的观念

---

① 关于"元语言"(meta-language)及"对象语言"(object-language),见塔斯基(Tarski)《真理的语义学概念及语义学基础》(*The Semantic Conception of Truth and the Foundations of Semantics*),特别是页349—352。

及其各种产物(文化研究,将"哲学视为一种书写"①的课题等等),并不一定是某种蒙蔽的普世主义的替代选项。对比是一种霸权,更是一种分割:它越是能分割,也就越能有效的实施霸权。(本书读者可以在中国古代诗学中发现同样的进程起作用,中国诗学通过,而不是不顾,其自身日益增长的复杂性将执拗的地域形式整合起来。)普世主义作为一种必要的构成性环节扎营于关于文化差异的哲学之中,作为一种去巩固它们赖以说明差异而何以成为差异的权威手段。② 正是通过它们普遍化的行动,它们接管了所有那些不如它们幸运的哲学,比如纯粹的希腊语、纯粹的汉语等等的任务。我需要立即指出的是:这并不等于是说相对主义者的方案是空洞或虚伪的;我只不过想主题化,也就是说讨论,与它看似对立面的基本关系。这种出现在翻译家、注释家、历史学家、符号学家及其他学者著作中的关系是本书讨论的主题之一。它也不可避免地成为本书组成部分,也是这些章节中的有点像万能牌(wild card)一样的东西。采用比较哲学(或比较文学)冒险的、综合的、要求真确的一面而不是它安全的、区隔的、概括的一面,意味着努力理解我们在比较中所做的一切。据我所知,还没有什么方法可以解决这个问题。

我们经常同时做几件事情,而其中一些事可能发生得比其他的更快或更直接。过去,正当历史学家、马戏团与手稿待在原地时,不过数月时间,金钱和瘟疫便从西班牙蔓延到北京。也许总是文明的辅币流通得最自由。我处理最坚硬的文化铸块的方法就是将它们拆分为一块块硬币,

---

① 罗蒂(Rorty)《哲学:作为一种写作类型》(Philosophy as a Kind of Writing),载《实用主义的后果》(Consequence of Pragmatism),页90—109。"类型"这个词对罗蒂"平实地考量真理"的建议带来最多的麻烦。
② 于是比较的种类不可退缩地受到乌列·文莱奇(Uriel Weinreich)在另一个语境中所称的"双重干涉"(double interference)规律的影响。"普通的单一语言者听到有外国'口音'的母语,他对*口音*的感觉与解释本身受到他本国语音系统的影响"[《言语接触》(Languages in Contact),页21。斜体为本书作者所加]。

把它们当作因阅读的问题所中介的事物来处理。只要人们收集到足够的铜,重造这文化铸块应很容易。或许这就是比较研究容易出错的地方吧?细心的读者会作出决断。

第一章 中国讽寓的问题

Il est de forts parfums pour qui toute matierè

Est poreuse.

——波德莱尔《香水瓶》①

假若依昆体良(Quintilian)所言,讽寓(allegory)是"言此意彼"(says one thing in words and another in meaning),那么喜欢语词分析的人能否避免对讽寓的片面认识,仍然是有争论的问题。但正因为其不完全性,这种片面认识可能引导读者重新想象还有多少东西遗漏了;在翻译与比较中,我们几乎不能要求更多。从严格的批评家和泛泛的读者筛选出的关于讽寓的模式及其与中国传统互涵的一系列论断,都可以作为我诠释这两个话题的背景。也许就在我试图论说我的例子意义何在之时,这些例子就成功地(比我做得还要好)阐明了我所要说的。

在读到余宝琳(Pauline Yu)颇有影响的《中国诗歌传统的意象解读》(Reading of Imagery in the Chinese Poetic Tradition)一半时,我想在诗

---

① "有一种浓烈的芳香无孔不入,可穿透万物。"波德莱尔(Baudelaire),《全集》,1:47—48。

学上进行一番大胆的尝试。① 这些段落的主题是有关中国古代注疏家对诗歌语言态度的——注疏家们将这些假设投射到他们对"意象的解读"上。如公元前四世纪屈原的作品《离骚》,抒发了一个遭误解的"求婚者"(suitor)忧愁;古今论者都从他身上看到一位遭贬谪官员的形象。《离骚》的叙述者增加了"外饰"与"内美"的内容:

> 扈江离与群芷兮,纫秋兰以为佩。②

对注释者而言,屈原铺陈他"外饰"的细节正揭示了他对自己的"内美"不受注目的遗憾。余宝琳引用了这样一条注解:

> 在下面五个章句中,"芳"字出现了三次,屈原用此来描绘自己,并且王逸(活动于公元110—120年)解释说:"芳,德之臭也。"……换句话说,这个修饰语在字面和隐喻上都是成立的(页93)。

道德有香味吗? 对比较诗学而言,这是一个真正的而不是暗示性的问题。根据当代英语语义学,我们不能认为,"德之臭也"在字面上解释是准确的。我们并非无法对其作满意的解释:我们可以说,既然"芳香"是对气味的褒扬之词,那么它也可以被理解成修饰语——修饰同样值得称赞的行为;或者我们可以将芳香在空气中的弥漫,与中国道德主义者所认为的君子不断增长的影响联系起来;或者我们也可以将这个表述的意义简化到它[如瑞恰兹(I. A. Richards)所说的]③"姿态的"(gestural)成分上,并将"芳香的德行"(fragrant virtue)解释为具有高度道德感的人对道德做出的反应,一如有良好嗅觉的人对芳香做出的反应。我们可以讨论超现实主义及通感,或者(假设我们是数百年前的学者)对"东方民

---

① 下文的讨论很大程度上得益于余宝琳的著作,到目前为止,此书是英文著作中论述最充分的,也是在书名中点明此议题的著作。本章下文对《中国诗歌传统的意象解读》的引用直接在文中标注页码。
② 戴维·霍克斯(David Hawkes)翻译的《楚辞》(Songs of the South),页69;余宝琳亦引用,《中国诗歌传统的意象解读》,页89。
③ 瑞恰兹《孟子论心》(Mencius on the Mind),页114—116。

族"的生动想象。这都是为"道德之芳香"(the fragrance of virtue)提供一个可理解的(或可感知的)"字面的"基础。在做出上述种种努力之时,隐喻、移情、联想或暗示的因素悄悄地潜入;这表明我们总是不能认为这个表述中的字句"同时在字面上和隐喻上都成立"。

由诸如"德之臭也"这样的短语引发的"微微一震"(shock of mild surprise)①应使我们重视这样的事实:我们讨论的不是真正的气味和道德,而是用来形容它们的语言——而且我们是通过翻译,即两种或更多的语言的接触,来形容的。某种特定语言中的某一词语的完全字面的意义,可能恰好是操另一种语言者认为的不证自明的独特对象,这种情况导致后者把生动的隐喻性想象归结于操前一种语言者。然而,这并不能推衍出前者所做超出了常规。有些语言中相同的动词意思并不相同,如"房子筑立于 1920 年"及"孩子们站立着",或者"花园的空地上满是杂草"及"我的杯子已经满了,谢谢"。直译在这里可能是过度的,或者至少是误导的,因为它导致一个原本并不明显的关联义显豁出来;尽管我们也许会坚持认为,那就是英语字面上所要表达的,但是这个短语——这个"相同的短语"——在英语与其他语言中可以不同方式为字面意义。听起来有点怪异的外国短语,在内容及重点上,都与陈腐的英语表达不相对应。如果"芳香的道德"中的"芳香"就是这种翻译的结果,则其就适合于解释为——哎,是被解释掉——一篇"神话",它在我们眼里虽是五彩缤纷的,对中国读者来说却只是"白色"的。

既然任何翻译都是不完美的,也许我们需要的就是从另一个角度做出种种折衷的翻译。让我们假设字面上超现实主义的"德之臭"仅仅是*我们*——操英语者——的问题,而且是翻译中相对重要的一个问题;在汉语(或某种诗性的中国方言,如果我们的理论适合于这一额外的复杂性)里,"德行之芳香"(the good smell of virtue)引起的惊讶并不比英语

---

① 华兹华斯(Wordsworth)《序曲》(*The Prelude*),V.407。

中说"房子站立在角落处"更大。假若那样,对读者而言,需要把问题弄得那么繁难吗?既然原词并没有拒斥会典型性地为英语词汇"芳香的"(fragrant)所排除的语境(如道德品质),那么用英文中一个可以同样毫无障碍地适用于气味与道德品质的词语,如"令人愉快的"(agreeable),或者"迷人的"(lovely),或者"强烈的"(powerful),来翻译中文不是更流畅,(至少从这个角度上说)并更准确吗?如果将这个中文短语作字面的解读,那么这种并不特别需要援引隐喻的翻译,将更准确地告诉英语读者该短语表达了什么。这会省去我们在字面意义阅读还是隐喻性阅读间做出取舍,而这种省却也剥夺了我们进行任何这两种阅读的权利:使用"令人愉快的"之类的词,意象的作用明显地减退了。

也许"字面的"(literal)这个词天生就是不完全的,总需要伴随着专业性的注释,用来解释用何方法、何种语言,并对何人而言,这个字面意义是字面的。① 那将需要一个无止尽的说明——说明感觉、语境、联想、说话者、个人语言——最终,仅再一次强调一个大家都已有共识的原则:完美的翻译是不可能的。然而,上述例子向我们显示的是意义的模式——字面的、修辞的等等——正如意义本身一样,经常在翻译中遗失。

到目前为止,我们讨论的段落只是问题的例子,而问题在此段落之外(关于语言的特定意义之问题,对这个问题,任何尝试翻译笑话的人对此再熟悉不过)。然而对我们的目的来说最好是——并是解决这个段落引发我们关注问题的较好途径——将这段话自身视为一种语言活动。因为翻译和评论产生了一些原本并不曾有的东西。屈原使用"芳"这个

---

① 比较威廉·燕卜荪(William Empson)论列维—布留尔(Lévy-Bruhl)理论的章节,后者认为"原始人"在字面上使用了修辞格[《原始思维》(The Primitive Mind),见《复合词的结构》(*Structure of Complex Words*),页375—390]。既然"白色神话学"(White Mythology)是阿纳托尔·法朗士(Anatole France)对"死隐喻"(dead metaphor)另一种雅致的说法[参见德里达(Derrida)《白色神话学》(La Mythologie blanche),载《哲学的边缘》(*Marges*),页253],那么这提醒读者经常谈论到的"死隐喻"就是相对的"字面义"的例子。要使一个死隐喻重新获得意义,就需要一个更早的字面义,现存及习惯上的字面义相对于更早的字面义才显出是引申的或修辞性的。

词,在"在字面和隐喻上都是成立的",不管那些东西是什么,在中文和英文里都是不同的。余宝琳对这个短语在字面和隐喻上同时成立的论断给英语读者提出了一个谜语,因此我们只能通过构建一种新的个人习语来破解它,气味在这种习语中有一种道德感,"芳香的"与"道德"在其中以一种前所未有的联系结合起来。这种新的个人习语从中文的角度来看也是一种程度的革新,与余宝琳看来的,这个问题——"芳香的道德"的超现实主义——对中文不适用的程度相当。

这样,我们同时在诸多层面上被迫承认属于比较诗学的恰切的诗学特性。比较诗学随其发展构建属于自己的语言。它不仅以大胆的翻译为手段,在其所指涉的语言中形成一种新颖的组合搭配;而且在全面评估翻译效果之后,它必须设立字面义与隐喻义、真实与虚构的新标准。比较诗学注定是原创性的。

详细阐述比较诗学的运作原理是本书后文的任务。本章的第一部分受到余宝琳研究的启发——这是目前在本领域最具系统性的探索以及最有说服力的分析。同时这个课题涉及的范围需要我们把当代仍活跃的学者的论著和数世纪前也处理过相同问题学者的成果联系起来。在此过程中,如果我似乎在说思想的流派,那么目的也仅仅是为了阐述的方便——翻译或误译的一种效果,这种效果应归结于这项研究课题的性质。

~

近来,"讽寓"已成为中国文学研究者之间最具根本性分歧的话题。有些读者希望对某一名著进行讽寓性的解释,或提醒我们中国传统中有源远流长的比兴阐释;另一些学者则已迫不及待地指出,关于"中国讽寓"的讨论是建立在误解之上的,并且中国"讽寓者"的预设与西方学者的预设不仅相异而且不能互涵。用一种足够灵活的方式界定讽寓(这个特别多变的术语)①以令讨论其地域性变体有意义的任务,已经变成一个用来衡量文学或修辞文类的文化特性问题的标准。"[西方的]讽寓方式……是一种特殊的而非普世性的发生模式","就像任何其他文学概念一样,隐喻也是有其文化特性的,而且总是处于具有某种文化特性的观念框架中"②。但中国讽寓的问题,不是文学史或一般意义上的比较文学所能解决的:正如下面的阐述将揭示的,这个问题固执地把用来提出它的术语甩在后面,无论这些术语是语言学的、解经学的,或文化-历史意义上的。做出这些表述的可能性还在争论之中。本章的任务就是,找到某种合适的理论层面去定位这个问题。

为什么本章会在讽寓之中引出这些讨论呢?浦安迪(Plaks)的《〈红楼梦〉的原型与讽寓》(Archetype and Allegory in "Dream of the Red Chamber")这样的著作在此学科历史上适时面世,仅是答案的一部分。现在还有一些比较文学者执着于做这样的事:挑出一种习见的西方文类(如史诗、悲剧)③,然后宣称这种文类在中国传统中是没有的,又借此寻找探究中国传统价值体系或内在一致性中的线索。定义越明确,排他性就越强;这些研究的目标就是借探究某些不成功的翻译之机,估量有多少两种语言文化上的特定意义在翻译过程中流失了。但

---

① 讽寓的多变是由于其内涵与外延(它突出特点及其例子范围)二者间的分歧,这种争论反映了讽寓性技巧与典范的论辩性结构间不稳定的关系。关于探索讽寓性著作中的说教性故事的地位,有两种鲜明对比的路径,可参见本雅明《德国悲剧的起源》(*Ursprung des deutschen Trauerspiels*),见《本雅明著作集》,1:350,368—369;以及保罗·德曼《不察与洞见》(*Blindness and Insight*),页207。类似的矛盾之处大量存在于讽寓记载中,批评家对"中国讽寓"(如果确实存在)意义的分歧,也不应完全归咎于东西方文化调和的困难。
② 浦安迪《〈红楼梦〉的原型与讽寓》,页108;奚密《隐喻与比》(Metaphor and Bi),页252。三好将夫态度更强硬地说明了这一点:"去普遍化与详细说明西方标准在我们新的批评议程中仍是最重要的需求。"[《反对本土本质》(*Against the Native Grain*),页531]。
③ "中国没有民族史诗"[黑格尔《美学讲稿》(*Vorlesungen über die Ästhetik*),3(《全集》,8:396)]。关于这一问题的现代解释,参见邓波(Dembo)《庞德的儒家之诗》(*Confucian Odes of Ezra Pound*),页91—95);杜克义(Tökei)《中国悲歌的起源》(*Naissance de l'élégie chinoise*),页15,202—203;以及王靖献《从仪式到讽寓》(*From Ritual to Allegory*),页53—72。

这些探讨缺乏理论上的跟进,而并不完全因为所关涉的文类术语的模糊性。

提出这些问题的原因并非一向明晰。为什么我们非要发现中国的史诗或悲剧?然而,修辞(tropes)与辞格(figures)——例如,反讽,或暗喻,或讽寓——是非常不同的概念。在问中国是否有《伊利亚特》(*Iliad*)或《阿伽门农》(*Agamemnon*)时,我们试图从某种(甚至是不完善的)认定中学到点什么,这种认定本身的性质在这个过程中显然并没有处于危险之中。① 不过举例而言,问中国的隐喻是否就是"赋此物以彼物之名"②即与我们整个阅读方式有关——因为可能"中国的隐喻"就是"赋此物以彼物之名",此言并不为虚(至少,我们无法事先知道,在称某种中国修辞格为"隐喻"的过程中"名"之转变是否与"物"之性质相对应)。如果辞格描述的不但是文学文本的构成性手法,而且是内在于阅读之中的规定性;那么关于修辞与辞格是否能翻译的问题就回到我们的能力上来,也就是解释引出这些问题的文本的能力。

从而,"中国讽寓"的问题把我们引向辞格可译性的一般性问题,而且只有在后者的框架之内,我们才能找到解答前者的方法。或者换言之:中国讽寓问题与包括中文在内的比较文学之可能性问题是联系在一

---

① 关于这个认定的性质,以及比较阅读中关于夸张因素的暗示,参见亚里士多德《诗学》1448b15—17 中论绘画的部分。"就因为我们一面在看(*theōrountas*),一面在求知,断定每一事物(*syllogizesthai*)是某一事物,比方说,'这就是那个事物'。"与1459a7—8 比较:"要想出一个好的隐喻,须能看出(*theōrien*)事物的相似点(*to homoion*)。"这两段中都出现动词 theōrein,其意义范围包含从"感觉"到"思考"。"Theōrein ti pros ti"意为"将此物与彼物比较"。阿特密多洛斯(Artemidoros)[《析梦》(*Oneirokritika*),4.1]将 *theōrēmatikoi* 之梦定义为未来发生的事件能自己显现的梦,与之对照的是 *allgēoritoi* 之梦,它们以字谜的形式显现未来(LSJ, s.v. theōrein 与衍生词)。

② 比较亚里士多德《诗学》1457b7 对隐喻的定义:"隐喻字是属于别的事物的字,借来作隐喻,或借'属'作'种',或借'种'或'属',或借'种'作'种',或借用类同字。"通常展喻(*epiphora*)被同义反复地译为"转移"(*transfer*),曾用于解释隐喻(*metaphora*),它应有更好的解释:因而,这里才有"归因于"与"重归因于"的问题。更完整的解释,见 LSJ, s.v. epiphora。

起的,两者的解决都取决于修辞语言的理论能拓展多远。① 在这个理论中,直接或简单的比较("theorein ti pros ti"或"看了那个再看这个")是毫无助益的。既然讽寓问题直接反映了我们的阅读能力,没有什么例子(任何一个例子在引入讨论之前,都被*解读*过)可以充分解决这个问题。在我们更多了解讽寓之前,我们必须从早具理论性的或已理论化了的语境中提取相关例子,以避开讽寓这个难点。通过解读批评文本——这些文本强调中国诠释模式对于西方的"讽寓"是不可化约的——我们期待着抽绎出一些令中国修辞模式被看作是独特而不同的规则。

～

弄清楚了在这个阶段我们期待能从这些例子中得到什么——最多也不过是一些随机的例子——我现在能介绍讨论的主要对象了。翟理斯(Herbert Giles)流畅地总结了传统的观点,但并不同意这个观点,而且在他的论述中一次都没使用"讽寓"这个词:

> 《诗经》是另一部我们因受惠于孔子而保存下来的著作。它由押不同韵的民歌构成,通常四字一行,成书于大禹统治时期(传统认为公元前2205—前2198在位)至公元前6世纪之间。因其现在的篇数有305篇,所以被通俗地称为"三百篇",有人认为这是孔子从至少3000篇诗歌中精选出来的……从这个角度来看,孔子自己赋予他的工作极大的重要性……据说[他]确实预见到这句格言,安德鲁·弗莱彻(Fletcher of Saltoun)将格言归功于"一个智者",即他

---

① 比较修辞学的前景没有因为中国修辞学家很大程度上没有做专门的词汇表的事实而增加吸引力。曾昭德(Alvaro Semedo,1586—1658)的《大中华志》(*Histoire Universelle de la Chine*)中记载,尽管"那儿也使用修辞学",而且"他们诗中使用的奇想和修辞也与欧洲一样,"但学识的获得"靠模仿而不是教育,因为他们很乐于发现别人著作中任何好的东西,并效仿这些范例"(页84,页76—77)。陈望道《修辞学发凡》之类的手册把修辞的类型与范文中的例句结合起来。参见高辛勇《修辞》。

应被允许制作一个民族的"民歌而不必在乎是谁制定了它的法则"。可能正由于孔子的这种重视,这些诗歌被抬升到一种特别的文学狂热的地步。上古的注释者看不到这些诗歌朴素自然的美感……又不能无视圣人深思熟虑的评判,便努力从这些民间歌谣中解读出深刻的道德与政治意义。《三百篇》中每一篇不朽的诗歌就这样不得不衍生出许多隐含的意义,并导出一种特有的道德寓意。如果一个少女警告她的情人不要太鲁莽……注释者立刻发现这首诗指的是一个封建贵族,而他的兄弟正阴谋反对他,以及这位贵族没有对兄弟施以迅速而惩戒性处罚的借口……也许正是这些荒谬的介绍使作品能保存到今天,否则它们会被认为太琐屑而不值得学者关注。①

数年后,为了抵制这些诗歌从上古就开始承载的"不可能的政治性解释"②,葛兰言(Marcel Granet)拟订了一套解读规则。其中有:

1. 不考虑标准的注释及其残存的各种变体。我们研究这些注释的唯一理由就是了解《诗经》*衍生出来的*仪礼性用法,而不应是用来探索这些歌谣的原始意义。

2. 忽略(因《诗序》而)造成彰显良好道德歌谣与证实为道德堕落歌谣之间的分野。

……

4. 摒弃所有象征性的注释,以及任何把诗人设想为拥有一套精制之技巧的注释。③

评论性的判断与历史性的判断相互联系。对葛兰言与翟理斯而言,传统的经典注释不但本身就很荒谬,而且是一个后起的附加物,必须加

---

① 翟理斯《中国文学史》(*History of Chinese Literature*),页 12—14。
② 同上注。
③ 葛兰言《中国古代的节庆与歌谣》,页 27。

23

以刊除以期"揭示诗歌的原始意义"①(想要更详细地了解《诗经》文本的历史,见第二章)。翟理斯与葛兰言的观点得到了中国及其他地方几乎所有读者的认同。从12世纪郑樵开始的怀疑传统取得了大胜。②用"讽寓的"来形容古老的训诂学派的意义之一,在于宣布了"讽寓的"比"象征的"或"道德的"更加强调了文本与注释之间矛盾的事实。③

结果,注释被剥离了它们"数千年来作为道德教科书的权威性"④,并被转到世俗的手中。历史学家从中发现很多对于研究西汉和东汉的历史(公元前206—公元220)很有价值的资料;同时诗学研究者发现他们有时不得不将诗歌的影响与注释的影响处理为两个独立的问题。⑤

文本中有争议之处因此很多:这305首诗的作者都不明,每一首都在《诗序》中有数行(经常是争论性的)解释。比较早的时候,这些《诗序》的注释有传、疏、注、诂等形式,这些注释在不同版本的流传中被传承下来并被讨论。浏览一下19世纪中叶陈奂的注释,就会发现他在理解《诗经》中最短的诗篇之一时,也有大量他认为有价值的细节。

[序]《狼跋》

美周公[生卒年传统认为,？—公元前1079]也。周公摄政,远则四国流言,近则王不知[其志]。[周公东征,为了平息四国之叛,

---

① 葛兰言《中国古代的节庆与歌谣》,页17。
② 参见顾颉刚给郑樵《诗疑》作的序,载其所编《古史辨》第3册,页406—419。
③ 张隆溪认为"讽寓解释"与"与意识形态的关系"无法剥离。"我们厌恶传统的《诗经》注解……因为它们解读诗歌的方法,把诗歌糟蹋为欺骗性意识形态的宣传,而我们早已抛弃这种宣传"[《字句或圣灵》(*Letter or the Spirit*),页213,215]。然而,这也许告诉我们更多关于术语"讽寓"有争议的用法而不是"讽寓"本身。"显然,19世纪批评家关于'单一的讽寓'严厉的批评常常触及到他们视为是落伍的、无价值的观念。"[图夫(Tuve)《讽寓性意象》,页165,n14;斜体乃原文所有]。
④ 意译皮锡瑞《经学历史》中的话,页9。
⑤ 比较高本汉《国风注》第71页:"绝大部分这种注释文献是毫无价值的,并可以摒弃掉,因为百分之九十五的内容由说教及道德感发构成。"而余宝琳《中国诗歌传统的意象解读》,页17及其他地方)十分中肯地指出,注释对后来诗学及诗歌创作的影响远远超过诗歌本身。这应该充分揭示,剔除了注释的《诗经》(今天用来教授《诗经》的形式)而形成的"经典",其在中国数百年的文学中的存在都是有争议的。

来到豳地。]周大夫美其不失其圣也。[陈奂疏云:]此诗既归朝廷而作,在摄政四年后事。

[本文]狼跋其胡,载疐其尾。

[传]兴也。跋,躐。疐,跲也。老狼有胡,进则躐其胡,退则跲其尾。进退有难①,然而不失其猛。

[本文]公孙硕肤,赤舄几几。

[传]公孙,成王也,豳公之孙也。[此诗置于《豳风》中,周室发源于豳地。]硕,大。肤,美也。赤舄,人君之盛屦也。几几,絢貌。

[陈奂疏]……"老狼躐胡跲尾,进退有难。兴周公四国流言,成王不知,远近皆有难",《传》申之云。然而"不失其猛"者,喻周公不失其圣,盖探下文义而言也。公,谓周豳公;孙,谓成王。《传》以"公孙"为成王而又自申其说,云"豳公之孙也"……此美周公归周,成王年既长,大德又盛美……美成王即是美[作为成王的导师与首席大臣的]周公也……冕服称舄,常服称屦,此析言之也,屦其大名也。故《传》以赤舄为人君之盛屦……[下文陈奂引用一系列关于"赤舄几几"意义的评论]

[本文]狼疐其尾,载跋其胡。公孙硕肤,德音不瑕?

[传]瑕,过也。

[陈奂疏]《传》诂"瑕"为"过",言无有过失也。《礼记·明堂位》云:"六年朝诸侯于明堂,制礼作乐,颁度量而天下大服。"又《乐记》云:"天下大定,然后正六律和五声,弦歌诗颂,此之谓德音,德音之谓乐。"②

---

① 这个短语可能来自《易经》:大致的句式,参见巽卦的卦辞。关于《易经》与《诗经》间可能的相互影响,参见余宝琳《中国诗歌传统的意象解读》,页37—43;以及魏理所译《易经》。
② 《诗毛诗传疏》,15.16a—b。《诗经》的散文译法采用的是高本汉《诗经英译》第160首的翻译。关于乐论的出处,见《礼记》,31.4a—b,39.2a。"德音"这个词也出现于其他诗中(如《诗经》第218首;在第228首中,这个词运用来形容王孙的品性;以及第29首),另外至少还有一个早于《毛传》的散文体文献,即国别体史籍《国语》(描述音乐的部分,见《国语·周语》,1:130)。陈奂打算彻底弄清楚"德音"的歧义性,而不是把它限制在一个或其他的意义之上。

这个例子反映出传统《诗经》注释的必要性与弱点。这首诗需要被整合在一起。注释者通过狼的窘境引发人思考("兴"),同时缩小"公孙"之义,锻制了狼主题与公孙主题之间的联系。陈奂所发现的偶然矛盾正是《毛传》的注释风格。但周公故事与这首诗的关联——这种关联对注释者来说当然是既定的,肯定下来却没有用相反的注释验证过——对说明诗歌第一节中"公孙"的形象怎样有助于赞美成王的叔父周公很重要,而《毛传》就将"公孙"解释为成王。高本汉(Bernhard Karlgren)将这一点简化处理,注释这首诗为:"一个年青贵族被比喻为一只凶猛跳起的狼。"① 这可能就是像高本汉这样从文本内在出发的读者从传统学问中所能"拯救"到的一切(而"拯救"正是合适的词:没有背景的读者也许看到这只皮肉下垂的狼不是凶猛,而是滑稽)。② 现在肯定的是:注释者将诗与周公联系在一起,超出了《狼跋》一诗自身在文本上所具有的任何可能的意义;如果这种联系是可疑的,那么注释者倾向于将《国风》中所有诗都解读为周代君主政治教化的证明(以及成果),注释者的以上假定与这种倾向相吻合的方法只会使诗歌与周公的联系更加确定。这也是长期占统治地位的《诗经》解释学派的特征之一:《狼跋》注释的意义依赖对此诗前面五首诗的注释,那些诗转而不断指涉另外一部经典《尚书》。③ 古老的《诗经》中的一切都是交互指涉与互相确证的。现代读者不把这部经典看作周代的编年史,而是把它看成(再次?)毫无联系诗歌组成的总集,但数世纪以来,它从来不

---

① 高本汉《诗经英译》,页104。亦见高本汉《国风注》,页244:"当然,没有任何理由把这首诗与成王或周公联系在一起。"
② 狼的比拟怎样符合"美周公"的目的,本身并不是一个小小的词汇问题。《左传·宣公四年》(21.21a)引用"狼子野心"形容一个君主醉心于扩张他的领土,此词作为一个成语决不是褒义的。
③ 见《尚书·金縢》(《尚书》,13.6a—14a)及《诗经》,8:2,1a—5b。关于这些经书的起源与历史,见第二章。顾立雅(Creel)称《尚书》中的这一篇为"中国最早的短篇小说"[《中国治国术的起源》(*The Origins of Statecraft in China*),页457—458]。关于《诗经》与《尚书》的相互指涉,见下面第四章。

是这样的总集。

~

希波吕忒：那该是靠你的想象，而不是靠他们的想象。

忒修斯：要是他们在我们的想象里并不比在他们自己的想象里更坏，那么他们也可以算得上好人了。两个高贵的动物登场，一个是人，一个是狮子。

——莎士比亚《仲夏夜之梦》第六幕

简言之，比较幸运的是，过去几年关于"中国讽寓"的争论对它真实性的关注不如对它可能性的关注那么多。甚至那些乐意给讽寓在中国文学中安一席之地的学者对这个术语也持保留意见——而这些保留意见被别的批评者拿来当作全面摒弃中国讽寓的理由。可见问题纷繁复杂的程度，它使得在别的方面观点都相异的批评家，如宇文所安、浦安迪及余宝琳对中国文学世界的结构几乎持相同的见解。

在探讨中国18世纪长篇小说《红楼梦》时，浦安迪观察到，对于《红楼梦》所有的"另一层意思"的轮廓描述而言，它"只是没有让自己符合讽寓性阅读，而20世纪的中古研究者一直引导我们用这种类型的阅读"[①]。余宝琳更强烈地反对（中国有讽寓的观点）：对她而言，中国与西方的个案不能看作是单一的、定义非常宽泛的"讽寓"的变体。中国的模式，"尽管表面上（与西方的）相似，但建立在一套与西方的隐喻或讽寓根本不同的前提之上"（页116）。

能区别欧洲讽寓与会被误作讽寓的中国类似物的特质是什么？我们经常会错误地将两者混淆。对所有批评家而言，标准的表述是：讽寓

[①] 浦安迪《〈红楼梦〉的原型与讽寓》，页84。

"言此意彼",它是一种"持续性的隐喻"。① 余宝琳对后一种表述特别心有戚戚焉:出现在讽寓中的东西必先出现在隐喻中。至于后者:

> 由西方隐喻设置及沟通的、最根本的分歧并不仅是言辞上的——它存在于两种不同的本体论范畴内,一个具体而另一个抽象,一个可感而另一个不可感知(页17)。

西方本体论与文学理论(依余宝琳所见,他们一直在西方传统中运用)的关联是完整的。讽寓"创造了有两个层面、等级式的文学世界,每个层面都保持着自己的连续性,但只有一个层面拥有终极的主导地位"(页19)②。隐喻与讽寓两者都体现了一种无所不在的规律,即模仿或虚构的规则:

> 模仿……基于一种根本的、本体论的二元性——这种假设认为:有一种更真确的现实性超越了我们所处的具体的历史领域,而两者的关系在创造性活动与人工制品中得到复现(页5)。③

---

① 关于"语词"相对于"意义",见昆体良《雄辩术原理》,Ⅷ.6.44:"拉丁文中我们称讽寓为inversio,或者言此意彼,它或者指称某物[表面上意味着]的对立面。"差不多同时,这个术语出现在被认为是赫拉克利德斯·彭提乌斯(Heraclides Ponticus)(5.1)所作的《荷马之问题》(Homērika problemata)一书中:"[Logos]alla men agoreuōn...hetera de hōn legei sēmainōn"(一个语词公开地说一套事物,意义上却与其所言不同)。这是一条常见的可靠资料,却不为人们所知。巴弗瑞(Buffière)[《荷马史诗中的神话》(Les Mythes d'Homère),页47]发现在大约公元前60年左右,"讽寓"这个词突然流行起来。关于讽寓作为"连续的"或"扩展的"隐喻,见西塞罗(Cicero)《论演讲者,并献给布鲁图》(Orator ad M. Brutum)27/94;以及昆体良《雄辩术原理》,Ⅷ.6.14["(隐喻的)连续使用形成讽寓及谜语"]以及44("一系列的隐喻产生出最早类型的讽寓")。假定讽寓是反复隐喻的产物,也许是反复隐喻的有限功能,那会导致讽寓成为隐喻的分支吗?米歇尔·查尔斯(Michel Charles)搁置了大多数修辞学者陈陈相因的观点,称讽寓为一种加强的隐喻,载"作为修辞的话语",载《文学修辞》[Rhétorique de la lecture,页147,压缩杜马尔赛(Dumarsais)的评论,斜体为本书作者所加]。
② 比较宇文所安《传统中国诗歌与诗学》,页96,页292—293。
③ 亦见宇文所安《传统中国诗歌与诗学》,页21,55。不仅是现存物而且也是艺术作品中双重本体论的"复制品",可能提出归结到欧洲思想中一贯的"二元论"问题。"当一幅画骗了我们时,我们的判断中有双重的错误……因为真正说来我们只看到(proprement)影像"[莱布尼茨《人类理智新论》(Nouveaux Essais),Ⅱ.9]。亦见德里达《播散》(La Dissémination),页211—213,217。

为了强调讽寓,讽寓在此不是被描绘为西方文类中的一种,而是西方文类之模范,如黑格尔式的美学家可能宣称的,它是最完美地表达西方"世界"之"真理"的文学符码。① 浦安迪也察觉到在讽寓中有一种隐喻的模仿性扩张,是文化上结构化的思维习惯在文学上的"投影"。"在西方语境中谈论的讽寓,是通过把作品意象和叙述行为中存在的结构模式投射到假想的层面上而产生的一个双层文学世界(模仿本体论上的二元宇宙)。"②

在这种情况下,谈论讽寓的中国模式等于抹杀东西方之间的差异。因为在中国,对文学作品有不同的理解。在总结数世纪以来《诗大序》中一段为政教学派的注释提供纲领的文字后,余宝琳写道:

> 我们这里讨论的是一个关于诗歌表现性与情感性的经典论述,它流行于亚洲的文学理论中。尽管某些设想与西方的相似……但它们所依赖的世界观是完全不同的。中国固有的哲学传统认同一种本质性的一元宇宙观……真正的现实不是超凡的,而是此时此在的,而且在这个世界中,宇宙图式(文)、运动与人类文化的图式、运动之间及其内部存在着根本对应。由此《诗序》假定,内在的东西(感情)自然会找到一些相应的外在形式或活动,并且诗歌能够自发地反映、影响并作用于政治与宇宙秩序。换句话说,个体与世界间天衣无缝的联系使诗歌能同步地宣泄感情,为政府稳定提供指针,并成为一种教化工具(页 32—33)。

正像永恒观(sub specie aeternitatis)这不断缩减的现实决定西方文学的可能性与主题一样,中国的诗歌作为记录的理论源自某种超时间

---

① 见黑格尔《美学》Ⅱ.3(《全集》,14:136—141)。
② 浦安迪《〈红楼梦〉的原型与讽寓》,页 93。反对讽寓是"两个层面"持续隐喻的观点,见昆体良《讽寓语言》,页 25—26。

观念的难以想象性。① 意识形态的基础决定理解的形式。余宝琳建言,历史主义"也许是建立在诗歌创作的刺激—反映论,而非模仿方式之上的中国传统的惟一选择";对"非二元对立的宇宙论"而言,这也是将价值赋予到文学作品中的"惟一途径"(页 82,80)。"不同于模仿论所持的诗歌是对行为之模仿的观点,历史主义认为诗歌是诗人对周边的世界所做出的文字上的反应,而诗人也是这个世界的一部分"(页35)。即使不知道这个诗人是谁,他总是(如华兹华斯所言的)"对众人讲话者"。这样,对上古《诗经》中任何一首诗而言,在字面的或讽寓性的解读中做一选择无疑是错误的。更准确地说,存在着不同类型的"字面"意义。对中国读者而言,"情境就是一首诗的意义",而且"一个意象总是有具体的基础"(页 82,99)。从而中文阅读完全可以与虚构剥离。它所需要的仅是情境。这里引用宇文所安对另一个时代诗学的评论,他认为,中国读者接触诗歌时带着这样的"信念":诗歌是"历史经验的真实再现"。②

如果讽寓与隐喻源自两个领域的"存在"(being)之间"根本性差异",如果就像浦安迪所言的,"中国的世界观就是没有运用处于西方讽寓核心地位的二元宇宙观"③,那么讨论《诗经》注释者及其道德化诠释的立场几乎遵循的就是三段论模式。批评家所称的"讽寓性的"解读应被看作其他一些东西。余宝琳提出它们应放在这种名称之下,即

    语境化(*contextualization*),而非讽寓化(allegorization)……

---

① 亦见余宝琳《中国诗歌传统的意象解读》,页 18,27,60,138,218。近年,李约瑟(Joseph Needham)及牟复礼(Frederick W. Mote)着重强调中国人是一个无神学信仰民族的结论;此处讨论的批评家受益于他们很多。参见牟复礼《艺术家与文明的"理论化模式"》(The Artists and the "Theorizing Mode" of the Civilization),页 6—7:没有天启,"'古'就是'正',因为有一些东西必须存在,而没有什么东西能取得有竞争意义的正确性。"
② 宇文所安《传统中国诗歌与诗学》,页 57。
③ 浦安迪《〈红楼梦〉的原型与讽寓》,页 109。

[《诗经》的]儒家注释者用非二元宇宙观所允许的惟一方法,即通过证明它植根于历史来让这部诗集合理化。西方讽寓作家力图证明希腊神话包含一种更深邃的哲学或宗教的意蕴——一种抽象的、形而上的维度——所以中国的注释者必须展示歌谣字面上的真正价值;不是形而上的真实,而是此岸世界的真实,一种历史的语境(页80—81)。

没有"彼岸世界"可资参照,中国作家不可能写出讽寓性作品。有的只是"语境化"。

那么,讽寓性作品区别于其他类型的作品难道就在于它们所讨论(或似乎讨论的,给传统定义最大重要性的)事物的类型吗?在此情况下,需要做出修正的是欧洲文学史,而不是将外国文学重新包装以进入欧洲术语体系的努力。贺拉斯(Horace)著作中的一段话(叙述"城邦之舟"的母题)为昆体良最早解析的讽寓提供了例子,这个例子并不拒绝历史的"语境化"。维吉尔(Vergil)第一部《牧歌》(Eclogue)中的流离失所的牧羊人与传统认为他们所代表的土地拥有者是站在不同的形而上立足点上的吗?① 自讽寓这个词流传以来,这些文字就一直被当作讽寓作品引用,并几乎取得了确定定义的权力;讽寓理论如果忽视它们,就极可能成为一种非关讽寓的理论。

不过障碍仍具启发性。西方讽寓的描述一直建立在一种理想的或典型的讽寓例子基础之上——如班扬(Bunyan)的《心路历程》(Pilgrim's Progress)或斯宾塞(Spenser)的《仙后》(Faerie Queen)。既然与这种讽寓类型相反的例子已经在西方出现,那么比较西方讽寓与中国讽寓的旨

---

① 昆体良《雄辩术原理》,Ⅷ.6.44引用到贺拉斯《诗集》I.14,它是对若干希腊诗歌的模仿(如阿基罗古斯[Archilochus] 56;阿尔凯乌斯[Alcaeus]6,326);差不多相同讨论的例子出现于《荷马之问题》(5.1—8)中,这显示出定义与例证同样是传统的。余宝琳(《中国诗歌传统的意象解读》,页21)认为西方"世界观"(world-view)优先于政治与历史讽寓之实践,这样讽寓似乎从文类中消失了。

趣已经不那么重要了。西方教条化的讽寓定义("模仿本体论上二元宇宙,创造出一个二元的文学世界")引导我们寻找与之可以强烈对比的中国类型(一元论与二元论,"反应"与"创造"),现在我们发现这种讽寓——西方经典意义上的讽寓——决不依赖超验的主题,所以比较中西讽寓类型的不同还是有所收获的。一首把参议员描述成水手的诗可能会通过昆体良的检评。探寻中国讽寓作品引起的负面结果能否归因于设定问题的方法?它是把"神学家的讽寓"而不是"语法学家的讽寓"当作讽寓的典型而产生出的结果吗?前者推行并不顺利,而后者只要有语法就有机会施行。①

古代语法学家定义讽寓为一种言说方式,而不是一套要表达的内容(不管是宽泛的或隐晦的)。昆体良的格言 *Aliud Verbis*, *aliud sensu ostendit*("它在语言上指一物,意义上指另一物")也许可以被解释为在两个"本体论上不同的范畴"间暗含着一种"等级关系"。然而,这个短语疏忽于告诉我们其中哪个是哪个:两种所指的对象都可以是另一物或 *aliud*,它们以一个未明确的方式——或许只有作为不同指涉方法的对象时——互不相同。其中细微差异,可以比较10世纪苏达斯(Suidas)百科全书中的基督教化的叙述:

> 讽寓,是一种字句(letter)上说某物,而思想(thought)指另一物的隐喻。②

语法是有重要意义的。对昆体良来说,讽寓*在*文字中或*以*文字表达一物,而*在*意义上或*用*意义表达另一物;在苏达斯百科全书中,"字句"与"思想"已成为动词—主语(verb-subjects),并控制各自的

---

① 关于两者的区别,见图夫《讽寓性意象》,页48。但丁(Dante)承认"神学家与诗人对这个[讽寓的或隐藏的]意义的态度不同"[《宴饮篇》(*Convivio*),Ⅱ.1]。
② 《苏达斯百科全书》,s. v. allēgoria:"metaphora, allo legon to gramma kai allo to noēma."作为对圣·保罗"字句能致人于死"(The letter killeth...)(2《歌林多后书》,3.6)之解读的继续,苏达斯百科全书的定义是中世纪"语法学家的讽寓"与"神学家的讽寓"分立较早的例子。

分词短语。从古代修辞学者专业与无教义的意义上说,讽寓即说一个事物而意味着另一个,而不管这个事物说了什么以及意味着什么。①

这种调适也使阐释讽寓这个术语在中国变得更容易理解,因为"语境化"是一个可能会误导我们的词。我们把多少东西读进去?注释是正确的且它们的解读阐明事实的方法取得了成功,问题仅仅如此吗?并非如此:古代的注释家(余宝琳在她的讨论中有诸多引用)对诗歌所"反映"的历史情境众说纷纭。② 然而,对语境化理论而言,史实不准确与"形而上真实"之间的差异比历史真实与历史错讹之间的差异更重要。第一个差异是绝对的,第二个仅是相对的。在余宝琳的论述中,讽寓性的差异——是讽寓所表达的 *aliud* 与其他的 *aliud* 间的差异——肯定是绝对的差异。这一点因反例而更确定。《诗经》注释的历史风格并不能称作讽寓性的,因为"从中国的观点来看",它"根本不是归因指涉之真正他者性(otherness)的过程"(页65)。中国的修辞是在一种一致性中发生的(例如,历史与伪历史在充作历史上有完全相同的性格),而那种一致性不是强调局部的差异,而是完全湮灭它们。

在下面这段可称之为描述中国小说结构性或阅读中国小说最佳策略的文字中,浦安迪似乎描绘了这种意义的机体:

> 从中国及中国人的观点来看,既然所有的真实性存在于一个层面……中国讽寓结构中的单个元素用以指涉真理隐在的组合的修辞方式,必不能被等同于隐喻中的同异关系,如果可以的

---

① 为了处理鲜明的政治性讽寓,比如奥威尔(Orwell)《动物农场》(*Animal Farm*),卡罗琳·凡·戴克(Carolynn Van Dyke)明智地修改了讽寓的"二元论"使其适应于个别的例子:"讽寓性文本整合了某些截然相反的内容(*some polarity*)……其读者认为那些截然相反的内容是根本性的"(《真实的虚构》,页41;斜体为本书作者所加)。
② 比较《汉书·艺文志》关于《诗经》的部分:"或取《春秋》,采杂说,咸非其本义,与不得已,鲁最为近之。"(班固《汉书》,30.10a—b)。鲁诗派大约在公元300年的西晋时消亡。

> 话，或许可看作提喻(synecdoche)视阈延展。每一个中国讽寓中的孤立元素由于自身被卷入此消彼长的存在过程中，"代表"或"参与"了所有存在的总体，这种存在只在程度上而不是本质上隐在。①

简洁的或延展的中国比喻发生在一个总体化了的转喻(metonymy)或提喻中：余宝琳和浦安迪都同意这一点，而仅在一系列的提喻是否构成一个讽寓的问题上有分歧。②

宇宙论形形色色。但要是中国诗人或读者就是没有办法去"言此意彼"，那怎么办？研究中国诗学肯定会提出这个问题。传统批评认为，诗歌意象似乎

> 提供一种手段把相近的情境安置到一个更广阔、更全面的语境中——将它及其所属类的其他成分联系起来……根据《易经》，自然物与人类情境被认为完全属于相同的类：并不是诗人创造或制造了它们间的联系。它们因相似而联系，但不是——如西方讽寓那样——处于两种不同的序列中的相似性；批评家的任务仅在于确定

---

① 浦安迪《〈红楼梦〉的原型与讽寓》，页109—110。参考李约瑟与王真《中国科技史》，2：281，526—570,582—583。类似的关于中国现代文学的表述，见詹明信(Jameson)《处于跨国资本主义时代的第三世界文学》(Third-World Literature in the Era of Multinational Capitalism)，页69,72,78。
② 关于作为言辞结构对称两端的隐喻与转喻(相似性与邻近性)，见雅柯布逊(Jakobson)《语言二面》(Two Aspects of Langugage)。近来文学批评中对"转喻"的使用不同于古典意义上的，如在雅柯布逊的著作中，它开始代表部分与整体、原因与结果等等间的任何关系，这些关系可以不依赖于相似性而得到解释。我还是遵循现行的用法。如果讽寓是一种连续的隐喻，那么米歇尔·里法泰尔(Michael Riffaterre)重新找到"Blason"(有点类似中国的咏物诗，但常常有讽寓的隐含意)这个晦涩难懂的术语，也许是"连续的提喻"在逻辑上可能性最好的例子。作为一系列"部分的命名"——常常是主体部分——Blason获得一种常常大胆的、逻辑上的连贯性，然而似乎徘徊于赞美与讽刺的目的之间。不过，主题与语气明显的不稳定很容易被重新主题化[见里法特尔《诗歌符号学》(Semiotics of Poetry)，页77—78,128—129]。在《追寻失去的主体》(A la recherche du corps perdu)中，凯西·扬德尔(Cathy Yandell)有趣地描绘了一种"反映真相的Blason"(blason du miroir)，作为写作"最后的Blason"之尝试。

它们所共属的总体的类。①

我们又一次——并以一种暗含于主题定义中的必要性——越过主题学(对世界的描绘)的畛域而来到语义学(对世界描绘的条件)的领域。直到最近,以更严密的修辞及符号学的形容对抗讽寓性"差异"的主题性描写还是可能的[一旦我们发现不同名称(如"水手"与"政治家")的运用,此种文类的充分标记,不同世界的观念就失去了其定义的权力]。而现在讨论的对象却是意义本身,修辞学必需的原始素材。中国讽寓之不可能性并不处于一般的意识形态的某个特征中,而处于共性或差异性的逻辑中,这种逻辑提供了一种区分隐喻与提喻的方法,并将"一切生物都是草"(All flesh is grass,《圣经》之语)之类的比喻义与"所有蓝草(bluegrass,美国一种乡村音乐)都是草"的字面义区别开来。

这并不是说,采用共性及差异性的标准必须得出一个答案:关于这一点的分歧能够无限地持续下去,并越过词语与对象之间看不见的界线。② 众所周知,卓越的语言学家费尔迪南·德·索绪尔(Ferdinand de Saussure)不能找到一种推延的方式来说明两种不同的语境中的"相同"词语或符号完全"相同"。在《普通语言学教程》(*Course in General Lin-*

---

① 余宝琳《中国诗歌传统的意象解读》,页 65。并见宇文所安《传统中国诗歌与诗学》,页 18—21,61—63(关于"阅读的艺术"),页 294。这种"类"的自然化模式可能参考《左传》中的一个故事:"晋侯与诸侯宴于温,使诸大夫舞,曰:'歌诗必类。'荀偃怒且曰:'诸侯有异志矣。'"(《襄公二十六年》)。作为诗歌批评者的赋诗者拥有的自由,比许多当今读者愿意给予诗人的自由还要大一点。关于赋诗的语义学详见下文。关于"类"(有许多明显不同的解释)的讨论,见汉森(Hansen)《语言与逻辑》(*Language and Logic*),页 112—117。汉森大致的观点——中国的本体论与其说是类型之一,不如说是材料之一——偏向于浦安迪、宇文所安和余宝琳提出的观点。关于"类"深刻而简洁的讨论,见董仲舒《春秋繁露·同类相动篇》,在李约瑟及何丙郁的《类的理论》中有翻译与注释,页 188—190。然而,"同类事物"间的联系是物理性的,而其活动是通过普遍性的介质"气"(有"气体"、"流体"或"以太"等各种翻译,见下)。《吕氏春秋·似顺篇》中有许多有关类及类的内含物有价值的悖论。

② 双关语是语义学上共性与差异性最好的实验样品。关于双关语、近似双关语(near-puns)和非双关语(non-puns),见特贝恩(Turbayne)《隐喻的神话》(*Myth of metaphor*),页 15—17;亦见珀希(Percy)令人印象深刻的论文《作为错误的隐喻》(Metaphor as Mistake)[载《瓶中信》(*Message in the Bottle*),页 64—82]。

guistics)中,他明确地从一个最不配合的例子说起:

> 比方,两个句子成分:"the force of the wind"(风力)和"at the end of one's forces"(精疲力竭),无论在哪一个成分当中,同样的概念与同样的音段是相吻合的;所以,它("force"这个词)完全是一个语言单位(斜体是本书作者所加)。①

但是人们仅需将事物向"相同"推动一点就可显出相异。"The wind was at the end of its foreces"(风力已是强弩之末了):"力量"(force)现在看起来有点勉强了(forced),这是将拟人化的虚构应用于无生命的风上。②

从主题学到语义学的转向似乎是在向逻辑上在先的研究层次转变。但似乎甚至连意义都不能提供一个足够原始以及足够未受文化影响的起点,以沟通欧洲诗学与中国诗学之间的差异,或用一种共通的语言系统来表述它们。据余宝琳云,对抱着同情态度去读中国文学的读者而言:

> 意义并不是外在地随意附着于意象的,而在逻辑上遵循传统上相信对象与情境属于一个或多个并不互相排斥的、先验的及自然的类属的事实……上古思想家们的判断,即由于不同背景间类的关联,意象不但反映而且事实上也体现了[伦理的]准则,再强调也不为过(页42—43)。

> [对中国读者与作家而言]事物之间的联系往往早已存在,在某个先验的并先于任何个别人共品的类中,这种联系建立在它们共同

---

① 索绪尔《普通语言学教程》,页147。
② 索绪尔的例子有久远的来历。关于作为类的"力量"以及类的消解者,见莱布尼茨《第一哲学之修正以及实体观念》(De primae philosophiae emendatione, et de notione substantiae),《莱布尼茨哲学著作集》,4:468—470;关于"力量"的"字面—隐喻"性力量,见涂尔干论超自然力量(mana)的论著《宗教生活的基本形式》,页290—303。关于黑格尔现象学中关键环节的"力量",见黑格尔《力和知性》(Kraft und Verstand),载《精神现象学》(Phänomenologie de Geistes)(《全集》,3:107—136);及伽达默尔(Gadamer)《黑格尔的"倒转世界"》(Hegel's "Inverted World"),见《黑格尔的辩证法》(Hegel's Dialectic),页35—53。

地对这个类的参与基础之上(页116)。①

以这种观点来看,中国的语义学与中国的修辞学一样,被定型为相同的模式。"类"就是一个"语境"(页65)。正是在这个背景下,出现了那个富有挑战性的观点:"美德"是"芳香的",并且字面上也如此。中国修辞学的秘密就是中国没有修辞。中国诗人似乎使用了讽寓、隐喻及比喻,其实这不过是对中国宇宙特征的记录。花的德行与官员的美德——或者两者各自的芳香——不是类似物而是同一物。② 然而,由于缺乏"个体的技艺",只有当[在"是"(is)这个词语的强烈意义中]香气与善行都属于一个事先存在的善的类时——即只要有实有的共相(Forms)时,它们才能被判定为同一事物。

如果广义提喻论直接导致一种超类(hyper-categorical)③——善的共相(the Form of the Good)——那么这个做法就没有按计划施行。这种广义提喻论语言上指一事物,意义上却别有所指,并用正是它打算替代的文化语码来言说。隐喻与虚构不但没有被当作西方本体论的观念而加以排斥或视为同类,现在反而被提升到(作为类)现实的境地,这是一个令人惊讶的结论。而在这个等级上,将论证的扭转(plot twist)仅仅解读为自相矛盾,是对批评家技能及问题复杂性的低估。我们怎么更好地解释它?变形是系统性的吗?如果是的话,这个系统的

---

① 见余宝琳《中国诗歌传统的意象解读》,页33,36,60。
② 批评家在这里的假设是:所有修辞性陈述都具有"x是y"的逻辑形式:不同之处在于,对中国人而言,x确实是y,因而修辞并非修辞。但并不是所有隐喻都有这种形式。最简单的反证是否定性的隐喻,《诗经》中有许多著名的例子,如第26首《柏舟》:"我心匪席,不可卷也。""通过一个优先的类中共同的资格","不言自明及字面上真确"的中文意义模式,叙述者无法在这样说的同时又不意味着他或她的心是席子。(后来的读者正是用这种方法理解此意象的,这对我们可能是种教学法上的警示。)通过(亚里士多德的意义上)类比实现的转移是另外的例子:它们不指称对象,而是指称对象间的关系。
③ 见亚里士多德《伦理学》(Nicomachean Ethics)Ⅰ.4,6(1095a26—30,1096a25—30)。当然,示例的选择并非无关宏旨的。一个善与美"字面上属于"相同类的世界可能就是美学取代伦理学的世界。见席勒(Schiller)《第十封信》,载《美育书简》(On the Aesthetic Education of Man),页60—71。

要素是什么?

我们到了一个交叉路口,此时提喻或转喻假借"语境化"之名,正意欲接管隐喻的所有功能,至少名义上如此。关于转喻的什么东西引起了这样的逆转?

与目前的情状相比,转喻论须被陈述得更加泛化。转喻也许建立在一个关于共性的逻辑之上,但是实体的类型有许多种说法,而由于缺乏修正并改进过的类,修辞(或诠释)无法告诉我们哪些事物同于或异于另一些事物。所以认定一个辞格为隐喻或转喻是一种言语行为(speech action),有时披着陈述性(constative)的外衣出现:它让我们知道,批评家(或诗人)决定要把对象看作是以某种方式组织起来的。① 既然转喻被当作几乎最"字面的"、最缺少修辞性的,以及与事实有某种联系的辞格②;并且,既然被当作事实的事物在某种意义上是由关于实在经验的理论(theories of the world)决定的,那么援引转喻并不能产生实质性的内容。人们只要给类型以实际的存在,那么所有的隐喻就会变成提喻。③ 相信共相的人将看到善的事物都由善产生;有机论者把新娘与桃花视作

---

① 根据约翰·奥斯汀(John Austin)的观点,宣布决定,被称为"言语行为"或"践言性(performative)行为"。"践言性表达的观念是行为的实施(或作为其一部分)。"经典的例子是"我宣布你们成为夫妻"、"我命名这艘船为……"、"我承诺……"。在奥斯汀看来,这些表述"没有'描写'或'记录'或陈述任何东西,它们无所谓'对或错'。"旨在描写或记录事件的活动及状态,并因此可以被判断为对或错的句子称为"陈述性的"。"我将 x 比作 y"之类的句子,既是一种陈述性的声明——即 x 像 y 一样——又实施一种行动,是打比方的言辞行为[《如何以言行事》(How to do things with words),页 60,6,90;并见页 3,47,54—55,145—147]。
② 或更谨慎地说,这种修辞暗指一种未知的、排除事实的关系。卢龙·韦尔斯(Rulon Wells)在一篇关于重建语义变化阶段的文章中认为,"对象间的相似性并非只是偶然的自我经验,而是作为必然性的优先权;而且不管在时间还是空间中,经验对象间的接近性都只是经验性的,可以通过经验来认识";所以,解释作为转喻的意义转移需要假定在"超语言资料"(extra—linguistic data)中有种特别的联系[《转喻与误解》(Metonymy and Misunderstanding),页 196,201,210]。又见威尔斯观点主要渊源之一的爱弥儿·本弗尼斯特《语义问题的重构》(Problèmes sémantiques de la réconstruction),载《普通语言学问题》,页 289—307。
③ 顾普·穆(Groupe Mu)将隐喻阐释为两个提喻的结合,这个名声不太好的分析部分得自于这种分类观点。见杜比斯(Dubois)编《普通修辞学》(Rhétorique générale),页 108。

春天同时生发的事物。① 隐喻与提喻之间的区别也许可归结为信念之间的差异,但并不在确定意义上成为余宝琳与浦安迪提出的这套信念(本质的转喻式信念)与那套信念(隐喻式信念)之间的对比。② 那么,这种差异是什么类型呢?

～

回答关于讽寓的问题牵扯到要说明东西方的差异——至少证明这个问题是值得关注的。在中国,"类"是一种"语境",因为不同种类的对象"被认为实际上属于同一种类的事件"。信念的范畴不但没有在思想史中稳定下来并取得立足之地,反而带来自身的分歧;因为假如人类学意义上的信念决定了文本的文学特征,那么真实与虚构、字面义与比喻义、隐喻与转喻等等之间的区别,都无法为阅读准备足够的语码去做跨越信念差异的解读。可是和这些批评家一起,我们企图说服自己从事的恰恰是这种类型的阅读。比较修辞学刚才还有可能成为一种信仰或民族心理学的分支,现在却有了变为不可能的危险。

---

① 卡罗琳·凡·戴克认为,基督教讽寓建立在这种哲学的现实主义基础之上,即要在阅读普鲁登修斯(Prudentius)的讽寓中引起共鸣,我们必须承认诸如"信仰(*psychomachia* 巫术中的一个角色)在它的化身中实现"(《真实的虚构》,页 39,斜体为本书作者所加)之类的观点。关于新娘与桃树的例子(《诗经》第 6 首《桃夭》),见奚密《隐喻与比》,页 250—252。
② 每一套信念的对比都是有差别的。对那些粗疏的拘泥于字面的中世纪研究者,讽寓与历史语境的差异意味着什么? 罗斯芒德·图夫把中世纪解读方式集中在"以文字'形式'传承的、历史本身(真实的人物与事件)与已揭示的事实之间关系上,从而真实的人物与事件预示或遮蔽后来发生的情况,并因此符合这些修辞……事实上,[讽寓的]神学背景的主要贡献也许不在于它的教化力量(它与许多修辞类型共享这种力量),而在于其对字面意义重要性毫不松懈的坚持……这里罗列了[中世纪讽寓]与语法学家的讽寓(晚近经典传统的讽寓)之间的主要差异"(《讽寓性意象》,页 46—48)。爱弥儿·涂尔干说到人种学家时,得出类似的观点;这些人种学家从一种"无形的"、"超自然的力量"或"神秘的"意义中抽绎出宗教。"神秘感"对某些人是神秘的,而对信仰者而言未必如此。"对原始人而言,这些使我们震惊的解释是世界上最简单不过的事。他通过各种[巫术]手段召唤的力量对他一点也不神秘。它们只是[原始人依赖的]力量,[如我们依赖的]重力或电流一样"(《宗教生活的基本形式》,页 35—36)。诉诸史学与物理学并不能解决问题,通常回答我们的只是一*段*历史故事或一个物理现象,这些顶多能告诉我们,它们哪些有资格可以被称为历史或物理的。

"字面"、"提喻"及其他术语根据其使用情况、相对地运用到一种世界中,但这是种什么样的世界?"西方的讽寓是上视的,而中国的讽寓外视的。"①这似乎过于自信了:就功能的对比而言,两者可能不得不被定位在一个共同的空间,一个绝对的空间之中②;而我们不能说我们已经拥有了我们可以在其中定位不同的研究对象的类似于绝对空间的东西。③

在由文化相对性的诗学引发的"根本性差异"之下,我们发现问题与相对性更具有根本性意义。差异能有多大?莱布尼茨《中国近事》的序言,旨在把他的《中国近事》奇异性减小,他引用了通俗滑稽剧《月球上的皇帝》(*Emperor of the Moon*)中的丑角哈勒昆(Harlequin)之言:尽管中国语言与风俗各异,但 *c'est tout comme ici*("那里跟这儿完全一样")。④参照关于这个主题的另一位专家的说法:

> 对月亮这样一个世界而言,我们的地球就是月亮……因此,今晚的月亮中就可能有人正在嘲笑另一个认为我们这个球就是一个世界的人。

宇宙论在自足性这点上是共通的。去月球的旅行者发现"月球"和"世界"两个词变得陌生了,发现每个词在专有名词与指示词、绝对的特殊性

---

① 浦安迪《〈红楼梦〉的原型与讽寓》,页109。
② 见莱布尼茨《与克拉克论战第三书》,《莱布尼茨哲学著作集》,7:364。
③ 关于此,语言学家有一个例子:卡尔·亚伯(Carl Abel)对古罗马人非矛盾的思维过程感到惊讶,因为他们能同时赋予"高的"(altus)以"高"(high)与"低"(low)的意思。然而,一旦我们把"altus"解释为"在一条垂直轴线上与观察者的距离",则在翻译中产生的问题也在翻译中消失了。见弗洛伊德(Freud)《正相反的意义》(Antithetical Meaning);本弗尼斯特《弗洛伊德发现的语言注释功能》(Remarques sur la function du langage dans la découverte freudienne),载《普通语言学问题》,Ⅰ,页75—87;又,关于作为误解之根源的翻译问题,见福斯(Firth)《语言分析与翻译》(Linguistic Analysis and Translation),载《福斯论文选》,页75—76。
④ 莱布尼茨《中国近事》序,《莱布尼茨哲学著作集》,4:80。这出滑稽剧因贝恩(Aphra Behn)在1687年将其翻译成英语而得以保存下来。短语"就像这样"经常在莱布尼茨的文章中出现。举例而言,在生物学中,"人们经常说某种动物,'什么都与我们一样',差别仅是程度不同而已"[《致德雷蒙先生的信》,1715年2月11日,《莱布尼茨哲学著作集》(3:635)]。

与绝对的普遍性间,在某种程度上使得感觉确定性(sense-certainty)不能避免冲突。"然而,牧师一旦知道我胆敢说我来自的月亮是一个世界,而他们的世界什么都不是,只不过是一个月亮,这给他们足够的口实定我的罪。"①

跨文化的文学研究的指示词与介词仍然是令人困惑的。再次引用余宝琳的话,"中国固有的哲学传统"之"真正的现实性……不是超凡的而是此时此在的"(页32);但这种"此时此在",指的是何时何在?与西方诗歌追求表达"一种形而上的真实"不同,中国诗歌言说的是"此岸世界的真实"(页81)。不过,根据假设,既然只有在我们接受了"西方的"世界观之后,形而上的"彼岸世界"才能变为我们的思维对象,那么这种关于中国诗学独特性的描述对这种诗学言说的对象——"中国人"而言是没有效力的。然而根据一位批评家的观点,用"中国"的方式观照这两个世界能将它们看作"容纳于一个单一而总括的参照系内的许多互补的配对中的又一个"②——这就要摆脱我们从中开始的世界观中的对立。(这怎么才会发生呢?*那个*"单一而总括的参照系"又是什么呢?)不管选择哪一个,似乎"比较"使"比较本身"失去价值,局部吞噬了整体。这就是文化对比的难处。我们只能分享这些读者要有一个现时和现地的(*hic et nunc*)坚实基础的愿望,有了这个支点,阿基米德才有希望撬起地球——然而承认它还是有所迟疑。

这些批评家勾勒出的东西方诗学的并置似乎牵涉到对他们结论不利的假设。相对主义没有什么不好,但相对主义相对的是什么呢?正是这个关系的类(莱布尼茨改名为 *concogitabilitas*)被证明是难以捉摸的。③ 不久前,我们还期盼能发现区分中西方修辞的特性;现在正由于

---

① 伯吉拉克的赛拉诺(Cyrano de Bergerac)《另一个世界》(*L'Autre Monde*),页1,65。
② 浦安迪《〈红楼梦〉的原型与讽寓》,页109。
③ "关系是一种存在于不止一个主体中的偶然性,若干理念被放在一起审视时,[它们的关系]就是它们的'相伴性'(*concogitabilitas*)。"手稿片断"Illatio, veritas, probatio duplex; vel contingens vel necessaria"(LH IV.7.C,74)。

我们区分两者的努力,我们不再知道是否能或怎样分辨它们了。在这场对话中,从*两个*方面,"谈话的语言不断地摧毁讨论谈话题目的可能性"①。

这种困境呈现出许多形式,并不局限于文学批评。如果中国的想象是字面的,而西方的想象是形象性的,则它们的关系并不对称;比较两者只是把一个缩减成另一个,将一个变成另一个的月亮。不对称并不只存在于对象中,它首先存在于思维对象的方式中。比喻义可能包含字面义,但字面义不能解释比喻义,除非放弃字面的专门立场。对阐述字面诗学之自然性与自足性的理论而言,修辞只是一种必需被解释的附会,一种字面意义的衍生物。但这种附会是怎么造成的?通常给出的解释仅仅是重新命名差异性,或挑出一种差异作为普遍差异的成因:例如,先验的神学(余宝琳、宇文所安及浦安迪所认为的西方诗学模式)②,"抽象的或精神的对象……种阐述哲学问题的'一与多'的范式"③,动词"to be"④,俄狄浦斯情结⑤,或者诗歌隐喻。这些都可被视为局部化一个同时且到处存在问题的勇敢尝试。

我们的注意力由此很有必要转向某些不可避免的强制行为,两个"世界"的读者将两个"世界"绾合在一起。考虑到有这么多世界可以选择,决定取用某一世界的解释而非另一个的解释不是一种赤裸的感观,也称不上一种判断。正如我上文所说的,它最好被称作一种行为。批评家们施行自己的言语行为,抱定一种本体论(毕竟,他们确实将"二元的世界和一元的世界区分开"),比起对一元论现实的误解,二元论肯定存在

---

① 海德格尔《从一次关于语言的对话而来》(Aus einem Gespräch von der Sprache),载《在通向语言的途中》(Unterwegs zur Sprache),页89。
② 关于希腊"人神世界间的分隔"以及公众争论的习俗,亦见让－皮埃尔·凡尔农(Jean-Pierre Vernant)与谢和耐《中国和希腊的社会历史及思想的演变》(Histoire sociale et évolution des idées en Chine et en Grèce),页90。
③ 汉森《语言与逻辑》,页 Vii。
④ 谢和耐《中国与基督教》,页 323—325。
⑤ 胡志希(Hu Chi-hsi)《毛泽东,革命与性的问题》。

更多的内容),然后要求中国人也作同样的抱定。如果想知道中国人能否用讽寓模式写作,或者作为问题的另一面,我们的修辞法是否能翻译成中国人的修辞法,那么我们必须清楚他们是否"意识到,或曾意识到精神性实体"①。不过,在这个问题上,中国人的缄默并不等同于同意;无信仰与不信仰的内涵是相同的。用雅各布逊(Jakobson)的话说,我们要求中国人发表意见的事物是"带有[西方]标记的"(marked)②。从常识来说,有无讽寓或隐喻并不像有无轮子或有无零数这等事情那么简单。前者是存在于思维中的事物(如果有的话)的例子,并是试图回答我们问题所作的诠释工作的一部分。"你了解讽寓吗?"缺乏讽寓或隐喻知识的人们可能不知道如何用"是"或"否"来回答这个问题;任何一个选择都可能是不可思议的。提问者被迫找一个替代品取代我们所寻找的看不见的证据——某种充分赞同的符号,即赞同把那些中国表达法解释为隐喻或非隐喻。

"其则不远",或更确切地说,"宗教是世间令人感兴趣的一件事体。"③有关中国"讽寓"的争执是一种老问题的新版本,这个问题的历史与欧洲传教士汉学的起源一样长,是将争论转换为文学批评语言。因为讽寓问题从既琐屑又本质的意义上来看,都是个翻译的问题,这个翻译问题遇到挫折,主要是由于我们怀疑中国人没有与由我们的"讽寓"所认定理所当然的东西相对应的许多概念或实体。不管怎样,翻译剥离它"习惯性的等值"(habitual equivalences)④后就是隐喻:它的出现是因为有人在对无关联符号的运用中"发现了共性"。那无论如何是乐观的理论,对中国语义学持不同观点的读者也许会争辩说,泛泛使用"讽寓"表

---

① 莱布尼茨《致德雷蒙先生的信》,《莱布尼茨哲学著作集》,4:170。
② 雅各布逊与沃(Waugh)《语言的声音模式》(*The Sound Shape of Language*),页 90—91。
③ 《诗经》第 158 首《伐柯》:"伐柯伐柯,其则不远。"波德莱尔《袒露心扉》(Mon coeur mis à nu),《波德莱尔全集》,1:696。
④ 蒯因(Quine)《意义与翻译》(Meaning and Translation),页 148—150。

示的不是隐喻而是比喻误用(catachresis)或"滥用"(abuse)。① 假若那样的话,替补的证据——或者填充物,我们不得不称它为"替补品"——根本什么都不能替补。有目的地将中国修辞解读或翻译为讽寓,是一种牵强附会,接受它会使我们显得很容易满足。经常表现为说明或配量的文化特性的问题,在此显得尖锐起来,变为一种选择。

隐喻或比喻误用,"发现相似性"或替代名称的牵强附会:耶稣会传教士及翻译者利玛窦(1552—1610)的所作所为可以解读为这个问题的"真实讽寓"(allégorie réele)。② 利玛窦转变中国人信仰的计划,包括挪用经学和权威的儒教语言作为天主教教义的词汇,顺便增加天主教所缺少的声望。归化中国人的第一步是转化经典:利玛窦由此把自己设定为一位私人教师和偶尔的演讲者,并赢得了儒学控制下"书院"的接纳。③ 利氏的中文著作在对儒家经典注释中混杂着适度表现的"西学",并把外国的词汇(一些术语临时的同义词,如"实体"及"偶然性")与中国人熟悉的典故(如在表述实体与偶然性时,就提到公孙龙关于白马非马的古老悖论)夹杂在一起。④ 中国哲学家将"天"作为道德权威的根源,利玛窦亦是如此;对中国人而言,这些都是不言而喻的:

---

① 昆体良《雄辩术原理》,Ⅷ.6.44:"因此就有了比喻误用的必要性,它给那些没有名字的物体以身边最近物体的名称……隐喻的整个类必须与[比喻误用]区分开来,因为比喻误用出现在没有合适的词可用之时,但隐喻却是在合适的词早已存在的地方发生。"在意义理论中,一组"无名物体"的存在的确令人为难;似乎要忘记这个为难之处,昆体良继续把比喻误用等同于隐喻,两次宣称隐喻通过取代更差或不存在的字面术语的方法来证明它们自己(它们的语义学价值)[("locum) in quo...proprium deest,"6.5;"metaphora...vacantem locum occupare debet,"6.18,斜体为本书作者所加]。比喻误用的理论——就像伴随它的修辞理论——也是一种比喻误用,因为语言中哪里有"空白的空间"?(但我们还能称它们是什么呢?)亚里士多德似乎预见到这个难题,他在《诗学》1457b16—32 讨论了一些著名的比喻误用,将它们视为句法上类似的例子,即有待充实的相关命题的例子(a:b::c:x)。关于这个问题,又见渥明斯基(Warminski)《序言附笔》,载《诠释中的阅读》(Readings in Interpretation),页 liv-lx。
② 库尔贝(Courbet)将他的画作《画室》(The Atelier)的副标题定为《我作为画家生活的真实讽寓》(A Real Allegory of My Life as a Painter)。
③ 关于对这些书院的描述,见谢和耐《中国和基督教》(Chine et christianisme),页 27—29。
④ 同上注,页 329。

> 彼(利玛窦)其梯航琛贽,自古[欧洲人]不与中国相通,初不闻有所谓羲、文、周、孔之教。故其为说,亦初不袭吾濂、洛、关、闽之解。而特于"知天"、"事天"大旨,乃与经传所纪,如券斯合。

如果利玛窦的"神会"①有任何"机会主义"的话,则它逃脱了他中国同僚的注意。利玛窦的知音继续说:

> "东海西海,心同理同"。所不同者,特言语文字之际。②

通过翻译中的"雅化",就可以期望克服此类的"不同"。

利玛窦越是大胆地挪用中国文化的符号,他的技巧就越是从翻译转为双关;有关利氏方法的争论总是集中在他令人怀疑的对这种语言游戏的品赏之上。(谢和耐《中国与基督教》不少内容讨论的是中国学者对利氏"滥用"诠释的反应。利氏策略良好效果的表征之一就是:他的许多反对者攻击他的*学问*——似乎他的目标不仅是为了吸引经书的读者,而是探寻经书的大义。)与利氏不同,一群纯粹教条主义者在他去世后竭力宣扬翻译是不可能的,坚决主张天主教神学要传达给中国人,只能用一种与中文没有联系的语言,那就等于说不要翻译。正因为双方都有义务提供这些中文关联词的意义到底是什么,所以我们才会有莱布尼茨的《中国人自然神学的通信》(*Letter on the Natural Theology of the Chinese*)。

莱布尼茨通信的直接理由是尼古拉斯·马勒伯朗士(Nicolas Malebranche)(1638—1715)的《一个基督教哲学家和一个中国哲学家:关于神的存在和性质的对话》(*Conversation Between a Christian Philosopher and a Chinese Philosopher on the Existence and the Nature of God*),此书本身针对斯宾诺莎(Spinoza)比针对中国人及其耶稣会的翻译者更多

---

① 这些术语来自斯蒂芬·格林布拉特(Stephen Greenblatt)对依阿古(Iago)作为"即兴创作家"的讨论(《文艺复兴时期的自我形塑》[*Renaissance Self-fashioning*],页228)。
② 李之藻(1565—1629)1628年为《天主实义》(1604)一书重刻所作的序,见其《天学初函》,1:351,354,356。

("你只需阅读'日文'或'暹罗文'而不是'中文'。或最好读'法国人'——因为渎神的斯宾诺莎体系在这里造成了大破坏,并且我发现斯宾诺莎与我们的中国哲学家之不虔敬颇有共通之处")①。莱布尼茨的信避免提到刚过世的马勒伯朗士,把他为中国人(及斯宾诺莎)的辩护集中在对利玛窦在中国教团的继承者龙华民(Niccolò Longobardi)写的一本反对利玛窦调适策略的宣传册的批评上,后者是马勒伯朗士有关中国哲学信息主要的来源。②

龙华民的文章将翻译与互译的奇怪困境归咎于利玛窦及他早年教团的伙伴,因为到1615年耶稣会士们发现自己已陷入这种困境。到日本传教的巴范济(Francesco Passio)已向龙华民抱怨:利玛窦和其他人用中文编写的书,充满"类似于异教徒的错误",已经传到那里的皈依者手中。同化政策的代价已经可以感到了。"正当[在日本的传教士]与这些谬误作战时,异教徒从我们自己神父撰写的书中找到支持。"更糟的是,中国的士大夫受到利玛窦如此精妙策略的吸引,他们正在采用利玛窦的阅读方法,且不能区分《十三经》和耶稣会士的教义问答手册。在类比变成同一时,龙华民看到宗教调合论在迫近:"因为[中国]信基督教的士大夫[现在]习惯性地把我们经典的大义归属于他们自己的经义"——利玛窦学术力量最好的证明!——"以及幻想"——仍然在利玛窦的理路

---

① 马勒伯朗士《一个基督教哲学家和一个中国哲学家的对话》,《马勒伯朗士全集》,15:42。关于这段,见艾田蒲(Etiemble)《欧洲之中国》(*L'Europe chinoise*),1:353—359;及温尼瑞(Vernière)《斯宾诺莎与法国大革命前的思想》(*Spinoza et la pensée française avant la Révolution*),2:346—354。莱布尼茨对《对话》(*Entretien*)眉批的重印本,以及莱布尼茨在1714—1715年间致雷蒙德的信,有助于弄清其中谈到的各种主题,见罗比那特(Robinet)《莱布尼茨与马勒伯朗士》(*Leibniz et Malebranche*),页474—493。
② 龙华民的报告于1701年翻译并出版,关于"中国礼仪"的争论见于《关于中国宗教的几个问题》(重印时,附以莱布尼茨的注,见《莱布尼茨哲学著作集》,4:89—144)。报告本身肯定在1620年代已经编成,因为它说到1617年发生的事,提及作者在中国朝廷的两年岁月(也许从1627年开始,作为军事顾问而驻留),并且建立在先前另一位耶稣会士熊三拔(Sabatino de Ursis)("Copiosus tractatus"的作者,1618年)著作基础之上。1633年,费赖之(Louis Pfister)[《明清间在华耶稣会士列传》(*Notices bilographiques*),页136]描写艾儒略(Giulio Alieni)的"Sententia circa nomina quibus appellari potest Deus in Sinis",作为对龙华民的回应。

中——"他们能从中国经典的论理中发现可与我们圣律相合的地方,毫不考虑只追求真理以及不言说任何可能不真实的或欺骗性的内容。"①

士大夫已变成他们自己书的译者,所有都是用汉语写成。他们已落入讽寓的陷阱,但是(如上文提到的批评家可能称的)他们作为一元论者把利玛窦从儒家经书借来的语言当作其学说毫不含糊的内容,而没有看到[这些词汇与中国固有词汇在]本体论上的分歧,也没有人打算注意。既然(龙华民建议)作为皈依者,他们已经误解了他们被要求信仰的东西的本质,他们成为自动力,反映了其未曾有的内心状态。"他们*看起来*在说我们的上帝及其天使,但这些仅仅是真理的学样者。"②

龙华民写这些文字的原因就是希望从源头上阻止翻译。③ 他的意图是证明中国经书中没有什么能支持这种解读,而且"根据我们的理解,中国人因为他们的哲学原理,从来不知道不同于物质的精神实体;因此他们既不懂上帝、天使,也不懂理性的魂灵。"④突出中国皈依者不能区别精神与物质这一说法,能够证明这种工作的必要性与正当性,即区分利玛窦(这个不可靠的译者)所联接[中西语言间]的内容。龙华民认为中国经典不可能意味着利玛窦所赋予它们的意义,而且在我们之前,他就预见到我们上文所作文学讨论的条件:20世纪一些文学研究者认为正是因为这些条件使得"中国讽寓"成为不可能,利玛窦版

---

① 龙华民《关于中国宗教的几个问题》,页90—91。
② 利安当(Antonio Caballero)[以 Antonio de Sainte-Marie 名世]《关于中国宗教的几个重点问题的讨论》(*Traité sur quelques points importants de la mission de la Chine*)(巴黎,1701),转引自谢和耐《中国和基督教》,页50;斜体为本书作者所加。龙华民的《关于中国宗教的几个问题》重复出现"上帝学样者"的主题(页96):为了确保他的看法没有例外,龙华民夸大了中国哲人间一致性的程度。"这可能偶然地,"龙华民说,"唤起了《圣经》虔敬的解释者间的一致性。"
③ 1602 年刊于韶州的龙华民的 "*Libellus precum cum officio funebri et sepulturae*" 中出现了处理这个难题的另一种方法,即通过语言非常不同的、确实神奇的象征来解决这个问题。它把各种拉丁仪式的信条与应验翻译为中文中无意义音节的语音连读。见费赖之《明清间在华耶稣会士列传》,页65。
④ 龙华民《关于中国宗教的几个问题》,页93。

本的儒家式天主教要被剔除。讨论"理"这个词,是龙华民对中国哲学尝鼎一脔的主要呈现,马勒伯朗士的中国与基督教对话者在这个观念上也争执不休,也是莱布尼茨不同意两位作者的关键点。(当然)第一要务是怎么翻译它。

> 中国人的第一本原为"理",即是所有本质的基础,最普遍的理由,或实体,世上没什么比"理"更大、更好。这伟大、普遍性的原因既纯粹、安静、精微,又无形无体,只能靠悟性来认识。以这个理,生发出五德:仁、义、礼、智、信。

莱布尼茨所做的是:在每个有逗号的地方对龙华民的话加以注释。① 有关中国"理"的讨论似乎能够利用意义上的恰好一致(事实上,李之藻在1628年给利玛窦的传教手册的序言中已用过这个词,见上文所引);至少,没有必要为这个内容再发明一个新词。但是 Logos 这个词能翻译吗?它能被现成的异教徒的能指(signifier)取代吗?"你们该小心,不要给这些名称误导,因为底下隐藏着的毒素。"龙华民警告道:"若要追根究底的话,你们会察觉到这'理'即是最基本的物质。"或者,根据龙华民对中国物理学的理解,是一种"气"。"这种气被[中国]哲人视为事物的惟一原则,或事实上视为[完全等同于]being(存在)。""[中国哲学中]不管什么看起来是精神的都被称作'气'。"②如果"理"是基本的物质而其"发散物"——"气"或"being"(存在),仅仅是一种到处弥漫的气体;那么传教士用它们去命名神性,是在无意识地散布一种泛神论的唯物主义。③

---

① 莱布尼茨《致德雷蒙先生的信》,《莱布尼茨哲学著作集》,4:172。
② 龙华民《关于中国宗教的几个问题》,页 133,115,116(斜体为本书作者所加)。对最后一段,莱布尼茨补充道:"*pneuma* signifie aussi Air"("'*pneuma*'意即'气'":同上注;参见《致德雷蒙先生的信》,《莱布尼茨哲学著作集》,4:176)。既然在"*pneuma*"的两个意义中,都是圣·保罗指称"圣灵"(spirit)中的词汇,相互指涉再明显不过了。
③ 这是当时斯宾诺莎主义所知的常识:在两个不同时间致塞巴斯蒂安·库塔尔(Sebastian Kortholt)的信中,Mathurin Veyssiere de la Groze 神父将孔子与斯宾诺莎放在一起讨论,然后指责前者的无神论与泛神论(重印于《莱布尼茨哲学著作集》,4:211—215)。

在龙华民看来,对 Logos 的翻译正暴露了这一点。他的批评特别根源于一些中国经典中的段落,这些段落认为"理"(像"天",让龙华民满意的翻译是"天空")是"无生命的,无活力的,毫无远见和智慧"。

莱布尼茨的回应来自他对非主流神学的阅读。修饰词可能被认为是修辞性的,否定词作为对修辞的否定:

> 如果中国经典的作者否定赋予"理"或第一本原以生命、知识及权威,那么他们毫无疑问意味着所有这些东西都是*按照人类感受的*(anthropopathically),并适用于人类……在赋予"理"所有最伟大最完美的意义时,他们还要给予它比所有东西还要伟大的性质。

当中国人拒绝将"意识"判定为"理"时,他们所否定的是狭隘的人类意义上的"意识",这种意识对未来忧虑且不能确定怎样为实现最好的结果选择最好的手段。他们对这种与神性思维必要但不充分的相似性的顾忌,"类似于某些神秘主义者的顾忌,狄奥尼索斯(Dionysios)这个伪判决者就是他们的一员,否认上帝是一种存在(ens,ōn),同时又说上帝是超存在(super-ens,hyperousia)。"①

即使是莱布尼茨的辩护者也对这种方式感到沮丧。否定的神学究竟对这种实证的讨论有什么益处?"任何策略,任何论据,不管相关与否,如果它能使中国哲人们的'理'与他的上帝更接近,那么在他眼中都是足够好的。"②神学上的逞能以及把不相关东西纠结在一起完全是为了超存在(hyperousia)立论的需要,并且它的相关因素没有被追查。

---

① 莱布尼茨《致德雷蒙先生的信》,《莱布尼茨哲学著作集》,4:178;并见对龙华民《关于中国宗教的几个问题》的注释。
② 艾田蒲《欧洲之中国》,1:417。小亨利·罗斯芒特(Henry Rosemont, Jr.)及丹尼尔·J·库克(Daniel J. Cook)在译注莱布尼茨《中国人的自然神学》时附注了这段,但除此之外极少有学者提到这段话(页 49,81—82)。孟德卫(David Mungello)亦忽视了这段话[《莱布尼茨与儒学》(Leibniz and Confucianism)],李约瑟亦如此(《中国科技史》,2:496—505)。

这里,有两组相关因素影响到我们。首先,正如我们在这些情境中可能做的那样,莱布尼茨用辩论回应辩论,用阅读回应阅读;但他也用修辞来回答龙华民的观点,并揭示了从中文翻译必要的修辞学基础。让我再次展示他们的分歧:龙华民否定了"理",并由此否定了那些认为"理"是"第一本原"、是一种形而上维度的中国人;并且从字*面上*解读他的中国资料来证明这一点,就好像这些资料所说的(关于那里所存在的)不多不少就是它们所要表达的意思。莱布尼茨则以基于修辞性的阅读与之针锋相对——称之为讽寓、反讽、词义反用、比喻误用或间接肯定法——这使言辞与意义之间的关系(假如是这样的话),或存在(Being)与逻各斯(Logos)之间的关系更加难以确定(莱布尼茨既是对文本进行讽寓式解读,又是把文本当*作*讽寓来解读:正如这位哲学家谈论图画带来的愉悦,讽寓使我们有冒"双重错误"的危险)。龙华民开列了一份清单,上面是中国人宗教词汇所指涉之物,在他的意识中,这是与传教士宗教词汇所指涉之物不同的清单;莱布尼茨质疑宗教语言从根本上能指涉什么,或者从根本上能指涉任何之物①(不必顾及指涉物或缺乏指涉物——这可能是一种表述讽寓与语言的其他部分关系的途径)。不管讨论的还有其他什么——思想史、神学、人类学或比较文学——它彻头彻尾地不能超出修辞学;因为处于其他问题中心的正是阅读的可能性,特别是确定表述的是字面义还是比喻义。

其二,这是一项很大的成绩——特别对一个逻辑学家而言——将动词"to be"转换成隐喻或甚至本意的词义反用,正是莱布尼茨将"不存在"

---

① 这些哲学暗示毫无疑问针对的是马勒伯朗士对笛卡尔(Descartes)《冥想录》的直观式应用。"什么也不想与不去思想,或什么也没感觉到与不去感觉是一样的。因此思想同时与直接感觉到的任何东西都是存在的……假设我想象无限:我就立刻并直接地感到无限。所以它是存在的。因为如果它不存在,当我试图感知它时,我就什么都感知不到,因此我根本无法感知"(《对话》),页5。亦见莱布尼茨的旁注,载罗比那特《莱布尼茨与马勒伯朗士》,页483—486。

(non-being)与"多于存在"(more-than-being)相提并论时所做的。① 当然,我们所能想到的那种"存在"是从人类投射的"存在",是作为"à la manière humaine"(人类的方式)的存在;将其归于不是人类的"存在",比如说"理",是术语的滥用,尽管这是不可避免的。"存在",就像"生命、知识及权威"一样,是用词不当——却是一个有着更激烈影响的不当用词。因为有各种各样的词去命名"存在"。② 当我们说存在与非存在之间的差异可能因修辞(即将这些术语及其对立面视作偶然的,*仅仅*是修辞性的)而被沟通或中和时,修辞获得了巨大的能量——所有的本体论现在都处于修辞性阅读的主导之下——但其性质或应用则会减弱。"无意义"(即比喻误用所取代的"缺席"的能指)接管了"超出意义"的部分作用。系词("is")而不是术语(主语及谓语),成为隐喻性发生的地方,这使

---

① 莱布尼茨设计的逻辑语言的"原始真实"是"不言自明的,或它的对立面是自相矛盾的。例如:'A 是 A,'或'A 不是非 A'。""'A 不是 A'就是自相矛盾。'可能的表达'意味着不能包含自相矛盾的陈述,比如类似'A 是非 A'的[形式]。"虽然如此,"天启教秘术的术语并不适合于这种类型的分析,"因为其中普通语词呈现出"某种更突出的意义"[莱布尼茨《未发表的小册子与佚文》(*Opuscules et fragments inédits*),页 518,364,285]。因为莱布尼茨承认"理"的谓语是一种 *sensus eminentior*,批评家可能会认为莱布尼茨在这个问题上有偏见。事实上,脱离专门的人类意义(*anthrōpopatheia*)是一种与经文解释有关的阅读技巧,(对莱布尼茨的对手来说)在准确而言并不是经文的文本中,莱布尼茨使用了这种技巧。康德在他的《学院的冲突》(*Conflict of the Faculties*)中使用了这个术语,在这部书中哲学与神学界线的划定还有争议[《学院的冲突》(*Der Streit der Facultäten*),I. ii. 1,《康德全集》,9:306]。在《纯然理性界限内的宗教》(*Religion Within the Limits of Reason Alone*)中,康德反对神人同形论,因为它使读者将正当的且不可避免的"类比之图式主义[作为举例说明(*Erklärung*)的一种手段]"与"客观决定的图式主义(作为拓展我们知识的一种手段)混淆起来"[《纯然理性界限内的宗教》(*Die Religion innerhalb der Grenzen der bloßen Vernunft*),《康德全集》,7:718—719;与这段有关的象征型类比的可废弃特点,见克露丝(Caruth)《经验主义真理》(*Empirical Truths*),页 79—82]。莱布尼茨对中国神学的解读也同样用示例取代知识。
② 自亚里士多德以来,动词包括一个隐含的系词("苏格拉底跑"等于"苏格拉底正在跑"),已成为逻辑理论的一部分。莱布尼茨关于理性语言的构想也将重新定义名词,以致于"'一个人'等同于'一个人的存在'",及"一块石头"同于"一块石头的存在"(《未发表的小册子与佚文》,页 289)。现在"任何命题都可最后缩减为将谓语归于主语的命题",罗素的学说可浓缩为这句话[《莱布尼茨哲学评注》(*Critical Exposition*),页 9];在设计好的理性语言中,谓语、主语及其联系(*symplokē*, *vinculum*)全部是一个动词的合成物。关于自然语言给这个课题造成的障碍以及莱布尼茨解决它们的努力,见石黑英子《莱布尼茨的哲学》(*Leibniz's Philosophy*)。

任何可能有关神性的句子成为一个扩展的隐喻的一部分,并较好地(尽管非正统地)否定龙华民立论的基础:就"精神实体"而言,欧洲人并不比中国人知道得更多;纯化论者的神学的真正的题目变成了一种错位的人类学。日常意义上的翻译,或关于语言间语义一致性的假设与关于字面性或参照系的假设,恰在相同的地方垮掉。不是如对"中国讽寓"持反对意见者所认为的,中国人想象出来的"彼岸世界"是"此岸世界"的延伸;而西方人的"彼岸世界"才是真正"彼岸的"。实情并非如此。C'est tout comme ici(与我们这里完全一样)。

难道莱布尼茨对龙华民的批评以两派都得不偿失的胜利(Pyrrhic victory)而告终的吗?其结果没有留下任何结论吗?如果我们接受莱布尼茨的反对意见——即没有必要照这样拘泥于字面上的解读,因为它只是众多修辞中的一种,也就是字面意义化——那么文本躯体与语义灵魂之间的距离可能不再是一成不变的或可测度的。不过,能确定下来的是对它要读的东西所进行修辞性解读的效果。龙华民用内在主义的(immanentist)方法去解读中国文本,结果发现它们的内在论(immanentism);莱布尼茨在阅读中国文本时,好像文本的修辞必须超越文本的语法,他看到超验的证据——事实上是过度超验的证据。这种超验论与标准的神学先验论之差异,就如同讽寓异于隐喻一样。"共有的特性"、"转移的指称"、"共同的意义类属",或"相关性系统"似乎都不可能理性化这个比喻,因为正是建立在某种词汇用法基础上的翻译(或比喻误用?)消解了共性与差异性之间的区别。① 无论如何,指涉存在物的知识是不能诠释这个修辞的。上文似乎"被摧毁的"翻译之可能性是否就将这样被重建起来?海德格尔又说:"要把一些尚未说出的东西带到语言中,一切皆在于语言是否给出合适的词或拒绝它的问题。后者是诗人的任务。"②

---

① "理性化"也在算术意义中提供一个普通因素:见莱布尼茨手稿"Veritas et proportio",《未发表的小册子与佚文》,页1—3。
② 海德格尔《语言的本质》(Das Wesen der Sprache),载《在通向语言的途中》,页161—162。

第一章　中国讽寓的问题

～

　　有一个类比表：关于非实体之物如何通过它与实体之物之相似而被描绘出来，包括美德、恶、神性（这里：象形文字）。中国人的文字。道德领域。Syllogismometer."感情"地图（La carte du Tendre）。箴言的选择（Devises choisies）。符号的选择。

　　　　　　——莱布尼茨《寰宇地图》（Atlas universalis）①

　　我们的讨论是从翻译问题开始的，这个问题不能用提出它的任何一方语言来解决，而现在我们提出一种解决这个翻译问题的方法，知识或语言指涉对象的能力必须要为实施翻译而被牺牲掉。最后一个例子回答第一个问题了吗？它能运行多远？它是一个可以效仿的模式吗？

　　这里需要记住的是，这个解决方案是一种选择——一个可以看出是莱布尼茨式的解决方案，它是以确保一系列最大从而也是最好、可共存的世界之存在为目标的。② 不过，还有一些东西要放弃，莱布尼茨像所罗门（Solomon）所做的那样选择保持人类语言间的可译性，而否定所有语言可以接通神的语言。在一种讽寓性的图景中，这可能是"信仰"（Faith）屈服于"博爱"（Charity）的表现。我们可以称它为一个启蒙主义姿态，在此之后把文化与宗教作为复数谈论才变为可能。通过从修辞逻辑中获得能指本身，如此众多不互涵且要指涉的事物的不同版本才可能共存。③ 翻译越过自身而进入到修辞的使用中。或者换种略微不同的说法：当莱布尼茨发现，许多国家的诠释在为相同一块本体论地盘（territory）而竞

---

① 莱布尼茨《未发表的小册子与佚文》，页224。
② "在可能性与可能的级数间的无限组合中，最大量的本质或可能性通过这些组合而产生"［莱布尼茨《神正论》（De rerum origine radicali），《莱布尼茨哲学著作集》，7:303］。亦见《单子论》（Monadologie），第53—55段（《莱布尼茨哲学著作集》，6:615—616）。
③ 修辞学作为一门固有的比较学科（形式/内容之区分应用于多种可能的表述，而修辞学就从这种应用中得到专门对象），见杜比斯编《普通修辞学》，页4—6。

争时,他转而重构那块地盘——每一寸地盘——使其由若干独立的领域(realm)组成。①

由此,为了一个既是多元又是世界性的文化工程,修辞性的中介(随着它扩张到一个新的修辞或审美的"表现空间")开始被创造出来,并且鉴于不断萦绕的世界性理想,我们需要考虑美学多元主义的问题。② 美学反思的特质在何种程度上能通过顺畅的整合使民族性主题和本体论保持中立?

对讽寓的兴奋提供了一个对世界主义理想极好的试验案例(test case)和有趣的修正。严格的文化主义者会牺牲莱布尼茨式的姿态提供的语言或美学的缓冲区,以令文化间的对比更加完全。而对比也是一种关系模式,并只能借助于关系来表达。这种悖论和不可避免性,对中国修辞性语言进行"西方的"、形而上的解读并提出其他可能解读的批评家而言,他们不得不借助于有基督教含义的语言("上视的"对"外视的"等)来提供元语言以陈述基督教及其"他者"的关系。正因为他们描述的实际目的,从而使基督教没有了"他者"。关于差异的理论先于它的实践(有一个很好的理由:可能没有一个单独存在的"差异性实践")。文化间的差异能成为这些*断然*否定的例证吗?如果有相对主义,它应该能足够彻底以提出关键性问题:差异性与相对性是怎样并与什么相比才能被发现及被确切阐述出来的。

莱布尼茨对龙华民的回答也指向这个问题。不管龙华民如何措辞

---

① 这些词汇来自康德的第三《批判》,见《判断力批判》(*Kritik der Urteilskraft*)《导论》,第二部分,《康德全集》,8:245:"一些概念……具有它们的领域,这领域完全是按照着它们的对象对我们的全部认识能力所具有的关系而规定着的。这领域中对我们而言认识是可能的那个部分,就是这些概念和为此所必需的认识能力的地盘(*territorium*)。这个地盘的一个部分,即这些概念立法于其上(*gesetzgebend sind*)的部分,就是这些概念和隶属于它们的诸认识能力的领域(*ditio*)。"(对康德《判断力批判》的英文翻译略有修订,页12)。
② 关于"表现空间"这个短语,见福科《词与物》(*Les Mots et Les Choses*),页70—72,92—95。并参考鲍姆嘉登(Baumgarten)《美学》(*Aesthetica*)(1750)第29节,"Verisimilitudo aesthetica"(第478—504段,页306—326)。

以表述中国与欧洲精神世界的差异,莱布尼茨都能够将那个差异转译为欧洲思想间的差异。这个策略远没有排除"他者"或使"他者"失语,而是使中国思想适应欧洲,或者使欧洲思想注意到那些它自身中未曾承认的陌生性。如果中国的"天"接受了一个排他的物理性解释,那么负责的读者都会赋予自动的先验性到"精神实体"、"上帝"、"天使"及"理性精神"(引用龙华民试验案例的名单)之类的能指上吗?中国与欧洲间的对立,是一种建立在符号("学样者")及其意义("真理")间差异模式上;而它必然会为欧洲内部的符号与意义间不可调和的对立所否定。这样,语言中介的差异是部分的又是同一的悖论——一个不得不产生的悖论——它被重新表述,并在某些方面被颠倒。莱布尼茨的构想留给我们的是建立在语言内部差异性上的、语际间的一致性,而不是语际间的差异性,这种差异性由假定语言间的一致性来加以保证(即欧洲精神论与中国实物论间的差异,它预设了一个普遍适用的区分精神与物质的标准)。莱布尼茨在存在与指涉之间所划的界线泯灭了龙华民在精神与物质间所划的界线。

  第二条线的划定为比较阅读带来了新的基本规则。本章的结论是,莱布尼茨式的规则是惟一适合这场讨论的规则,而我们(包括龙华民、余宝琳、浦安迪及宇文所安等等)都身处这场讨论之中。除了对动词 is 可做的一系列调整外,这些类别还能是什么?许多属于不同范畴的图示(顺便说,这些图示并不与文化或语言在同一范畴内)除了允许那个动词同时具有不同意义外,是如何保持彼此一致的?在"芳香的"道德的例子中,"is"也由于同样的原因成为修辞性的,"字面地"可以用于太多种可选择的字面义,而保持一种字面意义是不可能的。莱布尼茨对语词"pneuma"(呼吸/精神)评论之目的不仅是确保"气"= "*pneuma*"这个等式的有效性,而且提醒我们注意那些使我们发现讽寓、字面义及隐喻的类本身也许就是未曾意识到的讽寓。翻译家的问题(气 = *pneuma*?)的背后是哲学家与语文学家的问题[*pneuma*(呼吸)= *pneuma*(精神)?]。神学家的讽寓*就是*语法学家的讽寓。

关于修辞可译性的问题由此得到一个混合的答案。它依赖于你认为有什么可翻译——以及你期待它被翻译为什么。对某些读者而言,修辞性语言在文献可证的文化或意识形态的条件下产生,而没有揭示那些条件的阅读就丧失了很多信息。翻译对这些读者而言,就是在新的语境中重建指涉的可能性。对另一类型的读者——如莱布尼茨而言——提出社会本体论的方法只是宣布一个关于知识与指涉的更深层的问题,但对这个问题没有足够社会的或其他的"背景"可资参照。如果讽寓不是一种意义或指涉的模式,而只是当意义或指涉的模式显示出不能互涵时所产生的一个名称,那么讽寓就不可能是"绝对可译的"①吗?讽寓——不像诠释——没有什么可以丧失的。

作为《诗经》的读者,我们的任务回到这个基础上:因而,首先是向着重建指涉的可能性迈进。

---

① 这个短语来自瓦尔特·本雅明,见《译者的任务》(*Die Aufgabe des Übersetzers*),《本雅明著作集》,4.1:21。

第二章 讽寓的另一面

> 有些物,人们在它们身上看到一个合目的性的形式,而没有在它自身上指定目的;如常常从古墓中取出的、带有一个似乎是用于装柄的孔的石器,它们虽然在其形象中明显透露出某种合目的性,其目的又是人们所不知道的,却仍然并没有因此就被解释为美的。
>
> ——康德《判断力批判》①

"中国讽寓"是怎样成为问题的?如果中国有讽寓性作品——因为除了*可能性*之外,没有一篇被证明是讽寓作品——那么它们要讽寓化什么且为什么要讽寓化?它们对中国文学传统有什么影响?

要确切回答这些问题真是说来话长。毕竟,用利玛窦的朋友李之藻的话说,最知晓讽寓理论的文学传统的是那些长期与"所谓羲、文、周、孔之教""不相通"民族的文学传统。西方读者还有许多东西需要了解。

幸运的是,《诗经》已经形成了它自身的传统,甚至在中国之外也是如此。中国文学研究在理论方面很大程度上归功于《诗经》诠释传统——可能跟它受到其他任何时代、作者或主题的影响一样大。《诗经》

---

① 康德《判断力批判》第17段最后一个脚注,《康德全集》,8:319。

可以很容易成为最大范围内的、关于中国文学想象特性之假设的试验场,这已经告诉我们关于思维框架的一些内容,读者仍要在此框架内阅读这部诗集。在本章中,我认为不仅仅《诗经》的文本是永恒的。尽管最近有不少关于中国文学讨论的介绍,而且这种介绍是由比较文学学者的思考激发的,但与《诗经》关联的讽寓问题还是一个古老的问题。在新名词之下,讽寓问题仍是中国文学史长期存在的问题的概要。考察这些古老而严肃的难题有助于我们重设甚至解决一些新的问题。

~

汗牛充栋的传统《诗经》研究很难让人做出一般性的总结,但可以肯定的是解决文学讽寓的理论问题还没有成为其主要关注点之一。如果"讽寓"相当于中文中的"寓言"①,那么术语种类的限制并不是其没有成为关注点的最重要的理由。更接近问题核心的是"附会":"外来的附加[意义]",但这只是一种注释风格。如果"讽寓的"(allegorical)在《诗经》注释中真有许多表现,那么不管怎么说"讽寓的"这个词绝不是褒义的术语。长期以来被当作经典的《诗序》在《诗经》新版本中消失与它开始被认为具有"讽寓性"同时发生应该不是个偶然现象。这两件事俱导源于对古典传统的价值重估,它的后继影响仍左右着我们。19 世纪的翻译者

---

① 字面上的"寓言"(即"暂时离开字面意"的词语,参见昆体良,第一章注 69 引),作为一个批评术语,在讨论虚构作品时比较常用。它早期的流传与看似不真实的言外之意来源于如《庄子》之类寓言性及讽刺性著作,见《庄子》第 33 篇《天下》:"以寓言为广。"(《庄子集释》,页 1098)一些学者称凡是不能证实或不能与明确人物联系起来的故事或传奇都为寓言,如龚慕兰《乐府诗选注》,页 16。"allegory"还经常被译作"寄托"——"托付"或"投射"人类感情到一个物体上——很少在《诗经》研究著作中出现,除非偶尔用来注释《诗经》的修辞方法"兴"。7 世纪诗人陈子昂更进一步,融铸两者为一个新概念——"兴寄"[关于唐代对"兴"的理解,参见宇文所安《初唐诗》(*Poetry of the Early T'ang*),页 169 及 133]。但"寄托"与注释关系不大,而与在后来的"咏物诗"体[相当于斯威夫特(Swift)《扫帚柄冥想》(*Meditation upon a Broom-Stick*)]中发现的创作方法关系更大。参见刘勰《文心雕龙·谐隐篇》。如果"寓言"指称不合适的文类而"寄托"指一种诗学观点,而不是批评观点,那么这两个词都不能直接运用到我们所关注的问题上来。

惊诧于《诗序》的荒谬性①,第一次将"讽寓的"的称号应用于《诗经》的儒家注释;而中国的疑经传统只是称它们为伪作或歪曲的。认为《诗序》是"讽寓的"的观点,以可能是偶然的方式,结合了文献学与解释学上的怀疑,这种怀疑认为一切可能都不是看上去的那样。

这种情况怎样产生的呢?大多数历史学家追溯到哲学家与博学的大儒朱熹(1130—1200),他的《诗集传》以追求逼真为基础,常常远离古代《诗序》的道德化手法。正如朱熹所说的:

> 某向作诗解,文字初用小序,至解不行处,亦曲为之说。后来觉得不安,第二次解者,虽存小序,间为辨破,然终是不见诗人本意。后来方知,只尽去小序,便自可通。于是尽涤旧说,诗意方活。

朱熹的三传弟子王柏(1197—1274)不但拒绝正统的注释,而且刊除了注释,重新解读这些诗,斥责许多诗为"淫奔之诗"。② 20世纪的批评家虽然可以更同情之了解地看待"淫奔",但他们仍声称知道一首诗说了什么和没说什么。例如,在20世纪20年代,郑振铎宣称:

> 《毛诗序》最大的坏处,就在于他的附会诗意,穿凿不通。……《诗序》的释诗是没有一首可通的。……所以我们为了要把《诗经》从层层叠叠的注疏的瓦砾堆里取出来,作一番新的研究,第一必要的,便是去推倒《毛诗序》。③

郑振铎与朱熹一样,认为《诗序》是妨害,需要全部推倒。但对今天中国诗歌的阅读大众来说,所有这些观点听起来很像一个已经逝去的问题,

---

① 参见第一章。我们可以略去回顾18世纪以来有关讽寓命运下落的细节,这是理雅各(Legge)、翟理斯以及其他早期中国诗翻译者预料到的发展。
② 关于朱熹对《诗经》的研究,见其《诗集传》(《四部丛刊》本)及《朱子语类》卷80—81(6:2065—2140,这里引用的,见页2085)。关于朱熹的解释学大致见《朱子语类》英译本(*Learning to Be a Sage*),页128—162;以及范佐伦(Van Zoeren)《诗歌与人格》(*Poetry and Personality*),页218—249。关于王柏,见纪昀等编《四库全书总目提要》17.3b—6b。又见顾颉刚《重刊〈诗疑〉序》,见顾颉刚主编《古史辨》3:406—419。
③ 郑振铎《读毛诗序》,页388,400。

或像一个过去和现在都已最后解决的争论,没有再提起的必要。很少人(如果没有学术上的特别兴趣)再去读《诗序》了,而那些读过它们的人知道最好不要轻信它们。它们的权威性没有——也许不可能——比帝国的科举考试及其所要求的《诗经》和其他经书的解释和正统性更长。现代读者发现的《诗经》值得赞扬的优点需要用另一类型的序言来加以说明:大多数《诗经》的爱好者已经习惯了没有这些附加"道德感发"及"政治意味"的散文体小序了。在教科书、选本及各种非专业的读本中,更不用说在魏理(Waley)的翻译中,对这部经典的介绍常常把《诗序》调整到刊后语的一些令人困惑的段落中。

数世纪来,挑《诗序》中的错误及矛盾之处变成一场学术娱乐。但从朱熹到郑振铎的批评谱系,逼真而不是简单事实上的准确一直是衡量《诗序》缺点的最好标准。对朱熹与郑振铎这样的读者而言,只要指出注释偏离了诗歌就足以令注释消失于人们视野之中。葛兰言同意数世纪来中国学者的观点,他认为,《诗序》告诉我们的仅是从这部经典"引申出来的、仪式化的用法",所以旨在发掘"原意"的阅读中,必须忽略《诗序》。而余宝琳对《诗序》的辩护与她的论点紧密相连,她认为《诗序》的意思(当被正确阅读时)并非是讽寓性的。似乎是在回应朱熹,她的辩护强调"类"在实质上的真实性,它统一了意象与意义、诗歌与注释。① 直到最近,这些古老的诠释才重获一点点文献上的尊重,即可以作为典型的汉初导源于荀子(约公元前 310—前 215 年)思想的文献资料。② 但对一个生前一直被尊为权威的文本来说,其身后未免有点凄凉。

这样,讽寓或"言此意彼",显然不是中国读者想从一整套《诗序》言说中得到的,或一直以来想要的东西。所以这与《雅歌》(Song of Songs)的注释传统有些不同,后者因道德化阐释所要求的对怀疑态度的搁置,

---

① 余宝琳《中国诗歌传统的意象解读》,页 33,36,60,116。
② 例如,高本汉(《〈周礼〉及〈左传〉文本早期史》)利用《诗经》注释中的文献及引用的文献辨别出可能是汉代中期伪造的文本。

不但在文学上,而且在《雅歌》所言的具体内容上都有丰厚的产出。① 正面处理《诗序》的讽寓性特征——即让《诗序》脱离文本中字句的方法——割开了几乎全部的《诗经》研究理路,因为这种处理方式意味着它要说明我们研究的对象既非坚实的历史,也非有趣的虚构,而任何人都对《诗序》风格持这种看法。难怪《诗序》很少有坚定的支持者。读者需要什么?《诗序》在什么地方出了差错?

问这些问题就牵涉到了《诗经》的起源与意义(甚至应该还有目的,因为一些只能略作解释的原因)。对《诗序》的责难是各式各样的。也许孔子(公元前551—前479年)难逃其咎,这可能使2500年的《诗经》研究史成为毁灭他所珍爱事物的一个情况。人们只要看一下孔子对《诗经》价值的肯定:它是修养与道德的指南、古典的记录,以及优雅语言的渊薮,就能确信夫子对于《诗经》的钟爱。孔子曾说:"兴于《诗》,立于《礼》,成于《乐》。"②又说:"女为《周南》、《召南》矣乎? 人而不为《周南》、《召南》,其犹正墙面而立也与?"③这样从孔子开始,围绕着《诗经》,凝聚了人们对一部经典的所有期待。《诗经》成为年青人的文化启蒙教材("兴",也可理解为"开始"):没有比这更能表明其经典地位的途径了。

孔子提到"《诗》"("赋诗",《论语》第17篇第9则),但传到后世的不是《诗》的"属",而是更小的"种",即各种相互竞争的《诗经》学派,每一派都有它们自己不同的文本及解诗风格。《诗经》的地位是不容置疑的,但

---

① 参见斯皮泽(Spitzer)《马维尔〈宁芙对她牧神之死的哀悼〉:来源与意义》(Marvell's "Nymph Complaining for the Death of Her Faun": Sources Versus Meaning),《英国与美国文学随笔》(*Essays on English and American Literature*),页98—115;哈特曼(Hartman)《〈宁芙对她牧神之死的哀悼〉:一个简短的讽寓》(Marvell's "Nymph Complaining for the Death of Her Faun": A Brief Allegory),载《超越形式主义》(*Beyond Formalism*),页173—192;以及张隆溪《字句或圣灵》(*Letter or the Spirit*)。
② 《论语》第8篇第8则。理雅各补充"性格"(character)作为这段话的主语;刘殿爵将之与《论语》第7篇第6则类比,把三个动词变为祈使式的。这段话提到三部经书,其中第二部流传至今,但多遭篡改,而第三部已亡佚。
③ 《论语》第17篇第10则。

其现存的完整整理本也同样如此吗？这个整理本，学术上称之为《毛诗》(毛公整理的《诗经》)，可能得名于毛苌，一个在其他方面不为人所知的人物。公元前140年左右，他在一个地方上的诸侯国教授他自己整理的《诗经》。《毛诗》也可能得名于毛苌的先辈毛亨，据说他是哲学家荀子的学生。《毛诗》首次得到官方承认要晚于主流《诗经》学派好几代，并且与这些学派(至少就现存的佚文判断而言)在不同层次上都有所不同。《毛诗》在多大程度上接近孔子读过的并极度赞赏的《诗经》呢？

两者之间存在很多差异。《论语》中三次出现符合标准《诗经》韵律中的诗行或诗节，以及没有在他处出现的逸句。这些残句就是所谓的"逸诗"的片断，它们可能是孔子删诗编《诗经》时约3000首诗总集的一部分。① 逸诗的存在应该不如现在载于这部经典中的诗歌在孔子时代仍处于被创作的过程中的事实更重要。其他资料也证明了这一点。在《诗经》第177首诗即《小雅》的"六乐"序所附的残文中保存了其他逸诗的标题。② 残文于一个主题类型框架下开列了22篇诗题，此主题框架被《毛诗》大序部分地效仿。在这22篇诗题中，6篇已亡佚。如果这段话来源于《诗经》的早期版本，且这个版本是一个公正的统计样本，那么这个《诗

---

① 这些以及其他保存在古典文献中的"逸诗"残句，见逯钦立《先秦汉魏晋南北朝诗》上册，页63—72。关于"三千首诗"的原始总集，见司马迁《史记》卷四十七《孔子世家》。徐中舒(《豳风说》，页432)没有采纳《史记》的记载，部分原因出于对曾经存在如此众多可供选择的诗的怀疑。史学家司马迁自己的《诗经》学传自鲁诗派，参见唐晏《两汉三国学案》，页211—218。
② 《毛诗正义》，10:2.1a—1b。正如《毛诗》序所说的："有其义而亡其辞。"根据郑玄的意见(得到孔颖达与朱熹的赞同)，六首"逸诗"的题目代表了笙诗(同上，9:4.10b—11b, 10:1.4b—5b；朱熹《诗集传》，页109；旁证见《仪礼·乡饮》，《十三经注疏》本，9.11a—b)。如果这些记载无误的话，那么附加在这些题目之上的历史与道德的解释对这些无辞音乐的描述在内容上相当详细和丰富。其中一例如："《南陔》，孝子相戒以养[其父母]也。"毛亨可能基于每首诗都应该有一个本文，而且它可能是关于某某主题这样的猜测创作了这些小序。(其他三家关于这些诗既没留下本文也没留下注释，参见王先谦《诗三家义集疏》，页592,597)。为对毛亨公平起见，应该指出的是古代中国的乐诗创作一般从歌曲中获得主题并且在歌辞中被提到；事实上，所有形式的乐谱，更偏好改作歌辞(庆典舞乐——如《韶》与《武》舞——是例外，但这两个例子中，记录下来的节奏模式可能提供了相同的改作功能)。所以在已佚失歌谣历史的某些环节上，歌辞可能与它们的音乐相配合，而这些文字的佚失是汉以前《诗经》本文磨灭的一部分。

经》亡佚率显示,在这段话出现的时代与现存文本散播的时代之间,有100首诗从选集中散佚了。

尽管一些诗歌可以偶尔系年于公元前11世纪,就算可能最晚编进《诗经》的一首诗提到公元前520—前514年间的事件①;但一直要到汉代,《毛诗》才被第一次提到,因为吸引了藏书家河间献王(公元前155—前129在位)的注意。② 那么,《诗经》可能的最早成书时间与能追溯到的《毛诗》最早的文本历史之间横亘着几百年。而且,其间的岁月——即战国与秦代——极大地改变了文化景观,《诗经》就于此时形成。《毛诗》的读者需要知道一些晚近的事件,如周王朝的衰微与灭亡(《诗经》常常提及周朝的制度);孔子,他将《诗经》作为施教的一部分,并且以无法估量的方式影响了《诗经》的传播;相互对立的哲学学派的兴起;以及秦(秦始皇下令销毁全部旧有的人文知识,包括《诗经》)与汉(其文化重建政策随相互竞争的解释学派而改变,并在保存古典的外衣下对许多先秦文本进行了改写)这两个新朝代的建立。所有这些变化都在《诗经》形成之后,但很大程度上在《诗经》注释者的意识之中。

《毛传》恐怕不能不是其时代之产物。举个最简单的例子,《诗序》中多少留下一些折衷的、有时是不准确的历史信息,但因为努力想要说明诗歌对那个已消逝的社会的反映而变得复杂。由于秦朝摧毁了旧有的古典学派,所有这些都可以很容易地归结为《毛诗》编纂者既是后起的又具有重构性的双重特点。

一种更明确的批评将所有与《毛诗序》有关的毛病都与汉代中期学术政治中《毛诗》文本的(很小的)作用联系起来。《毛诗》第一次出现时,就被纳入与当时占统治地位的今文经学派的三家诗对立的古文经学派

---

① 见杜卜森(Dobson),《〈诗经〉编年的语言学证据》(Linguistic Evidence and the Dating of the Book of Songs);及《〈诗经〉语言》(The Language of the Book of Songs)。
② 关于这个诸侯王的活动,参见班固《汉书·艺文志》(30.10a)、《儒林传》(88.20b—21a)及《河间献王传》(53.1a—2b)。涉及《毛诗》版本渊源的一段翻译,见高本汉《〈周礼〉及〈左传〉文本早期史》,页13—14。

经典中①,这不是因为它声称有古文经的权威性,而是它从古文经学派推崇的上古文献中援引历史及阐释资料。三家诗是以《春秋》学的公羊及穀梁学派为理论背景的,而《毛诗》则参照《左传》、《国语》②、《周礼》,以及在那个时代混入《礼记》一些篇章中的论述(特别是《乐记》,今文经学与这些文本对应的部分在汉代的纬书中还有残文存在③)。

不管有什么内在含义,"古文经学派"的"古"仍是一个后起的标记。公元前三世纪末,短命的秦王朝试图禁止除技术、农业及占卜以外的一切典籍。其他所有的书都上交到秘书省,并且查禁臣民持有或传授它们。书被焚烧了,儒生被活埋了;最后在王朝覆灭的过程中,存放全部古代典籍的秘书省也被付之一炬(经常被人们遗忘的是,秦始皇也组建了一个国家学术机构,设置了各经博士,这一制度为汉朝所继承)。这留给汉初士人两种复古的方法。一种是依靠所有保存在学者记忆中的知识来形成新的文本(因此才有了"今文经",即用公元前200年以后文字写成的经典)。另一种是寻找埋藏或藏匿起来的文本:它们可能直接从上古正本抄写而来(所以才有了"古文经",因为书写的文字是上古的文字)。古文经与今文经学者的对立越来越深,他们都认为对方是造假者。④

---

① 鲁诗、齐诗、韩诗到5世纪时都已绝迹。《毛诗》之外现存最长的《诗经》解释文献是韩婴的《韩诗外传》。现存其他残文,见王先谦《诗三家义集疏》。《汉书》记载楚元王也有一个《诗经》版本,但它似乎没有学术上的传承(它可能是鲁诗的一个支派)。《隋书》提到另一个学说已失传的学派"叶诗"。考古学还在不断为我们增加各种文本及注释传统的文献。(见班固《汉书·楚元本传》,36.2b;魏征、长孙无忌《隋书·经籍志》,32.15a)
② 《国语》是一部修辞上富于辞藻的国别史。尽管它从来未获得经典地位,但它与《左氏春秋传》关系最密切。
③ 这些纬书遗文的结集,见安居香山、中村璋八《重修纬书集成》卷三。又见达尔(Dull)《汉代谶纬文献史论》。
④ 今古文经学最激烈的争论在于对《尚书》与《春秋》的参考。今古文的《尚书》版本差异很明显;《春秋》是鲁国最简单的编年史,传统认为是孔子用微言大义的笔法写成。各家的注释竞相出现以填补语焉不详的《春秋》本文。在广泛考查的基础上,对汉代学术政治进行的最新研究,见黄彰健《经今古文问题新论》。又见伯希和(Pelliot)《周王》(Le Chou king)及曾珠森译《白虎通》。

可以这么说，《毛诗》的地位是随着古文经地位的上升而上升的。在河间献王鼓励毛苌研究《诗经》之时，汉文帝（公元前179—157年在位）、景帝（公元前156—141年在位）任命了三家诗的博士。虽然偶尔有空缺，这些职位一直存在。直到平帝（公元1—6年在位）统治期间，才立《毛诗》于学官，后又以《乐记》立《乐经》博士。① 这个胜利是在不祥的庇护下实现的。那时古文经学最大的支持者是王莽，他是平帝的重臣以及后来西汉第十三代、幼冲的皇帝的摄政。在三年僭越的摄政之内，王莽篡夺了皇位，他用选自《古文尚书》和根据他自己的意图而伪造的纬书中的语句来合法化他的行为。② 17年后东汉建立，人们认为古文经学派妥协于王莽。又在半世纪之后，在贾逵积极支持之下，才重新设置了《左传》博士。公元83年，古文经学派最终得到了帝国完全的支持；章帝（公元76—88年在位）以一纸诏书命令全国学者接受和传授《左传》、《古文尚书》及《毛诗》。

这样，《毛诗》及其对古代历史的叙述为东汉王朝的重兴、重新系统化及重新占有上古文献的目标提供了一条具体的途径，但在当时只是途径之一且备受争议。近代学者如康有为与顾颉刚倾向于今文经学派，反对汉代以来一直运转的正统观念，他们认为《毛诗》的成功是政治投机的回报而非学术上的成功。③ 不管怎样，既然《毛诗》关注的政治是汉朝的而非周朝的，《毛诗序》中"穿凿的"及"附会的"解释只是瞄准了获得最大

---

① 曾珠森译《白虎通》，1:94；达尔《汉代谶讳文献史论》，页114,143。达尔转引德效骞(Dubs)的观点，对《汉书》中提到的《乐记》是否与今存于《礼记》中的就是同一篇有所保留，但其上下文（《乐记》在这个语境中对乐府音乐及"郑声淫"从正统的角度进行了抨击）决不能排除这一点。

② 黄彰健《经今古文学问题新论》，页87—127。周公为幼冲的成王摄政。《古文尚书》称周公为"假王"：今文经学派的保守者认为正是因为这一点，王莽对古文经学才很有热情（奇妙地有先见之明）。而有争议的古文经中的这段话也许能得到青铜铭文的支持，铭文提到在成王统治第一年的某时，"王"出现在战场上[转引自徐中舒及林嘉琳(Linduff)《西周文明》，页122]。但因为"王"没有明确名字及纪年，所以不清楚是否是周公以周王的名义发号施令，或者他自己用了这个名号。相同的问题还可参看《尚书·大诰》开头的文字。

③ 康有为《新学伪经考》(1891)；顾颉刚《汉代学术史略》(1935)以及发表在《古史辨》上的稿件(1926—1941)。

利益机会的修正思想的产物。①

　　所有这些都是把《毛诗序》的责任算到了《毛诗》的编纂者及拥护者身上。对上文提到的学者而言,《毛诗序》的错误就在于对汉代大量关注阻碍了人们认清上古的真实面目。对《毛诗》传统的阐释常常暗示或需要古代历史特别是思想史的解释,这种情况下的解释必定要选择自己的立场。把《诗序》异于正统的特点追溯到汉代的学者们倾向于表现更久远的上古时代(周朝、春秋及战国时代),而与在《十三经》基础上(大部分是古文经)建立的、正统的传统支持者相当不同。以这种方式展开的批评不能不是笼统的。如果汉代建立了后代读者在其中工作的诠释视域,那么勤奋的汉代注释者触及过的任何文本及解释都变得不可信。于是,经学文本史的问题与中国文明作为一个整体的问题变得几乎完全相同。

　　这就会出现一种争论模式:如果《毛诗序》是一种古代误读的起始,那么试图解释它们的历史批评必须(像史诗中的缪斯一样)说明最初的误解发生在何处。《诗序》所谓"穿凿的解释"并非开始于一个局部的错误,然后通过传播与重新解释的链条而扩散;而是产生于一套明确打算要系统实施的先见。错误肯定源自于某些基本的误解,这种错误是如此的持久,以至于误解是整个知识界共有的。仍以《诗经》为例,与后世学者看到的上古文本与后经典时代的(不管什么学派)注释之间的矛盾比较相比,各学派间的不同小到可以说是没有。问题并非真的是古文与今文的对立,而是汉代的今古文与早已断绝的汉代之前真正上古传统之间的对立。② 古文经学者是没有能力为这个问题提供其他选项的。

---

① "于是,古文经给古典研究带来新颖且鲜活的刺激……然而为了支持一个惯耍阴谋的野心家,它们同时又有造假的瑕疵"(曾珠森译《白虎通》,1:145)。黄彰健指出,尽管古文经学派的领袖刘歆其人本身因结交王莽而名誉受损,但他的学识仍然博得尊敬。公元 1 世纪的学者继续谨慎地在他们的研究中将今古文经学结合起来(《经今古文学问题新论》,页 770)。
② 鉴于早期思想家的教学方式——在精心挑选出来的门生弟子面前,通过记诵与示例来教学——在出现固定的教材之前,并没有这样一种文本存在。曾珠森(《白虎通》,1:141—145)问道,今古文经学派之间的真正区别是否就是当权派与非当权派之间的区别,这种区别是否与汉代中期的历史有关而与此前几个世纪的历史无关。

也许，(解释现已被接受的《毛诗》不经的诠释的逻辑)错误于是在更深处。所有上文讨论过的理论都认为《诗经》是一个明确的全集，其不同的版本与注释都可能变为学术争论的议题——这是一种符合中国古代撰写历史、校勘版本、进谏皇帝的士人利益的文书理论。但那就要调查《诗经》的流传，而不是它的起源了。《诗经》中的诗在落入学者手中之前，是从何处而来的？

对《毛诗》派而言，那甚至不能成为问题，因为大部分《诗序》提到诗的意义时总要回到它(假想的)成诗时的情境中，这也是操笔墨者乐于提供的。接受《毛诗》对诗歌意义的解说就等于接受了《毛诗》关于诗歌来源的说法。"此诗为某人所作以讽(或美)什么什么"的公式正是打上这种权威解读的烙印；愿意探究历代注释细则的读者，会发现后世的怀疑者在否定历史逸事所支持的解释之前，通常会很简短地讨论一些这些历史逸事。然而，历史逸事是链条中最薄弱的一环，《毛诗》派因为接受另一种关于"诗"这种文类起源的观点而使之更弱，人们可以在许多古典文献中找到这种观点。

> 自王以下，各有父兄子弟，以补察其政，史为书，瞽为诗，工诵箴，谏大夫，规诲士。传言庶人谤商旅于市，百工献艺，故《夏书》曰："遒人以木铎徇于路。"

这是《左传》中著名的一段，唐代注疏家孔颖达(547—648)阐释说，行人收获的就是民众写的诗：

> 诗者，民之所作，采得民诗，乃使瞽人为歌以风刺，非瞽人自为诗也。①

---

① 《左传·襄公十四年》(《左传》31.18b—20a)。这段记载与差不多同时的《国语》(《周语》第一部分，页 9—10)中另一段话衔接非常紧密，事实上组成一个记录。关于古代诗歌采集的几种文献记载，见桀溺(Diény)《中国古诗探源》(*Aux origines de la poésie classique en Chine*)，页 5—16。《毛诗》序在讨论"诗"这种文类时提到民歌，将两者视为同一整体(《诗经》第一篇《关雎》序，见下)。有时，《诗序》并不将一首诗的著作权归属于某个人，而是归于一个或另一个国家的人民。

这是《诗经》的起源吗？中国人倾向于将乌托邦设定在遥远的过去，但记载它们的文献常被证明比一般认为的要晚；与之相似的是，诗歌采集机构(在这个汉代人改编的战国文献中)的活动，被追溯到一个更早且文献更不足征的朝代，即夏朝(根据《论语》第三篇第九则，甚至孔子都不能说多少关于夏代可信的事)。对严肃的历史学家而言，诗歌采集的网络——它与《诗经》的关系无论如何主要是靠推理形成的——也许不得不停留在关于民间艺术的民间传说上。① 但它是《毛诗》派经常提到的传统，这在一定程度上妨害了其通过事件、背景及语境解诗的倾向：因为在古代中国和在世界其他地方一样，不确定的来源和广泛的流传是民歌的重要特点。

现代读者已经迅速抓住了这个看似矛盾的地方。没有人确切知道《诗经》中的诗从何而来，而在许多读者意识中，它可能部分来自民歌的观点，强化了旧注的荒谬性。顾颉刚认为：

> 因为从前的读书人太没有歌谣的常识，所以不能懂得它的意义。不懂得而竟要强做解释，这就不免说出外行话来了。②

葛兰言也将文本与注释间生硬的结合解释为社会层次不一致的结果。对想要排斥讽寓性解释的读者来说，《诗经》中的诗篇大体而言就是周朝扩展到中原地区之前风俗的忠实记录。在新的政权与教育体系之下，许多歌谣表现出的(在都邑人眼中)淫荡，需要在其字面意义之上另加一种新的解读，就像一种新的而且更具约束性的风俗已强加在无忧无虑的村民身上一样；"过分强调道德正统性阻碍了(《诗经》注释者们)理解古代农民的风俗"。从"原意"出发阅读这些诗歌将恢复乡村风俗中原始的自

---

① 桀溺《中国古诗探源》，页10。桀溺竭力区分这种采诗网络与汉乐府的不同，而汉乐府的存在是毋庸置疑的。
② 顾颉刚《野有死麕》，见其所编《古史辨》，3:440。

由自在状态。①

所以,《毛传》的解释就显得很过度了,就像对已经自足的民间艺术作品画蛇添足。在这里,士大夫文化成为障碍,民间传统变成已消逝的上古文化的真迹,这一情况毫无疑问解释了《毛传》过度阐释的观念在"五四"一代的文学研究者、校勘家及历史学家中广为流行的原因;这些人在1919年之后开始提出要整理国故,对中国历史提出新的版本。② 但这种观念的流行难免带来扭曲:《诗经》中的《国风》部分——其中发现数量最多的民歌——在文本与注释对立的战线形成的时候,变成整部《诗经》的借代。陈槃的话可以为证:

> 《二南》二十五篇本是民间文艺……也被他们(汉代经生)把什么"文王之德"一类垂训后世的观念酸化了!③

旧式学者能将一首男女约会的情歌解释为对某位贤君明主的赞颂诗,他们使用的方法体现了胡适所称的"孔家店"("Confucius &Sons")式怯懦

---

① 葛兰言《中国古代的节庆与歌谣》,页30,31,87—88,152—153,249—250,255。周代制度事实上多大程度上改变了乡村风俗,对葛兰言来说仍是一个未决的问题。《礼记》规定了贵族与平民有不同的礼俗(《礼记·曲礼》,3.6a;葛兰言也引用了此条资料,见页87)。

② 关于"五四"时期的总体情况,见周策纵《五四运动史》,及李欧梵《浪漫的一代》。1920及1930年代的许多历史学家从康有为的论辩中获得灵感,他们以长期打入冷宫的今文经学为名,行反对所有广为接受的传统文献之实。胡适、郑振铎、陈槃、何定生以及其他学者的学术通信代表了受"五四"运动影响的一类的《诗经》研究,皆刊于顾颉刚主编的《古史辨》第三辑。1920年代初起,郑振铎的观点通过《小说月刊》的发行广为流传。新成立的中研院史语所的所长傅斯年从考古学的角度对《诗经》发表演讲;闻一多对这些诗的分析(只有一部分见于他死后出版的著作集中,现在从他的手稿中发现)揭示了一个不完整的神话,而《毛诗》对此只能加以历史与道德的阐释。见傅斯年《〈诗经〉讲义稿》(1928),《傅斯年全集》,1:185—330;闻一多《诗经新义》及《诗经通义》,《闻一多全集》,2:67—101,105—200;闻一多《说〈葛生〉》;及施耐德(Schneider)《顾颉刚与中国新史学》(*Ku Chieh-kang and China's New History*)。关于现代民间文学运动,见洪长泰《到民间去》(*Going to the People: Chinese Intellectuals and Folk Literature 1918—1937*)。

③ 陈槃《周召二南与文王之化》,页424。陈槃对"汉代经生"的反对有些言过其实。《诗经》本身,特别是《雅》、《颂》部分的庙堂与宫廷之歌,是汉代《诗序》主要的文学渊源。《诗序》这些穿凿的特性通常是因为《诗序》作者以解读《雅》、《颂》的方式来解读《国风》——因而完全是内在于《诗经》的诠释问题。

的伪善。

考虑到中国的文学研究一贯具有政治性的特点,胡适那一代还在新的共和秩序中寻找自己定位的学者们,很难拒绝对人民(以反对他们的统治者)、诗歌(以反对散文中的矫揉造作)以及《国风》描绘的自由而简易的习俗(以反对汉代注释者在道德上的极端拘谨)的极力支持。一言以蔽之,推翻《毛诗序》的运动就是"五四"之浓缩①(这也是一个值得注意的姿态,其致力于儒家经典中看起来值得保全的东西,而不管这些经典作了怎样的代言)。尽管《毛诗序》的反对者努力在歌谣从民众之口传到宫廷乐师及文学机关的演唱目录的过程中寻找最初的误读,但他们常常忽视这部诗集另一半是宫廷颂歌,同时不顾各种诗歌并非是一时之作的事实:的确,民歌是《诗经》中最晚形成的部分,并且在它们创作过程中极可能受到宗庙与宫廷音乐的影响。② 我们越是热切地寻找纯粹的民间因素,它就越是消退而去。疑古派的顾颉刚留给读者数篇关于《诗经》的论文,这些论文传递给读者的不外是反传统的观念:《毛传》确实暴露了朝廷官员与农人生活的距离,但经过更仔细的考察,我们发现这些"民歌"也同样如此。③

《诗经》可能并不是纯粹的民歌,但称它们为民歌有好处。这是一

---

① 关于"五四"学者面临的语言问题与政治问题间的关系,见安敏成(M. Anderson)《现实主义的限制》(*Limits of Realism*)。
② 陈世骧认为"在牢固建立'诗'这一文类的概念上,'颂'起得作用可能比民间的'风'更大"(《诗经》,页30)。屈万里发现相同的文体影响途径(《论国风》,页503—504)。朱自清也察觉到仪礼及朝廷的因素占这部诗集的主导地位。《国风》可能是一个偶然现象。"但这类'缘情'(陆机的话)之作所以保存下来,并非因为它们本身的价值,而是别有所为……《诗经》里一半是'缘情'之作,乐工保存它们却只为了它们的声调,为了它们可以供歌唱。"(《诗言志辨》,页202,又见页214)。
③ 第一个选择见上。关于第二个,顾氏指出早在孔子时代,全中国都在引用这些诗歌,全然不顾其地域渊源与方言差异:对诗歌进行分类惟一的标志就是根据其渊源于特定国家的诗风(就像在《诗经》的目录中),这种标志可能根据的是所演奏音乐的地域风格(《〈诗经〉在春秋战国间的地位》,见顾颉刚主编《古史辨》3:344)。这暗示了乐师团体能够演奏不止一个地方风格的音乐,并知道其差异:这可以在专业及宫廷的背景下确定《诗经》的产生时代。徐中舒(《豳风说》)推测说现存文本的祖源可能是鲁国的演奏乐谱。

种偷工减料的作法。如果一首民歌看起来是关于贫穷或私奔的内容，那么肯定就是关于贫穷或私奔的——或者至少学者们觉得民歌就应该如此：

> 平民唱出来，只要发泄自己的感情，不管它的用处；贵族做出来，是为了各方面的应用。①

如今我们已对注释家及施教者"应用"的品味已非常熟悉了。《诗经》"应用"被追溯到汉代之前的几个世纪，并在战国社会发挥作用。当原来并非是贵族的诗歌被当作贵族的或学究的作品来阅读时，它们就被从外部赋予了比喻义。所以长期存在着的《毛诗序》的历史可信性问题与《毛诗序》的字面义与比喻义的区别一直相伴。因为有这种区别，《诗经》在讽寓的比较讨论中占据了中心地位，一整套关于中国修辞的理论围绕着《诗经》发展而来。但称《诗序》是讽寓性的仍是一种批评，这种事实表明，对中国读者而言，讽寓义与字面义的对立是由《诗序》不可信性的前提派生出来的，又次于其后。

内置于视《诗序》为充满意识形态色彩的、人为的与伪善的批评，是以存在一个诗歌在其中自由歌唱且原意未受霑染的状态为前提的，这种假设既是历史的又是解释的。此处修辞性的解释与学术史的解释遇合：字面意义是修辞论的必要条件，正如汉代之前的、没有注释过的《诗经》是反儒家论证的必要条件一样。作为《诗经》研究一小部分的中国讽寓理论不但已采纳这个立场，而且加强了这一立场，并通过此种立场产生更多的区分与界定。侯思孟（Donald Holzman）在探究《诗序》的思想背景时，追溯到汉代之前很长一段时间，他认为孔子引用《诗经》是"毫无顾虑的误解"的典型，"容忍对诗歌故意的误解，以令《诗经》可用作道德上

---

① 顾颉刚《〈诗经〉在春秋战国间的地位》，载其所编《古史辨》3：320。在上文已引用的资料之外，我们可以增加一个从汉以来就经常被引用的记载。在年终的乡村集会上，"男女有所怨恨，相从而歌。饥者歌其食，劳者歌其事。"(《公羊传·宣公十五年》何休注，《十三经注疏》本，16.16a)。可与葛兰言第四个解释原则（《中国古代的节庆与歌谣》，页27）相比较。

的标签"①。如果误读是故意的,且诗歌也不愿遭误读,那么两个环节——文本说了什么以及读者迫使文本说了什么——应该很容易分开。张隆溪在讨论与之相关的议题时认为,"非讽寓性作品的讽寓性解读与讽寓写作有意应用讽寓性创作去编织文本之间有极重要的差别"②;而余宝琳建议,"批评家应有智慧以明确他们所关注的是两个环节中的哪一个"③。张隆溪更进一步解释:

> 《诗经》中,特别是《国风》中的爱情诗,并无明显的讽寓,但儒家的注释者对它们予以讽寓性的解读,他们不顾文本的字面意义,而强加以伦理-政治性的解释。在我看来,儒家的《诗经》注释毫无疑问是意识形态驱动下的讽寓解释……[这]是合理化《诗经》经典性的一个手段。④

在这种重构中,许多诗歌中的丑闻性内容(如果做字面解读的话)说明讽寓者需要误读它们。那应是修辞性解读具有派生性和附会特征的最主要的证据。这种重构尽管能自圆其说,却像其他建构一样,能被倒转过来并显示出其假设都是它自己炮制的。区分讽寓(allegory)与讽寓解释(allegoresis)很重要,免得诗歌看起来是在默许自身被误用(从而导致讽寓性的意义与讽寓化之前的意义叠合为一)。但在我们能区别字面义与比喻义,或讽寓与讽寓解释之前,我们不得不先已做了此种区分,即我们还必须确知相对于文本的讽寓性解释,"其字面上是何意"。这种认知字面义的困难(不以深信不疑的方式),可能就是给《诗经》研究以特别的魅力的东西。

"原意",无论怎样描述,是这些诗歌如何获得其具有讽寓意味《诗

---

① 侯思孟《孔子与中国古代文学批评》(Confucius and Ancient Chinese Literary Criticism),页 33,30。屈万里的《先秦说诗的风尚和汉儒以诗教说诗的迂曲》表达了相同的意思。
② 张隆溪《字句或圣灵》,页 205。
③ 余宝琳《中国诗歌传统的意象解读》,页 27。
④ 个人评论,1989 年。

序》之理论的逻辑前提——在此语境中,讽寓性的意味着派生、过度及充满意识形态的。几百年来的学术已倾向于将备受争议的诗歌"字面"意义——即没有注释,诗歌展现给毫无偏见的现代读者面前的意义;或者以民俗学者的观念来看,纯朴歌者在"寻找感情发泄"时必有的意思——等同于逻辑上需要的那个"原意"。奇怪的是支持这种纲要式叙述的文献是缺乏的。在孔子时代及孔子之前数不清的文献中——《左传》事例尤其丰富——诗歌从不允许表达自己的意思。

> 在上古外交集会上使用《诗经》,是作为一种重要的社交工具:引用适当的诗,断章取义地加以解释……外交官们可以慎重而礼貌地表明他们各自的立场(斜体为本书作者所加)。①

诗的交换价值一直不断被看作是必不可少的,而诗歌本身的价值则被悄悄地忽略了。当然,这种忽略也是有意味的。王金凌对这个问题的表述极其明了:

> 列国大夫赋诗喻志是用诗,用诗时,只管诵诗以达己意,而不会反省诵诗的思考过程,也不会去解释所诵比况的是什么。换句话说,诵诗时虽有比和兴,却用心意在用,而对兴和比缺乏知识的趣味。②

如果我们只知道记载赋诗的史料而丢掉《诗经》的文本,那么流传在对话中的次要和后起意义于我们就可能轻易地变为《诗经》的原意。也许我们现在的价值尺度,即文本高高在上而将古代注释视为弃履,可能是对孔子时代知识阶层的理解力的一种藐视。那种不言自明的意义非得等

---

① 侯思孟《孔子与中国古代文学批评》,页 34。又见海陶玮(Hightower)《韩诗外传》翻译导言。关于赋诗的习俗,见范佐伦(Steven Van Zoeren)《诗歌与人格》(Poetry and Personality),页 42—45,64—67,71。
② 王金凌《中国文学理论史》,页 168。我用"隐喻(metaphor)与明喻(simile)"作为王氏"兴"与"比"方便的翻译。

到20世纪(或12世纪)才能成为讨论的对象吗？古代注释怎么跌出诗歌"传播领域"的呢？

～

这里，"使用"及"意义"(或"应用")是关键性的问题，因为它不仅提供一种将诗歌原意问题归因于另一个无法找到的诗歌起源上的情境，而且自己也包含一种不能成立的、或至少是微弱的差异。对学术的、感同身受的或严肃的阅读而言，"应用"是自顾自的反面典型。正如侯思孟所言的，孔子"毫无顾虑地"违背了他奉为教义的篇章。另外一些学者，如葛兰言认为在外交场合上习惯性地引《诗》是对其真实性第一次损害。① 这种假说有阐释的一面(比如辨别诗之意与孔子之意)，也有关于历史的一面。它们共同的困难只能加以历史地阐述：既然"用"诗似乎在没有记录的远古时代就已成为习惯，那么诗歌原意在使用之前就逃脱了历史的审视。而暗示性的"应用"从被理解的或被压抑的"意义"中出现，与那个"原意"同样神秘，同样难于系年。古人是如何把诗歌设想为"有用的"呢？它的有用性哪些部分可归因于情境，哪些部分又可归因于文本本身呢？

朱自清曾仔细研究了这个问题。孔子曰(或据说曾经说过)：

> 小子何莫学夫诗？诗可以兴，可以观，可以群，可以怨。迩之事父，远之事君，多识于鸟兽草木之名。②

孔子的教育方案在混合了伦理与专业语言的《周礼》中得到了回应：太乐应

> 以乐德教国子，中、和、祗、庸、孝、友；以乐语教国子，兴、道、讽、诵、

---

① 葛兰言《中国古代的节庆与歌谣》，页13—15。
② 《论语》17.9，理雅各译本。不同的译者对这一段几乎每个字的翻译都不相同：观，最可能意味着"通过观察民歌来检视公众道德"(《荀子》、《左传》在接近这个意义上使用这个词)；兴，侯思孟的翻译比较含蓄，译为"隐喻性的暗示"；一个人所"学的"(并非其原始意义的词)更可能是怎样"用"《诗经》，并且在出使"外国"(比翻译为"遥远"的"远"要好)时引用它。理雅各的翻译实际受到朱熹注释的影响，见朱熹《四书集注·论语》，9.4b。

言、语,以乐舞教国子,舞云门、大卷、大咸、大䃕、大夏、大濩、大武。①

朱自清补充说:

> 这六种"乐语"的分别,现在还不能详知,似乎都以歌辞为主。"兴"、"道"(导)似乎是合奏的,"讽"、"诵"似乎是独奏;"言"、"语"是将歌辞应用在日常生活里。②

"兴"、"讽"、"诵"同样出现在各种诗歌创作的手法中(在《毛诗序》第一篇《诗大序》中即有明示);但《周礼》关注的并不在于文本分析:这里暗示的是,人们必须学会"乐语"来应对各种社会情境,而不是应在经典中发现及研究的正确措辞的例子或模式。所以孔子曰:"不学《诗》,无以言。"(《论语》第13篇第16则)

"诗言志":这个定律两千年来一直居于中国文学批评的核心地位,不论在实践上还是理论上都是如此。任何写诗的人不得不诉诸它,或绕不开它。刘若愚称其为教化批评的口号——对熟悉中国阅读史的读者而言,那不过是强调它的重要性。③ 这句话出于《尚书·舜典》:

> 帝曰:"夔,命汝典乐,教胄子。直而温,宽而栗,刚而无虐,简而无傲。诗言志,歌永言,声依永,律和声。八音克谐,无相夺伦,神人以和。"④

《毛诗序》将这句话——更确切地说——是这句话的一种解释奉为圭臬。这些《诗序》为一首首诗提供其所"言"的"志"。但社会性用诗使这种解释显得狭隘:甚至,或者特别是当诗被歪曲、戏仿或掺混以后,被引的诗也"言志"。困难的是决定所言的是谁的志。朱自清代表了大多数的现代读者,他认为不管是什么样的"志",只要是《国风》原有的,就几

---

① "大司乐",见《周礼》,《十三经注疏》本,22.7b—8a。《周礼》因关涉到孔子,系年还未能确定。
② 朱自清《诗言志辨》,页198。
③ 刘若愚《中国文学理论》,页106—116。
④ 《尚书·舜典》,3.26a。

乎不可能同于《毛诗》编纂者想象的"志"。朱氏同时纠正了许多《诗经》读者的臆断,他指出《尚书》中的那段话并没有传统上认为的那么古老,也并非是人们认为的它应该表达的意思。人们认为《尚书》记录了建立中国的帝王与圣贤们的伟业,但《尚书》被整理过很多次了,以至于成为特定的文学典故仓库,为这些文学提供典故出处。在已经过去的两千年里,"诗言志"被当作让听众能通过诗歌与作者的思想沟通的保证;"诗言志"这句话可能来源于另一个为《左传》所不时回应的成语,也是句浓缩的关于赋诗的诗学:"诗以言志"。①

《尚书》那段话可以和《国语》中的一个故事对读。在一个庆典上,听到人们以适当的迂回方式演唱《诗经》的一章,以提出婚礼的主题,乐师师亥说:

> 善哉!……谋而不犯,微而昭矣。诗所以合意,歌所以咏诗也。②

师亥所说之语很可能就是《尚书》"诗言志"之语所渊源的更早用法。周策纵倾向于认为《左传》与《国语》中的话是对《尚书》的模仿,即便如此,朱自清的观点也应保留下来。到春秋时期,对有意而精心的赋诗活动而言,一切意义都可以引申出来同时被认为是适当的。

从《左传》中可以看到,甚至在很早的时代,"应用"诗歌已经与"创作"诗歌区别开来:一些诵诗是"作"或"献",另一些则是"赋"。"外交场合中赋的诗从不是它们赋者所作,他们仅仅借现成的诗来言志。"③《左传》中一段文字显示古人很清楚知道:他们被教授的文本与这些文本在社交应用中所采取的形式之不同。卢蒲癸与他的妻子同宗,这无疑是丑

---

① 关于其引用的背景,见《左传·襄公二十七年》(赵孟与郑伯大夫著名的会面场景),38.12b—14a;又见朱自清《诗言志辨》,页205—207。
② 《国语·鲁语二》,页210。"合",在那里被解释为"成"(即"完成"之意)。
③ 周策纵《"诗"字古义考》,页207。关于资料来源及更详细的裁断见朱自清《诗言志辨》,页204—209。

闻。他回答说：

> 赋诗断章，余取所求焉，恶识宗？①

这是古典文献中最接近于召唤一首诗的"原意"的情况，但原意指涉什么显然并不重要。卢蒲癸说出了赵孟、郑伯的大夫，甚至包括孔子都默认的观点：对赋诗的正确反应应该是实用主义的，而不是阐释原意的。"诗言志"可以在同等程度上适用于意义及应用。它宣示了《诗经》可以用来做什么，而不是它们是什么。

那使得"解释"并不比"赋诗"更有约束力——都是听众及情境的问题。但显然，随着《诗经》在各学派中定型，整理者对"诗言志"的理解已经比从前更严格和更具排他性了。"言志"不再描述人们如何运用一首诗（这种活动可能随先秦封建贵族的教育制度而消逝了）。通过诗来"言"现在被解释为在每首诗上都发生过一次的历史事件。这样的事件提供了惟一足以决定诗意的践言性（performative）语境。每首诗不得不被补足有关怎样、由谁及为谁而作的缘由。然而解释者对语境细节的渴求往往使他们对诗歌意义言过其实，或者，对不再知道是否有独立的创作活动，或最初的"志"是否影响到一首诗以后的流传的读者而言，《诗序》所言就是诗歌愿意。但我们必须同样提醒《诗序》的反对者们。如果诗歌的原意起源于赋诗活动②，那么一些围绕《毛诗序》（各种意义上的）"附生性"的论证应该不再那么有效了。如果赋诗就是全部意义所在，又会怎样？可以想象这么一种古代诗歌修养的极致情况：一首人人都熟知，并可以用在一个开放系列的场合吟诵的诗，通过不断重复已变为如成语或一个长单词一样的语言单位。③ 在这种情况下，探讨作为诗的"原

---

① 《左传·襄公二十八年》，38.25a—b。
② "意念"（project）是范佐伦对"志"的指称，它是诗歌"清晰表达"的"意图"或"目的"（《诗歌与人格》，页 12,56—57）。
③ 宇文所安找到一种方法去形容《诗经》所享有的特殊经典地位：在情境诗歌占统治地位的时代，"它是一种可重复的文学经验"[《盛唐诗》(*The Great Age of Chinese Poetry*)，页 94]。

意"而不是"应用"就变得十分空洞且毫无意义,或者至少成为语言学上顽固的实在论标记。①

将《诗序》起源的历史看作是其真实性遭侵害(即向讽寓解读发展)的历史之倾向有另一个直接的弊端:也即把《国风》中的民歌作为其典型,从而忽略了这部诗集中最古老的《商颂》、《周颂》部分的诗序。这些诗序摆脱了《毛诗》编者名声不太好的"讽寓"模式:它们不是告诉读者这首诗写成去美或刺什么人或者什么现象,而是指明吟唱该诗的典礼。一个明显的例子是第 271 首诗《昊天有成命》的小序,其全部内容为:"郊祀天地也。"②不能说这首诗是关于祭祀的,因为诗的内容并没有提到这一点。但至少这里谈论在做诗之后的用诗是无意义的。

现在,如果雅、颂部分的《诗序》可以视为典型《诗序》的话,而带有"讽寓性的"《诗序》是它们方法的延伸,那么"应用"与"意义"的理论必须加以修正。对"讽寓性的"《诗序》做出断定的看法和教条也必须加以修正了,尽管这些教条已被接受。说某首诗是"关于"这个或那个统治者或者某种情境时,《诗序》想表达的是什么呢?说一首诗是"为"某种仪式而作与说它"关于"某个特定的事件而作似乎是不同类型的判断:原因之一是,仪式中的应用意味着重复。在何种程度上,历史语境化的细节能普遍地(即可为规范地)被理解为一种弥合仪式"应用"与偶然"应用"间鸿沟的方法?或者不应该让仪式之"用"的诠释去冲击绝对的"用"与"意义"的诠释?区分外交场合的言说语境与仪礼惯例的是什么,连接它们的又是什么?

总之,关于《诗经》传播与解释过程中有一纯民俗、唯字面性的时间之历史假设规避了一些实质性问题,并使其他许多关于古代社会中《诗经》地位的问题处于未明状态。这样,这种历史假设在解释的选择上就

---

① 见维特根斯坦(Wittgenstein)《哲学语法》(*Philosophical Grammar*),页 59。爱弥儿·本弗尼斯特观察到,指示语与代词只有在"应用"时才能获得临时的"意义"(《代词的性质》[La nature des pronoms],《普通语言学问题》,Ⅰ,页 251—257)。
②《毛诗正义》,19:2.1a。

蜕变为一种始终有理的立场,而将它的优点(就像《诗序》的优点,这个观点注定是批评性的)视作重构性的而不是描述性的,我们就能从中能获得很多。应用与意义,创作与引用,字面义与比喻义,早发与后起,民间与宫廷,抒情与教化,在今天可以被当作许多独立的主题,而不是全部在一个单独的兴衰叙事中纠结在一起。

　　如果《诗经》中的诗歌创作过程跨越了好几个世纪,并且在这几世纪中诗歌解释的主要风格是恰当的赋诗("诗所以合意"),那么我们可以发现"用诗"不仅是附随于文本的次文学的活动,而且被有计划地记载入文本本身。用顾颉刚的话说,这些诗可能是"为了种种应用"①,那么"应用"与"意义"之间绝对的区分可能会把读者引入歧途。《駉》(《诗经》第297首)被认为是《诗经》中最晚形成的诗歌之一,这首诗要求读者记住"应用"与"意义"之间的区分以最后否定这个区分。此诗如下:

　　　　駉駉牡马,
　　　　在坰之野。
　　　　薄言駉者,
　　　　有骄有皇。
　　　　有骊有黄,
　　　　以车彭彭。
　　　　思无疆,
　　　　思马斯臧。

　　　　駉駉牡马,
　　　　在坰之野。
　　　　薄言駉者,
　　　　有骓有駓。

---

① 顾颉刚《〈诗经〉在春秋战国间的地位》,见其主编《古史辨》3:344(整体说到这部诗集)。

有驈有皇，
以车伓伓。
思无期，
思马斯才。

駉駉牡马，
在坰之野。
薄言駉者，
有骍有骆。
有骊有雒，
以车绎绎。
思无斁，
思马斯作。

駉駉牡马，
在坰之野。
薄言駉者，
有驒有骆。
有骝有鱼，
以车祛祛。
思无邪，
思马斯徂。①

---

① 《诗经》第297首，《毛诗正义》20:1.4b—10b。我的翻译受惠于高本汉[《诗经英译》，页253—254；《大雅及颂注》(Glosses on the *Ta Ya* and *Sung Odes*)，页173—174]。汉代史学家班固告诉我们："孔子纯取周诗，上采殷[即《商颂》]，下取鲁[颂]。"(《汉书·艺文志》，30.10a)。最近的研究已经怀疑《商颂》成书最早的年代，但对《鲁颂》成书较晚则尚无疑问。关于系年的问题，见傅斯年《鲁颂、商颂疏》，《傅孟真先生全集》，6:58—67；屈万里《诗经诠释》，页9—10,600,616；王靖献《钟与鼓》(*Bell and the Drum*)，页48—50。

根据《毛诗序》，此诗主题是为了赞美鲁僖公(公元前659—前626年在位)：

> 僖公能遵伯禽之法，俭以足用，宽以爱民，务农重谷。牧于坰野，鲁人尊之。于是季孙行父请命于周，而史克作是颂。①

"是颂"或"这些颂"是指《鲁颂》中这组诗的全部四首吗？从《毛诗》的编者一直到郑玄(卒于公元200年)的传统，都将这四首《鲁颂》与僖公联系在一起。许多人相信僖公重振了(以开国人物伯禽为代表的)已被忽略十九个世代的鲁国古代风俗。因此，注释者以此为足以纪念他的理由。但《左传》对他的记载比对他的先人的记载好不了多少。他比较"大"的政绩有：建了一座新的南门②，修葺了祭祠女性祖先姜嫄的宗庙(这项功绩，《左传》未载，而见于《诗经》第300篇、《鲁颂》最后一篇《閟宫》的诗序中)，还有他在城外的牧场养马。为什么僖公获得这些赞美而鲁国真正的英雄伯禽却没有？因为在伯禽时代，

> 天下太平，四海如一，歌颂之作，事归于天子，列国未有变风，鲁人不当作颂。③

僖公的功绩多半是象征性的。这首诗同样以象征性的方式反映这些功绩。

还应该作进一步的深入探究：僖公及其功绩都是由目的决定的一般情境中的一些小例子。"颂"演唱于宗庙，提供统治世系一个机会借助祖先来赞美自己，如同一个以韵文形式的图腾柱来赞美自己。这首诗表面上向一群马表示敬意，实际上是向它们的主人致敬，其间的联系或是因果的(它们是不知疲倦的、强壮的、忠实的，因为僖公是如此好的牧马

---

① 《毛诗正义》，20.4b—5a(《毛传》)。三家义的差别并不显著。史克与僖公的继承人文公(公元前626—608年在位)同时。
② 孔颖达《毛诗正义》，20：1.2b；参见《左传·僖公二十年》，14.24b—25a。
③ 孔颖达《毛诗正义》，20：1.3b。

者),或是类比的(僖公对待他的臣民如一个善良而细心的养马人对待他的马匹一样)。这种类比使统治者看起来像一个专注于极其卑微事物的臣民。根据孔颖达的解读,直接的主题与首要的主题这两种主题之间连接的存在,使其自身成为一个特定的值得赞美的修辞情境:

> 由其务农,故牧于坰远之野,使避民居与良田……因言牧在于坰野,即说诸马肥健……说僖公之德……僖公之爱民务农,遵伯禽之法,非独牧马而已。以马畜之贱,尚思使之善,则其于人事,无所不思明矣![1]

这个解析有更强力的逻辑,避开"好农夫"与"人主"主题间的价值区分,以令此诗抛开其隐喻性层面而取其因果性层面。"非独牧马而已"因而能被解析为"不仅仅是讽寓性幻想的工具"——句中关于马与人之间区别所用的"而已"一词,是为了同时把牧马与隐喻性的伪参照系各归其位。[2] 孔颖达这句话肯定抓住了诗中摇摆不定的环节,其目的是肯定类比解读的重要性,又置其重要性于因果解读之下。

"以车彭彭。思无疆。思马斯臧。"作为表现国家庆典的手段,马这种意象是经过精心挑选的。如果动物隐喻以牛、羊、鸡,或任何其他六畜形象来表现,则会产生这样的疑问:是否"牧羊人和牧牛人考虑牛羊的利益,因此才去照料牛羊,把它们养得又肥又壮,而不考虑牛羊的主人和牧人自己的利益。"[3]而如果动物意象指的是野兽,那么就会不会有牧者的角色,孔颖达看出的牧者与被牧者的关系的论断也就无用武之地。(当

---

[1] 孔颖达《毛诗正义》,20:1.5b。"思"在这个注中反复出现让人想到,孔子在《论语》(第二篇第二则)中以双关之义引用这首诗的倒数第二行的名言:"诗三百,一言以蔽之,曰:思无邪。""思"在这首诗每一节中应该都是一个感叹词,但用于这段话的所有意义都是"思想"之意并代替车队成为句子的主语。后代的读者认为孔子的话是在对诗加以规定并将这个双关语扩展到这个词出现的其他地方。
[2] 又见《论语》第十篇第十二则:"厩焚,子退朝,曰:'伤人乎?'不问马。"
[3] 柏拉图(Plato)《理想国》(Republic),343b.1—4[塞拉西马柯(Thrsaymachus)说,肖瑞(Shorey)翻译]。许多商周古墓中发现马和它们的主人葬在一起,但马骨从未在厨房贝冢中出现(张光直《商文明》,页143)。

然,动物与人之间直接的比拟,如《狼跋》中的那样,也是可能的)马匹们处于被驯化的边缘,"在坰之野",字面意思为"在未开化的旷野",文明与野蛮在那里交会。① 一个诸侯国疆域的大小及位置显示了它与作为中心的周王室纽带关系的性质;诸侯国自己也是一个中心,像周帝国一样发挥对周边部落的权力。这种模式可以令人们把邑与野、王与马的关系,以及周王与诸侯王如僖公的关系(中央及边缘)看作是同类型的,并且——因为这种模式可以无限地扩展——周王朝与周边游牧民族周期性的盟友关系也是同类型的。商代甲骨文中提到的一个蛮族部落正是叫做"多马羌"。

孔氏把马分为四类——良马、戎马、田马、驽马,这很有帮助。《駉》中的马都是种马,即牡。② 因此,这群马并不是如普通的牧马人所希望的那样不断繁殖生息:它们不是乌合之众,也不是为了繁衍,而是从外界得到补充。③ 当它们"以车"时,我们无疑会想到战车。但马匹在野外放牧暗示了和平时光:在决定性胜利的牧野之战后,周王朝的建立者释放了战马,放牧于华山之南。④ 这些马为它们主人所做的就是它们所最擅长的,有一些显示出它们天生的优质(由每一诗节末尾的一系列组成头韵的词汇"臧"、"才"、"作"、"徂"来强调)⑤——还有一些固然对马群和牧马人同样有益的事情,这一点这首诗希望我们自己推衍出来。并且——诗中出现了关于马的专业术语的华章,孔颖达尽管尽了很大的努力将马的皮毛

---

① 段玉裁注许慎《说文解字》,页694,定义"野"为"踞国百里曰郊……郊外谓之野。"关于周代政治与家族地理的分析,见汪德迈(Vandermeersch)《王道》(*Wangdao ou La voie royale : recherches sur l'esprit des institutions de la Chine archaïque*),1:124—125。
② 一些版本与注释对"牡"的理解(认为是"牧,即放牧"的意思)不尽相同。高本汉为"种马"作为最古老的解读提供了文献支持(《大雅及颂注》,页72)。
③ 中国马的家畜化相对较晚。马匹交易是汉族与游牧民族在边境地区经常的经济交流。双方也偶尔为争夺新的品种而发生战争,比如顾兰雅(Herlee Creel)讲述了汉武帝统治时期的一个著名故事,见[《中国历史上的马》(*The Horse in Chinese History*),载《道教是什么?》(*What is Taoism*),页160—186]。
④ 司马迁《周本纪》,《史记》,页73。
⑤ 高本汉拟构为 tsâng、dz'əg、tsâk、dz'o(《诗经英译》,页253—254)。

斑纹与品种联系起来,又将品种与不同用途的材质联系起来,但他关于马的知识仍不敷将其合理化——僖公草原乌托邦的描绘丰富起来:因为它兼包并容地欢迎任何颜色及类型的好马来("良马异貌")。①

如此,《駉》很符合威廉·燕卜荪对"田园诗"(pastoral)的定义,即作为一种文学形式"让人感到暗示了富人与穷人之间有一种温情(beautiful relation)。"②或者看上去符合这个事实,即"温情"毫无疑问是有意要创造的,而且是有两个层面的,但如果在一种说法中,僖公是将它的马养得非常好的牧马人,那么在另一个语域中又是谁、是什么受益于他的关心?《駉》中的马有各种类型,但都善于拉战车。《鲁颂》下一篇——《诗经》第298首《有駜》,一队红棕色和灰色的种马(又是牡),在宫门外等待它们的驭者——宫廷官员。《駉》中的坐骑是否能成为《有駜》中的骑马者?"史克"可能是《诗序》作者的虚构,但他至少能代表创作这首诗的士大夫。官员们通过赞美他们自己("不知疲倦的、忠实的")来赞美他们的统治者。他们的美德证明了统治者的美德,统治者的美德解释了他们的美德。田园诗(至少)是双向的。牧者的讽寓有一个向上的维度,是侍臣给他们君主的献礼;同时又有一个向下的维度,庆祝国家教化它的臣民。马的意象及其暗示有着非常不确定的性质,以至于它可以同样适用于上文讨论过的三个垂直关系中的任何一个(马匹之于牧人,有如臣民之于官员,官员之于国君,以及臣民之于官员及国君)。而《诗序》又给四对方舞(quadrille)增加了一行。任何关于鲁国对民众与事务管理的标准同样适用于周王室对诸侯国管理的标准:是周王室下令创作了这

---

① 孔颖达《毛诗正义》,20:1.5b。《诗经》第163首《皇皇者华》包含了一个类似的关于马种类的目录,连同它的术语,放在每一节押韵的位置。
② 燕卜生《田园诗的几种变体》(Some Versions of Pastoral)第二部分。又见他的《复杂词的结构》(The Structure of Complex Words),页168。在此书中,"田园诗理念"的一个例子据说是建议"把人道世界完整地复制到狗儿中,一如在乡村少年或乡巴佬中"(斜体为本书作者所加)。孔子赞扬《诗经》是便利的参考书,可知"草木鸟兽之名",也许《诗经》在精神上同样也是田园诗。《论语》读者会想到一个老农嘲笑孔子"五谷不分"的故事(第18篇第7则;参考第13篇第4则)。

首颂赞诗。① 周王对这首诗的点头赞许定是一种看管的(caretaking)行为,与僖公为之受到赞扬的行为是同一类型的。

《駉》的形式实际是赋诗,一个跨文类的个案。"此虽僭名为《颂》,而体实《国风》,非告神之歌,故有章句也,"同时伴随着重章叠唱。② 模仿真朴是其策略的一部分。"寓言"与"寄托"的修辞在这首诗中找到了自己的位置,早先我们将这种修辞归类到散文虚构以及诗歌创作手法的类型中。一串牧马人的语词成为真实性的保证。《诗经》第一篇《关雎》的诗序说:"发乎情,民之性也。"这首诗是否表明了其起源于民间,以及在民众对他们所赞美的君主的情感中占有一席之地?这个问题甚至不妨碍我们要证明的论点。就像君主在其田园诗中变成了牧人一样,官员在他们的田园诗中扮演了不识字的歌者。

《駉》示范了驾驭"意义"并使之与"使用"相合,这是孔子《诗经》教化的要点。"诗可以兴,可以观,可以群,可以怨。迩之可以事父,远之可以事君。"③孔子将《诗经》"可以"的效用应用到的大多数人际关系上,实际上都是不平等对象间的垂直关系上。可以这么说,赋诗的社会用途实现了与田园诗一致的目标——即接合了以别的方式无法接合的鸿沟。"乐者为同,礼者为异。同则相亲,异则相敬。"④这样,如果《駉》作为一个寻求作者的赋诗开始流传,这是很有道理的。意义预设了应用;没有应用,

---

① 作为周王室的近亲,鲁国国君有许多特权。《国风》中没有《鲁风》——既无"正风"也无"变风"。孔颖达推测认为这是因为鲁国免于周期性的巡视,而民歌的采集传统上与这种巡视有关(《毛诗正义》,20.1—4a—b)。
② 同上,5b。
③ 原文是侯思孟翻译的。(《孔子与中国古代文学批评》,页 36)
④ 《礼记·乐记》,37.11b,改写自《荀子·乐论》《正名》。"亲",意为"通过婚姻成为姻亲"。这种加强联系的方式对周王室至关重要。周人数量上不多,但广泛地分布在他们新取得的领土上,所以通过联姻赢得许多商代贵族遗民的支持。分封制(周对中国政治文化的贡献)通过家族关系网络而得到巩固,这是周朝对完全以血缘世系组织起来的商代统治的继承。这样对稳定"建立在旁系家族认同基础之上的"周朝政治制度的"权力重新表达"是必不可少的(汪德迈《王道》,1:111)。通过以地域民歌形式出现的诗歌,"认同"才成为可能,从而具体而微地解决了各阶层之内而不仅仅是阶层之间联盟的重大问题。

意义是不完整的。至少在这里讽寓解释的条件还未满足。自从这些诗歌作为"交流工具"进入传播过程之时起——也就意味着:从它们的缘起而言,以上关于《駉》(一首形成比较晚的诗)所言的能适用且符合这部诗集中的大部分篇章。

第三章 《诗序》：作为《诗经》的介绍

> 事实上，仙境组成了一个稳固而坚定的意识领域，这其中成年人与孩童有很多共同点……关于仙境，孩子只知道大人告诉他（或她）的那么多。仙境由此成为一个关乎理解的领域，一个完美的参照中心，以及可为规范的基地。
>
> ——米歇尔·布托《仙女们的均衡》①

∽

对《诗经》的解读常常暗含着某种《诗经》的历史，某些诗有充分理由需要这种历史以对其起源进行美化。把《駉》作为一个活字版来解读使我们认识到：没有不可动摇的理由说明为何诗的应用总是应该次属于诗的意义。对古人来说，《诗经》的目的也许全是为了应用——还有别的什么目的能使他们产生兴趣呢？——只要《诗经》还在传播之中，"用《诗》"中的信息就没有必要公开。作为一种格言与代词的方式，人们所说的意

---

① 题辞：布托（Michel Butor）《剧目》（Répertoire），页64。

思很少在于所说语词本身①;在此条件之下,"引《诗》"或"用《诗》"总是"言此意彼"的典型吗?在这种最低度的定义下,最古老的已证明为众所接受的《诗经》(与《诗序》截然不同),有资格被冠以"讽寓"的名称,而非作为讽寓解读的受害者。

当然,对不管是《毛诗》的赞成者还是其反对者而言,这个结论可能与古老的《诗经》研究传统背道而驰;而作为对这些传统的批评,这个结论并未充分考虑这些传统成立的前提。关于"中国讽寓"——这个被排斥的术语的性质——通过观察《诗序》如何竭力与它保持距离,我们可能会对它了解更多。如果古代的《诗经》研究中,并无明确的讽寓理论,那么这个术语的负面印记很容易发现。诗歌理论在许多方面是讽寓理论的相反面(作为误解)。但这种论调听起来似乎讽寓已经要求我们怀疑它们从未得到过的传统批评家的注意。事实上,如果讽寓本身几乎从未得到过讨论,那么可能因为传统仅把它当作对一种理论的反衬,而不是进行理论思考的对象。

为进一步探究中国讽寓,我们必须从它的对立面或矫正面着手。误解是怎样被钳制的,而对诗的正确理解又是怎样被肯定的?《毛诗》中,导致绝大部分这类注释的文本无疑是《诗大序》中的数行文字,这篇序自古就被认为勾勒了"诗之大纲"②。关于《诗大序》的作者,众说纷纭,从西汉中期开始,它就被认为是孔子嫡传弟子的著作;这些争论对批评家和诗人来说,从来没有影响《诗大序》处于一种必要的参照系的地位。(典型的例子是,6世纪著名的文学总集《文选》首先掠取《诗大序》的观点作为其序的观点,然后在"序"类收录《诗大序》全文作为范文。)它具有经典作品应有的经典性及规范性,既是对最有影响的古代诗学文献的再加

---

① 赫曼-约瑟夫·罗利克(Hermann-Josef Röllicke)对此有很好的表述:"整首诗即它应用的历史。"[《心灵之旅》(Die Fähtre des Herzens),页43].值得一提的是,桀溺评述了古代抒情诗中的非人格性(即应用性)[见其《论〈古诗十九首〉》(*Les Dix-neuf poemes anciens*)]。
② 或曰《诗》之大纲(孔颖达《毛诗正义》1.3b,模仿了郑玄《诗谱序》),虽然对周朝而言,额外的准确性似乎并无用处。

工,又在后来对这些古代文献的解读产生重要的影响——上文讨论过的"诗言志"这个定律的历史,就是《诗大序》之绝对权威的最具说服力的例证。

像所有真正的经典文本一样,《诗大序》常常在绝对自足的状态下被解读。然而,这里我想用它主要的注释者郑玄(卒于 200 年)及孔颖达(574—648)的讨论来一并分析它的论述。初次接触这些文本的读者可能会勇尝正文之后的注释。

《诗大序》(即《诗经》第一首《关雎》的序)云①:

【1】《关雎》[的主题],后妃之德也。

[陆德明(初唐)《经典释文》]旧说云:"起此至'用之邦国焉',名《关雎序》,谓之《小序》。自'风,风也'讫末,名为《大序》。"

[沈重(六世纪)]云:"案郑《诗谱》意,《大序》是子夏作②,《小序》是子夏、毛公合作。③ 卜商意有不尽,毛更足成之。"

[阮元(1764—1849)]或云《小序》是东海卫敬仲所作。④ 今谓此序止是《关雎》之序,总论《诗》之纲领,无大小之异……

---

① 下面的文字都是我翻译的,非常感激这个领域中的前辈。分段遵循《十三经注疏》本的分段。为求简洁,我自始至终对人名的翻译采用最广为人知的形式,而因此悄悄地改动了原文:这样,子夏代替了卜商,卫宏代替了卫敬仲,诸如此类。关于这个重要文本所有翻译及部分翻译的目录,见魏世德(Timothy Wixted)《〈古今和歌集序〉另解》(The *Kokinshū* Preface: Another Perspctive),页 217—218。

② 朱冠华(《关雎"毛诗序"》)试图通过分辨出《诗序》中可能是子夏所写的部分,来证实这个传统。罗利克(《心灵之旅》)认为我们今天称为《诗大序》的文本来源于已亡佚的《乐经》,而《乐经》作者实际是子夏。王金凌《诗序作者及其时代》对《诗大序》来源、形成及文本历史有非常清晰而精确的考察,见《中国文学理论史》,1:295—326。

③ 这种合著的观点可能解释了小序中的暗示,即小序不可能出自子夏。子夏与大毛公之间相隔六代或七代。

④ 卫宏生活在东汉光武帝(25—57 年在位)时期。这种关于卫宏是《诗序》作者的意见最早见于范晔《卫宏传》(《后汉书·儒林传》,79:2.5b—6b)。遗憾的是,关于卫宏的资料知之甚少,许多流传中的关键版本及时段都与这位学者有关。他似乎曾是《诗经》学者谢曼卿的弟子,谢在《毛诗》历史中的地位很突出。见谭嘉定《中国文学家大辞典》,页 42。《四库全书》的编者开列了差不多一打已知关于《诗大序》可能的作者的名单,对这个问题,他们说:"纷如聚讼。"(纪昀等撰《四库全书总目提要》,15.1a—1b)。

[孔颖达《毛诗正义》]诸序皆一篇之义,但《诗》理深广,此为篇端,故以《诗》之大纲并举于此……二《南》之风,实文王之化①,而美后妃之德者,以夫妇之性,人伦之重。故夫妇正则父子亲,父子亲则君臣敬。② 是以《诗》者歌其性情,阴阳为重。所以《诗》之为体,多序男女之事,不言美后妃者。此诗之作,直是感其德泽,歌其性行,欲以发扬圣化,示语未知,非是褒赏后妃能为此行也。

【2】风之始也,所以风天下③,而正夫妇也,故用之乡人焉,用之邦国焉。

[阮元]风之始,此风谓十五国风,风是诸侯政教也。下云"所以风天下",《论语》云"君子之德风"④,并是此义。

[孔颖达]……言后妃之有美德,文王风化之始也。言文王行化,始于其妻,故用此为风教之始,所以风化天下之民,而使之皆正夫妇焉。周公⑤制礼作乐,用之乡人焉,令乡大夫以之教其民也;又用之邦国焉,令天下诸侯以之教其臣也。欲使天子至于庶民,悉知此诗皆正夫妇也。当天子教诸侯,教大夫,大夫教其民。今此先言风天下而正夫妇焉,既言化及于民,遂从民而广之,故先乡人而后邦国也。

---

① 文王是周朝建立前的最后一位周族首领。《诗经》第235首《文王》将其作为后世统治者的应效法的"刑"(pattern)。这首诗的《毛诗序》十分简明:"文王受命作周。"(《毛诗正义》,16.1a)
② 《毛传》对《关雎》首二行进行了部分解读:"夫妇有别,则父子亲;父子亲,则君臣敬;君臣敬,则朝廷正;朝廷正,则王化成。"
③ "天下":世界,或者"周帝国"(我在此处及其他地方,比历史学家更宽泛地使用"帝国"这个词;严格说来,建立于公元前221年的秦朝才是中国第一个帝国)。
④ 《论语》第12篇第19则:"子欲善而民善矣。君子之德风,小人之德草也。草上之风必偃。"(又见《孟子》3A,《十三经注疏》本,5a.4b)。根据"化"词义的历史,"influence"在许多方面是英语中最接近于"化"的同义词。
⑤ 周公是文王之子,根据《礼记》,他还是许多礼制的制定者。周公与他的兄弟召公一同成为他们幼冲的侄子成王的摄政者。《荀子》(第八篇《儒效》)将周朝的中央分封制系统的创建归功于周公。

第三章 《诗序》：作为《诗经》的介绍

【3】风，风也①，教也。风以动之，教以化之。

【4】诗者，志之所之也，在心为志，发言为诗。

［孔颖达］上言用诗以教，此又解作诗所由……言作诗者，所以舒心志愤懑，而卒成于歌咏，故《虞书》谓之"诗言志"也。②

【5】情动于中，而形于言③，言之不足，故嗟叹之，嗟叹之不足，故永歌之，永歌之不足，不知手之舞之、足之蹈之也。

［孔颖达］上云"发言为诗"，辨诗、志之异，而直言者非诗，……《艺文志》云："诵其言谓之诗，咏其声谓之歌。"④然则在心为志，出口为言，诵言为诗，咏声为歌，播于八音谓之为乐，皆始末之异名耳。

【6】情发于声，声成文谓之音。

［郑玄］发犹见也。声谓宫、商、角、徵、羽也。⑤声成文者，宫、商上下相应。

［孔颖达］情发于声，谓人哀乐之情发见于言语之声，于时虽言哀乐之事，未有宫、商之调，唯是声耳。至于作诗之时，则次序清浊⑥，节

---

① 这种文字游戏并不完全可译。"Airs"与"Wind"在中文中都是同一个字，既代表原始义的"风"（"Wind"），同时又是后起义，作为《国风》（Airs of the State）名称的"风"（"Airs"）。由"风"产生出的"化"的意义可能来自本章注 10 提到的《论语》引文，并与原始义"风"读音不同而与之通假的另一个字相联系；这个引申出的"讽"，最初是"诵"之意，后来变为"劝"或"刺"的意思［见高本汉《汉文典》（Grammata Serica Recensa），页 166—167；及吉布斯（Gibbs）《"风"义考》(Notes on the Wind)］。
② 《尚书·尧典》，3.26a。
③ 之所以将"动"翻译为"is moved"（被动）而不是"moves"（主动)，见《礼记·乐记》37.1b："凡音之起由人心生也。人心之动，物使之然也。感于物而动，故形于声。"
④ 《艺文志》仿效《尚书》提出的"诗以言志"原则说："故哀乐之心感，而歌咏之声发。诵其言，谓之诗咏。"（班固《汉书·艺文志》，30.9b)。
⑤ 关于八种器乐之音及变动音阶的五种音调，见杜志豪（DeWoskin）《阳春白雪：中国早期的音乐和艺术概念》(A Song for one or Two)，页 44—45,52—53。
⑥ 根据罗乃诗（Kenneth Robinson）及李约瑟的观点，"清"与"浊"是指示性音调，而非音色［"声（声学）"，页 157］。古典音乐著作中，"清"和"浊"的意义是不确定的，因为这些著作并未仔细区别音调、音量及音色。如《淮南子》中对这些术语的解释："清水音小，浊水音大。"(4.5b)从六朝开始，中国的音韵学家用"清"和"浊"来区分清辅音和浊辅音。唐代的诗格书对这种分类有了更深的理解。孔颖达将此作为音乐与语言参照系的交融的理由。

奏高下,使五声为曲,似五色成文。

【7】治世之音,安以乐,其政和。乱世之音,怨以怒,其政乖。亡国之音,哀以思,其民困。

[孔颖达]序既云"情见于声",又言"声随世变"[接着上面段落的一个解释,其中"政教"这个词被"政治"取代。每种类型音乐的例子都可以在《诗经》合适的抒情诗中找到]。……郑、卫之音,乱世之音;桑间、濮上之音①,亡国之音。

【8】故正得失,动天地,感鬼神,莫近于诗。

【9】先王以是经夫妇,成孝敬,厚人伦,美教化,移风俗。

[孔颖达]此序言诗能易俗,《孝经》言乐能移风俗者②,诗是乐之心,乐为诗之声,故诗、乐同其功也。然则诗、乐相将,无诗则无乐。

【10】故诗有六义焉:一曰风,二曰赋,三曰比,四曰兴,五曰雅,六曰颂。

[孔颖达]彼(郑玄)注云:"风,言贤圣治道之遗化。赋之言铺,直铺陈今之政教善恶。比,见今之失,不敢斥言,取比类以言之。兴,见今之美,嫌于媚谀,取善事以喻劝之。③ 雅,正也,言今之正者,以为后世法。颂之言诵也,容也,诵今之德,广以美之。"……[不过孔颖达认为,这些定义过于狭隘:并不是所有的"比"指斥失政,且并非所有的"颂"都颂德;郑玄试图通过六义的模式("正"及"变")来界定六义(文类与比喻)。]……赋、比、兴如此次者,言事之道,直陈为正,故《诗经》多赋在比、兴之先……且风、雅、颂以比、赋、兴为体,若比、赋、兴别为篇卷,则无风、雅、颂矣。

【11】上以风化下,下以风刺上,主文而谲谏,言之者无罪,闻之

---

① 《论语》(第17篇第18则)、《礼记·乐记》(38.29a—b)、《史记·乐书》(页447)中多次提到音乐与行为中堕落的例子。
② 《孝经》第12章:"移风易俗,莫善于乐。"(《十三经注疏》本,6.4b)。与《荀子·乐论》比较,页253—254。
③ 比较郑玄《周礼·大司乐》注:"兴者,以善物喻善事"(《十三经注疏》本,22.8b)。

者足以戒,故曰风。

[郑玄]风化、风刺,皆谓譬喻,不斥言也。主文,主与乐之宫商相应也……

[孔颖达]臣下作诗,所以谏君,君又用之教化,故又言上下皆用此上六义之意。在上,人君用此六义风动教化;在下,人臣用此六义以风喻箴刺君上。其作诗也,本心主意,使合于宫商相应之文,播之于乐,而依违讽谏,不直言君之过失,故言之者无罪……人君自知其过而悔之,感而不切,微动若风,言出而过改,犹风行而草偃,故曰"风"……则六义皆名为风,以风是政教之初,六义风居其首。

诗皆人臣作之以谏君,然后人君用之以化下。此先云"上以风化下"者,以其教从君来,上下俱用,故先尊后卑。

【12】至于王道衰,礼义废,政教失,国异政,家殊俗,而变风、变雅作矣。

[孔颖达](《诗》)有正有变,故又言变之意。至于王道衰……遂使诸侯国国异政,下民家家殊俗。诗人见善则美,见恶则刺之,而变风、变雅作矣……未识不善则不知善为善,未见不恶则不知恶为恶。太平则无所更美,道绝则无所复讥……故初变恶俗则民歌之……班固云:"成、康没而颂声寝,王泽竭而《诗》不作。"①……皆王道始衰,政教初失,尚可匡而革之,追而复之,故执彼旧章,绳此新失。

【13】国史明乎得失之迹,伤人伦之废,哀刑政之苛,吟咏情性,以风其上。

【14】达于事变而怀其旧俗者也。故变风发乎情,止乎礼义。发乎情,民之性也;止乎礼义,先王之泽也。

---

① 班固《两都赋序》(萧统《文选》,1.1b)。成王与康王是周武王贤明的继承者。班固试图说明《诗经》之后中国诗歌创作有数世纪的间断。班固与《诗大序》的作者都清楚《孟子》中的这段话:"王者之迹熄而《诗》亡,《诗》亡然后《春秋》作。"(《十三经注疏》本,8a.12a)。《春秋》一直被认为包含着一种隐晦的批评成分。《诗序》、班固及孔颖达延长了"先王之泽"有效的时代,并把《诗经》描写的时间延伸到春秋时代,并扩展到《春秋》特有的功能中。

［孔颖达］故变风之诗，皆发于民情，止于礼义，言各出民之情性而皆合于礼义也……故各言其志也；止乎礼义者，先王之泽，言俱被先王遗泽……

【15】是以一国之事，系一人之本，谓之风。言天下之事，形四方之风，谓之雅。

【16】雅者，正也，言王政之所由废兴也。政有小大，故有小雅焉，有大雅焉。

［孔颖达］诗体既异，乐音亦殊。国风之音，各从水土之气，……雅、颂之音，则王者遍览天下之志，总合四方之风而制之……

【17】颂者，美盛德之形容，以其成功，告于神明者也。

［孔颖达］上解风、雅之名，风、雅之体……明训"颂"为"容"，解颂名也……《易》称："圣人拟诸形容，象其物宜。"[1]则形容者，谓形状容貌也。作颂者美盛德之形谷，则大于政教有形容也……

【18】是谓四始，《诗》之至也。

【19】然则《关雎》、《麟趾》之化，王者之风，故系之周公。南，言化自北而南也。《鹊巢》、《驺虞》之德，诸侯之风也，先王之所以教，故系之召公。

［孔颖达］……王者必圣，周公圣人，故系之周公……诸侯必贤，召公贤人，故系之召公……[2]

【20】《周南》、《召南》，正始之道，王化之基。[3]

---

[1]《易经·系辞》第一部分，《十三经注疏》本，7.16a。我复原了为孔颖达所遗漏的原典中的一个短语。"形容"可能有些多余。但"形"倾向于暗示固体性，而"容"则暗示着凹面。
[2] 孔颖达的推理（如果需要任何论据，即他同时代人期盼《毛诗》序能承受得住的连篇累牍注释压力的证据）来自此前对"风"与"雅"的区分。《诗序》似乎称周公为"王"，而称召公为"公"；而技术上我们应该将关于"王"的诗归类为"雅"。周公作为成王的宰辅，所以可能被称呼为"王"（除了名号之外）；他的弟弟召公，负责管理南方广阔的疆域，这里提到他是作为一个理想的诸侯。
[3]《周南》、《召南》在与周公、召公发生任何联系之前，是作为地理名称而见载于典籍。召（召方）是一个与立国之前的周族联盟的部落之名（见徐仲舒与林嘉琳《两周文明》，页92）。

【21】是以《关雎》乐得淑女以配君子,忧在进贤,不淫其色。哀窈窕,思贤才,而无伤善之心焉。①

[郑玄]"哀"盖字之误也,当为"衷"。"衷"谓中心恕之,无伤善之心,谓好逑也。②

[孔颖达]上既总言二《南》,又说《关雎》篇义……言二《南》皆是正始之道,先美家内之化。

是《关雎》之义也。③

~

无论是将《毛传》的解释称为"讽寓性的"读者,还是认为中国传统中不可能有真正讽寓的读者,都能在《诗大序》中找到支持。正由于这个原因,探究《诗大序》本身如何被接受是很有益处的——似乎是表达自己本身的主张或作为藏有未明言动机的暗格的文本(从大多数中国作品关于这个主题的意义上说,即近似于"讽寓性的")。

《诗大序》具有特别的经典性,它的文本经常被引用,但这些引用大都是简短的。事实上,《诗大序》大部分影响简化到一些能引人注意的表述上,如:

感生于志,咏形于言。是以逸者其声乐,怨者其吟悲,可以述怀,可以发愤,动天地,感鬼神,化人伦,和夫妇,莫宜于和歌。

---

① 这里,《诗大序》详细说明了孔子"《关雎》乐而不淫,哀而不伤"的论断(《论语》第3篇第20则,"伤"的翻译从刘殿爵)。
② "恕"在《论语》第15篇第23则中被提升到一种亘古不变的美德的地位。《郑笺》最后一句解释并不清楚,不知道他将"君子好逑"解释为"君子急切想邂逅他的伴侣",还是"淑女急切地追寻君子这样的伴侣"。不受《毛传》说法影响的读者可将这句简单解释为:"是君子很好的(婚姻)伴侣。"
③《毛诗正义》,1.1a—20a。

从这些语句中,魏世德发现《古今和歌集》的序者纪贯之①所说的"自然之理"。刘勰《文心雕龙》"宗经"、"明诗"篇通过融铸及改写同样的资料得出相同的结论,以此来模仿《诗大序》:

> 诗主言志……
>
> 大舜云:"诗言志,歌永言。"圣谟所析义已明矣。是以"在心为志,发言为诗",舒文载实,其在兹乎?……人禀七情,应物斯感,感物吟志,莫非自然。②

于是,《诗大序》毫无疑问是中国诗学中"语言充分表达的经典定律","诗歌表情观念"的主要出处(locus major)。③《诗大序》将诗解释为准自然的因果过程的产物("自然"是刘勰对"天然发生"的指称),然而并没有将诗中的"自然度"(the degree of naturalness)作为是否为真诗、或写作好坏的标准。(那是后来的事。)这里美学判断屈从于政治判断:诗的好坏与产生它的社会的好坏完全一致,除此之外,与黑暗社会不合的诗人可以将他的作品寄托到他记忆中的美好社会。所以,《诗大序》在政治层面比在美学层面受到更多攻击的这一事实,恰有其诗学上的正当性。

> 这些理论是先秦时代特别是孔子、《荀子》和《乐记》的关于诗乐主张的进一步发展,它反映了封建阶级利用诗歌为政治服务、巩固封建秩序的要求。这些理论体现了儒家注意改良政治的思想,但归根到底是有利于封建统治阶级的,所以在我国长期的封建社会中,它们成为一种有力的统治思想,广泛地指导着人们的创作和批评……但是他们却牵强附会地加以解释,使其迎合封建主义的政治

---

① 魏世德《〈古今和歌集序〉另解》,页 221、222。《古今和歌集》编于 905—917 年之间。
② 刘勰《文心雕龙》,页 31,83。整理者们(页 87)将"舒"与"永言"和"成文"相互关联,又将"载实"与"言志"及"志"相互关联。这整段话是《诗大序》对《尚书》引文的"展开"。这种强调《诗经》"载实"的倾向,有时采用不寻常的形式。在一个重要的汉代文献中,《诗经》甚至被认为"著于质",而由《礼记》来具体化"文"(董仲舒《春秋繁露·玉杯》1.10a;亦见施友忠译《文心雕龙》,页 33、61)。
③ 宇文所安《中国传统诗歌与诗学》,页 58;余宝琳《中国诗歌传统的意象解读》,页 32。

和道德规范。①

这种对《诗序》的批评,尽管生硬,却彰显了其他著作对《诗序》的引用及释义并不是对它性质的最好辩护。《诗大序》的观点是什么,它的逻辑何在,怎么解释它压倒性的影响力(甚至上文引述的复旦大学学者都承认《诗序》是"有力"的)?

《诗大序》以寥寥数行篇幅,竟能提出艺术的"心理—表现"(psychological-expressive)理论,艺术对社会教化的观点,诗人对特殊政治地位的诉求,文体与修辞模式的类型学(typology),文学史的提纲,正当与颓废艺术的分类,并暗示对有疑义的诗必须予以反讽(或讽寓,当内容而不是语气有争议时)解释:碑文般优雅而又精确地回答了文学批评及美学理论提出的大部分问题。在所有这些观点中,表现论最为知名,且对整个理论发展最为必要。如果没有表现论作为它们的基础,则《诗大序》的类型学、价值论、解释模式以及文学史逻辑将只能作为一个个孤立的论点被个别地接受或拒绝。既然《诗大序》极其连贯的解读之可能性依赖于表现论,那么我们可以从最平实地表述这个理论的句子开始:

(a) 在心为志,发言为诗。情动于中,而形于言。

(c) 情发于声,声成文谓之音……治世之音安以乐,其政和;乱世之音怨以怒,其政乖;亡国之音哀以思,其民困。

这两段的紧密结合产生了《诗大序》主要的论点(如已被解释的那样),即美学、道德及政治三者通贯的原理(从这个原理转而派生出文体类型学以及文学分期的基础)。这种连续性首先是心理上的连续性,而连接上面所引两段文字的句子让连接上面两段的推理显得非常必要:

(b) 言之不足,故嗟叹之;嗟叹之不足,故永歌之;永歌之不足,不知手之舞之、足之蹈之也。

---

① 复旦大学《中国文学批评史》,页 51。

"在心为志"这句话把《尚书》中相似的说法"诗以言志"解释为关于诗歌意义的表述,而不是关于诗歌的用途;因而它对诗歌的设定也不同于《左传》中贵族与行人对诗歌的设定。《诗大序》不同于上古时期的其他文本,接着推显了"言",而不是与之相伴的"诗"与"志"。① 这种对"言"的强调有点令人吃惊,而使用的手法更甚于此。除了对《尚书》说法的改述外,上面(a)、(b)与(c)段中所有的话都借用自——做了很小但意义重大的改动——《礼记·乐记》。《乐记》开头的一段说:

> 凡音者,生人心者也。情动于中,故形于声②,声成文谓之音。是故治世之音安以乐,其政和;乱世之音怨以怒,其政乖;亡国之音哀以思,其民困。声音之道与政通矣。③

《诗大序》第一处引用《乐记》的地方,将"情动于中,故形于声"变为"情动于中,而形于言"(斜体为本书作者所加)。第二处,句子几乎与原始出处一样("情发于声,声成文谓之音","治世之音安以乐")。④ 将"声"替换为"言"的目的很明显,而这种替换就解释了以下这一点:尽管所有的引文都来自音乐知识,但是《诗大序》何以变为一篇"诗学"作品。不过"言"破坏了所借用《乐记》中段落的逻辑。《乐记》别的地方提到一个故事中的一段话,确实说到了"言",这个"言"被缝入此处使过渡更为顺畅。原文如下:

> [师乙对孔子弟子子贡说:]故歌之为言也,长言之也。说之故

---

① 周策纵(《"诗"字古义考》,载《文林》,页164)指出"言"不能引起注意并长期被遗忘的原因:"志"是"诗"的主要字源。"言"亦是"诗"这个字的语素之一,只起了次要的形旁作用。所以"诗言志"只是一个名义上的定义,而不是真正的定义,强调了"诗 = 言(偏旁) + 志(字根)"等式。不过,"志"这个词——整个短语的根基——在《史记》对《尚书》的改写中已消失,这证明了对这字源学个短语的兴趣在公元前75年已被诗歌寓言取代。《史记》把"诗言意"解读为"诗歌表达思想"(《史记·五帝本纪》,页37)。
② "故",《诗大序》作"而"。《乐记》提到更早一段话,用几乎相同的词表达了这个原理。
③ 《礼记·乐记》,37.4a—b。
④ 《诗大序》中"治世之音"前未出现"是故"二字可以用来充分说明。《乐记》中的那段文字有着定义及应用的形式,《诗大序》中却不再如此。

言之,言之不足,故长言之;长言之不足,故嗟叹之;嗟叹之不足,故不知手之舞之足之蹈之也。①

《诗大序》倒转了"歌"与"长言"的顺序,仍是为了更好的联接"言"的突然插入。《诗大序》由此把《乐记》中句子("情发于声")的第二种说法作为开头。但这个过渡比第一种好不了多少。上面的引文有开头却无结尾。一段演进末尾部分的"言"相当于另一段演进起始部分的"言",但第二段演进的结论并没有直接产生任何东西。《诗大序》能够推延它自身的连续性问题,但不能长久。

这有关系吗?范佐伦(Steven Van Zoeren)提出一种关于《诗大序》结构的观点,这种结构使得在《诗大序》中寻找连续性就像从电话簿找到故事情节一样是不明智的。"(《诗大序》的)论证特征是断裂的及晦涩的",并明显"由一系列不均衡地绾合在一起的评释性离题文字构成",《诗大序》"阻止并挫伤了我们对一篇严整的论说文的期待"。② 然而,《诗大序》中常常令人捉摸不透的过渡性文字,是有关它与它借用最多的《乐记》之间关系的,而这比解释的结构规范性(well-formedness)更重要。它更是一个关于语词的意义以及处理创立或改编诗学语言可能性的问题。围绕这个问题,我组织了我自己版本的《诗大序》的"严整论说",或者说我所探求的"论说"。

《乐记》对它的读者要求并不多。"情动于中,故形于声,声成文谓之音。是故治世之音安以乐"。比较《诗大序》:"情动于中,而形于言……情发于声,声成文谓之音……治世之音安以乐。"《诗大序》似乎要我们把"言"和"声"作为等同物。但这样做就损害它自身的规则,因为在采纳《乐记》观点的过程中,《诗大序》正是用"言"排斥了"声"。《诗大序》引入了一种关注的对象("言"),从而打乱了《乐记》论述的进程,而且压制了

---

① 《礼记》,39.33a—b。
② 范佐伦《诗歌与人格》,页 97—98;参见页 133。

对《乐记》而言非常重要的区别。因为在《乐记》中,"声"和"音"的先后排列是有道理的:它与起源和层次相应。

《诗大序》意在建立从"意"到"言"、"叹"、"歌"及"舞"过渡的连续性,《乐记》的目标则在于区分它们。在发展阶段上,"音"比单纯表现感情的"声"更复杂。"声成文谓之音",或换一种表述方式:

> 声相应故生变,变成方,谓之音。比音而乐之及干戚羽旄,谓之乐。①

"声"——被"言"取代的词——与"音"之间的区别因另一个因素而显得要紧:

> 凡音者,生于人心者也。乐者,通伦理者也。是故知声而不知音者,禽兽是也;知音而不知乐者,众庶是也。唯君子为能知乐,是故审声以知音,审音以知乐,审乐以知政,而治道備矣。②

"乐",即正统的音乐,它拥有审美及教育的功能,这是单纯的"声"和"音"所没有的(缺乏专业术语表述这种区别,《吕氏春秋·大乐篇》第一部分的论者也只能说:"亡国戮民非无乐也,不乐其乐。")③。在"声音之道与政通矣"的格言之后,《乐记》说到其应用:

> 宫[五音中最低的音阶,近似于 F 调]为君,商[G 调]为臣,角[A

---

① 《礼记》,37.1b。阮元注"方",认为其与"文"相同。"文"的意思也可以,但在古代,"方"的主要意义限于更加狭窄的专业领域,如"木匠的矩尺、标准、方法、规范"。我选择将"方"译为"mode",因为"mode""不仅仅是一个音阶",也"从不是固定的旋律",而"经常是旋律类型或旋律模式"(斯丹利·塞德[Stanley Sadie]编《新编音乐与音乐家辞典》"mode"条)。因为没有一点线索知道当初设计了多少音,要确切弄清楚能否将这个词译为(有八个的)"音色"或(五声音阶的)"音符"是不可能的。作为"排比"意义的"比"(这种解读,亦见《周礼》本文与注文,《十三经注疏》本,3.14b),似乎要求译为"音符"。整段话是个谜;其他的翻译,见顾赛芬(Couvreur)译《礼记》,2:45—46;杜志豪《阳春白雪》,页 45—54。
② 《礼记》,37.7b—8a。
③ 《吕氏春秋》,5.5b。第三次出现的"乐"当然能被解读为快乐的"乐",但这句话在其出现的段落中就毫无意义了。亦见《侈乐》及《制乐》篇(5.8b—10a)。

调]为民,徵[C调]为事,羽[D调]为物……宫乱则荒,其君骄;商乱则
陂,其官坏;角乱则忧,其民怨;徵乱则哀,其事勤;羽乱则危,其财匮。
五者皆乱迭相陵谓之慢……郑卫之音,乱世之音也,比于慢矣。①

这难道就是"声音之道与政通"的等同性所意味的吗? 在这个关于
音乐"表现"论的叙述中,有些内容似乎从形式主义②与道德语言的古怪
结合中丧失了——这就是用来解释建立在道德品质与音乐特性之间的
转化或等同的规则。缺乏这个规则,它们间的相互关系就是任意的,或
是有某种意图的。③ 然而《乐记》确实对这种异议给出了回答。它从低到
高罗列了五音的音阶(宫、商、角、徵、羽)。这并不像看起来那样不言自
喻。④ 上古时构建音阶涉及到运用"毕达哥拉斯"比率("Pythagorean"
ratios)。我们知道,规定长度的弦或管发出的声音比长度为其三分之二
的弦或管低五分之一。根据这个比率,从宫开始音符依次产生:徵、商、
羽、角(或 C、G、D、A 调,假设宫 = F 调)。一些上古的文献按那个顺序胪
列音调,暗示着它们的作者非常熟悉以五分之一音定音。⑤ 但《乐记》是

---

① 《礼记》,37.5a—7a(比较亚里士多德《政治学》8 1339b20—1340a11)。音阶同义词临时的翻
译来自沙畹(Chavannes)译注的《史记》(Les Mémoires historiques),3:636。但位置应作相对
理解:五调音阶可以从十二律中任何一个开始。
② 根据路易·耶姆斯列夫(Louis Hjelmslev)的看法[见《语言分层》(La stratification du lan-
gage),载《语言学论文选》(Essais linguistiques),特别是页 56—57],既然五调在任何"律"中
的差异只是它们不变的定义,古代音乐作者制订的五音系统只是一种符号的"形式"。相对
于五音系统,十二律的音阶才是"内容"。
③ 这可能是中国的一种"关联思维"(correlative thinking)[参见李约瑟及罗乃诗,"声(声学)",
页 182,205]。但"关联思维"内涵与外延都不能回答有关关联之基础的问题。而宣称这些问
题绝不会出现,同样让后来的解释者处于困境中。关于纯粹类的并行关系之缺点和由此而
引起的超越自身手段之必要性,见劳埃德(Lloyd)《对立与类比》(Polarity and Analogy),
页 65。
④ 似乎没有一篇比之更早的中国音乐文献将音阶描述成一"行"或一"排"上升的音调;相反,它
们更倾向于将一个音阶基准的音符说成存在于听觉空间的"中央"。见李约瑟及罗乃诗"声
(声学)",页 157—159。古代文献对"宫"的注释有两种,一种从声音,一种从意义:"宫,中也。
居中央,畅四方。唱始施生,为四声纲也。"(刘歆,见引于《尔雅》7.1a)"黄钟之宫,音之本也"
(《吕氏春秋·适音》,5.11b)。
⑤ 如《管子·地员篇》,19.2a;及《音律》(其中给出的名称是那些相应的"律"或标准音律的名
称),《吕氏春秋》,6.5a。

按它们在音阶上的顺序,而不是它们产生的先后来排列五音。我们对《乐记》作者的音乐素养无法评判,在他们头脑中必定浮现着一整套管乐器或弦乐器,其中最低音(宫)是由其中最长的乐器奏出,并因此而成为最基本的音阶,次低音(商)由次最长的乐器产生,以此类推。只有"宫"调在数学的及目测的顺序中占据相同位置。

从音乐角度出发的政府系统理论也由此可以预见。社会比起音阶,更是其各部分的总和;社会的每一个构件在音阶系统(system of intervals)中各有其位置,并承担整体和谐的责任。尽管《诗大序》肯定是在贯彻这个比拟的内含,但它能贯彻多少,其中的细节仍有疑问。音阶与社会地位之间看似任意的配对的意义是建立在乐器物理性质之上的,而这些乐器很早之前就不再与《诗经》有直接关系了。而"声"和"音"二字所承受的音乐理论压力越大,它们与《诗大序》论述的联系就越薄弱。没有音阶、音符以及明确的比率作为衬托,并相对于此得出音乐和社会之间表征性的并行之处,《诗大序》只能让《乐记》语段所指涉的音乐内容的一半运作。它只能在最不具体的特征上模仿《乐记》。对诗学而言,整个音乐主题——换言之,联接《诗大序》及其模板《乐记》的原则——是倒退的(backward-looking)。

到目前为止,《诗大序》作为一篇诗学论文所提供的似乎是一种削除了许多主要推论和理由的音乐理论。"声"这个词的变化典型反映了两个文本间的关系:《诗大序》认为它可以用来作为联系者,而不是意义的承载者。《诗大序》为《乐记》逻辑所用的词语也有不少可以讨论的。如果我们将《诗大序》解读为《乐记》的修订版,那么"言"变成一条多米诺骨牌似的从感情产生音乐的迂回——这种情况只能导致诗学论述的不确定。[①] 但原理不像论据,能在从一个领域到另一个领域的过渡中保持适

[①] 音乐理论词汇与诗学词汇方面的发展是不平衡的。在最早关于诗歌的论述中,讨论伴随于诗歌的音乐比诗歌的意义还要多,而社会上对音乐的使用是以"乐语"来交流的;如朱自清推测的,这种语言用"来表示情意"(《诗言志辨》,页198)。

用性。《诗大序》将其关注点与《乐记》的关注点融合起来的唯一方法,是通过转移到更高的类,并采用与受到古代礼制主义激发产生的所有美学理论所共有的道德立场。不同时代都有具有其特色的"音"(道德习惯、音乐模式)。因为政府是开明的,这个时代发出的"音"是和谐的;不仅如此,因为当时音乐是和谐的,这个时代也是和谐的。

【9】先王以是经夫妇,成孝敬,厚人伦,美教化,移风俗。

【11】上以风化下,下以风刺上……故曰风。

音乐对风俗的影响,以及先王深谋远虑地定下音乐标准以供后代摹仿,是《乐记》中频繁出现的主题。① 但"美刺"理论却是《诗大序》特有的(确实,它以《左传》、《国语》等著作中逸事为美刺的纹理)。它对诗学有着明显的贡献,这种诗学不仅仅是经过删减的(cut-down)音乐哲学:它让"言"有所作为。

像《乐记》一样,《诗大序》对它提出的原理给出了例证,这些例子意欲显示从诗歌到时代精神再到政治的途径能同时从两个方向行进。经常进行道德化及历史化的批评,同时有着描述性及规范性的一面。诗歌以表征的方式,显示出创作者以及统治他们的政权的风气;但最佳类型的诗歌,通过调节感情,为"王道"——政府的教化使命——提供一种范式。但什么是"最佳类型"的诗歌呢?在有关仪礼的诗歌中,国家并不被看作权力的渊源、宗教的权威,甚或国家的身份,而是作为广阔的、渗透伦理的"总体艺术"(*Gesamtkunstwerk*)。② 如果国家已是完完全全美学的,那么艺术作品的"善"除了艺术作品有利于统治外并无别的特性——至少《诗大序》没提出什么去取代《乐记》中的艺术状况。《乐记》能指出传统模式与郑、卫变调间的区别,而《诗大序》只能用一种统一解释模式

---

① 见《礼记》,37.7b—8a 及其他地方;《荀子·乐论》开头的段落(页252)及其他地方。
② 读者对这个定律在任何可能意义上的有效性有所怀疑的话,可以参考格尔兹(Geertz)的著作《尼加拉:19世纪巴厘剧场国家》(*Negara: The Theatre State in Nineteenth Century Bali*)以作更全面的了解。

将两者混为一谈,从而将二者建构为单一经典。最佳类型的诗就是得到最好解释的诗。

对礼制主义者来说,(作为社会思潮的证据)被描述性地解释的诗,其好坏就应该等同于它所反映的社会;因此(转向规范性的解释)就应该到处传播及颂扬这些歌颂明君的诗:这在《乐记》及《诗大序》中比比皆是。《诗大序》将诗革新为一种手段,社会各阶层藉此相互教育。"在上的"用《诗经》来"教化"("风"、"化")"在下的",在下的则用《诗经》"督促"("讽"、"刺")在上的。① 这种革新的核心在于赋予"在下的"一定程度的社会主动性。然而,它是一种有限的主动性,最终还是来自"在上的"。"先王以是……美教化,移风俗。"(《大序》第9段)。"在下的"有一种标准去衡量他们统治者的行为,而这个事实正表明他们的"刺"是更广义的"教化"的结果,这种教化是先王苦心设计的;并且它通过《乐记》的机制使《诗大序》的革新能够被理解。《毛诗》中第一首讽刺诗,即《诗经》第23首《野有死麕》的小序云:"被文王之化,虽当乱世,犹恶无礼也。"有些诗是"刺"的例子,但所有诗都是"化"的例证。②

我们探索孔颖达注疏的兴趣在于,他执拗地试图*回到*产生《诗大序》的音乐理论中去解读《诗大序》所清楚表述的诗学的特性。《诗大序》中关于"刺"的段落(第11段)突出了那些只能成为语言上机智与风雅问题的内容;就像本段中的斜体文字表明的,它的主题就是言语,因此它属于《诗序》中新的内容。这段话可直译为:"下层用[诗]去讽刺上层。他们强调'文'并谨慎地进谏。[诗的]叙述者并不因此获罪,听者充分懂得戒惧。[这就是]为何[《国风》]被称为'风'的原因。"

孔颖达对"文"此次出现的解读和《诗大序》开篇中出现的"文"的解

---

① 《诗经》第264首《瞻仰》中用的"刺"字意思不那么温和——可能译为"责罚"(chastise)会更好(《毛诗正义》,18:5.11b)。
② 《毛诗正义》,1:5.8a。与孔颖达关于《诗大序》12段的正义比较:"王泽未竭,民尚知礼以礼救世。"(同上,1:1.13a)

读是等同的,两者都将"文"之发生视为音乐美学的参照系。"声成文谓之音"——这个表述包含了不少音乐上的含意。音乐的形式等级是怎样与语言的道德评判的潜力相结合的呢?通过对言语及言语情境的彻底音乐化,它就像这样:

> 其作诗也,本心主意,使合于宫商相应之文,播之于乐,而依违谲谏,不直言君之过失,故言之者无罪。①

除非我们在严格的专业意义上考虑音乐词汇,否则孔颖达注疏中"文"与"谲谏"间的关系仍是未明了的。当然"文"只是偶然以"谲"表达"谏":听者的困惑,为符合押韵或语气的需要而对信息重新编码,等等。但(根据《乐记》)"宫为君,商为臣"。"宫商之文",是一种音乐上美饰的提法,顾名思义,这个词中就包含着"上"、"下"关系。对孔颖达而言,官员对训诫之"文"的强调不仅仅要给药丸加上糖衣,更是将上下层不平等的关系变为和谐且必要的关系。② 一旦言语,甚至那种产生于悬殊社会阶层间的道德及讽刺言语,变为一种特殊的音乐的情况,孔颖达就可以混合"风"(上层教化)与"刺"(下层讽谏)之间的类型差异。他这样做的方法就是通过表彰官员对其国君的指责,而这个官员所用的就是孔子专门用来说明社会上层对普通百姓之影响的话"言出而过改,*犹风行而草偃*"③。孔颖达的音乐理论似乎意在为美学恢复《诗大序》从前割让给政治的地盘,并且他对《诗大序》并不统一的环节进行了强有力的、统一性的解读,这使得诗学与政治同时显得不合时宜。孔颖达清楚解释了《诗大序》所没有表达的内容——所以就需要孔颖达在这些地方做充分表达,这对我们现在讨论的问题很有帮助。

"风"与"刺"间的社会诗学的动态平衡也存在于《诗大序》另一重大

---

① 孔颖达之语,见《毛诗正义》,1:1.12a。
② 我必须再次提醒读者不要用英语中音乐上的意义去看待"high"及"low",它们在此与之无关。
③ 孔颖达之语,见《毛诗正义》,1:1.12a;斜体的短语是模仿《论语》第十二篇第十九则的。

创新,即对"变风与变雅"的解读之后①,尽管这一类的诗歌似乎并不符合正统性,但事实上——当被理解为是对堕落进行讽刺的文学时——却加强了正统性。在小序的实际批评中,"变"诗的理论在西方中世纪流行的关于反讽的观念中,都被证明是一种反讽理论,即美和刺的互反。② 统治者不能允分"教化"社会,为社会代言的诗人写诗来"谴责"统治者,这些诗称赞罪恶——在美德被铭记的世界上,谁会真正地赞美罪恶?

[12—14] 至于王道衰,礼义废,政教失,国异政,家殊俗,而变风、变雅作矣。国史……吟咏情性,以风其上。达于事变而怀其旧俗者也。故变风发乎情,止乎礼义。发乎情,民之性也;止乎礼义,先王之泽也。

这就是《诗大序》对"变诗"与"正诗"同时存在的历史解释。这个如此出现的段落并不是例外,与之类似的段落在现存的汉代之前文献中随处可见。它就像一个扳机,扣发了阐释的决断,理论触发了争议,并似乎要放弃《诗大序》第一部分制定的原则。有个例子可以帮助阐明这些问题。《诗经》第48首《桑中》开始得足够坦率:

爰采唐矣?

沬之乡矣。

云谁之思?

美孟姜矣。

期我乎桑中,

要我乎上宫,

---

① "变"("altered")亦可译为"chromatic"(半音阶的),这样可以赋予这个词以音乐意义。半音之使用(chromaticism)常被认为是逸乐的象征,而郑卫之音被认为有过多的和声,见杜志豪《阳春白雪》,页92—94。

② 塞维利亚主教圣依稀多洛(Isidore of Seville)之《词源学》(*Etymologiae*):"当我们称赞一位我们希望责骂的人或责备一个我们希望称赞的人之时,反讽……就发生了。"[哈姆(Halm)《次要拉丁修辞》(*Rhetores latini minores*),页521;这个定义有支持它的经典性的先例]

送我乎淇之上矣。

当然,诗歌本身并没有这么说,但其小序将它描述为:

刺奔也。卫之公室淫乱,男女相奔。至于世族在位,相窃妻妾,期于幽远。

郑玄关注的是读者是否知道这首诗真正的作者及其虚构的、淫荡的叙述者之间的区别。他注释第三行诗为:

乃云"我谁思乎",乃思美好之孟姜。①

在这种解读中,确实"诗言志"了——但叙述者否认这种志并将其归于其他人。

"因为布鲁特斯是一个可敬的人":这里产生的反讽是保证给任何诗歌以最好解释的方法(这于对称的对立面顺带而言是一种偶然的障碍,这种对立常常横亘在希腊的模仿与中国的道德"表现"之间:这种模仿反对者的语言,同时赋予它们反讽意味的技巧,昆体良称之为 ēthopoiia 或 mimēsis)。② "美刺"以及身份未明的"国史"成为反《诗序》书写的主要力量:他们被创造出来的目的似乎明显就是为了使淫荡的诗变得道德。③ 但"变风变雅"的任务已超越个别诗歌的解释而成为《诗经》文类的定义,

---

① 《毛诗正义》,3:1.9b—10b。如果要理解一首诗中非作者的表达,而是此作者选定"角色"(persona)之表达的话,见范伦佐《诗歌与人格》,页 169—172,227—229。
② 昆体良《雄辩术原理》,IX.2.58。
③ 复旦大学研究小组认为"美刺"论是《诗大序》"要求诗歌直接为封建政治服务"的第一证据(《中国文学批评史》,页 48)。朱自清注意到,在仪式化限定的语境中,"献"诗给上级,"美"与"刺"确实可以共同穷尽诗义的范畴(《诗言志辨》,页 197)。"美刺"主题由此看起来植根于典型的宫廷生活的行为结构中,而对许多现代《诗经》专家而言,这使得它的次要特性变得明显。从不相关语言得出的比较证据可能只会使这个问题变得模糊;关于在希腊早期,诗人以准神职人员的身份传播美刺的讨论,参见纳吉(Nagy)《希腊第一英雄》(Best of the Achaeans),页 222—242;以及特丁尼(Detienne)《古代希腊的真理大师》(Les Maîtres de vérité dans la Grèce archaïque),页 18—27,60—62。关于印欧语系的背景,见杜美济(Dumézil)对"监察官"(censor)与"人口调查"(census)的研究,《罗马观念史》(Idées romaines),页 103—124。

并延展到"王化"理论的范围。① 现在我们开始看到它扩展到了所有地方。诗歌未必有关宫廷政治,甚至对宫廷避而不谈,但注释者经常能发现他们所寻找的东西。② 用另一种批评词汇来说,无限的主题化与对于作品同一性的关注相应。这样对堕落的抨击就是对正统性的抨击。《诗大序》就像落入拜占庭国王与主教酒杯中的紫水晶,作为清白的象征并能神奇地阻挡罪恶。③ 通过诗歌作为表现的理论,《诗大序》让我们想到诗歌的对立面,即"言此意彼"。

这与《乐记》的差异是明显的:没有人暗示诠释一篇音乐作品时,要以它似乎要"说"的为反衬。尽管音阶的音符与政治活动者之间的交互关系看起来很薄弱,但《乐记》却没有表现出明确放弃能充分解释艺术符号自身之理论的需求。(君子可以"审音以知乐,审乐以知政",任何符号都与一个已经设计好的一层比一层更大的参照系联系在一起。)随着反讽的引入,真正的语言上的意义或内容,最终在《诗大序》话语体系中找到一席之地。尽管《乐记》借用了很多"乐语"资源,但《乐记》从没有走到这一步。④

拜美刺理论之赐,《诗大序》语言上的一面占据了上风。但同时《诗大序》需要提出一种观点,就是说美刺是暗示性的,每次在语言中表达的并不是全部事实。随着反讽的加入——"谲谏"——诗歌的效用就像大炮,瓦德曼寡妇(Widow Wadman)的眼睛⑤,效用不在于其本身,而在用

---

① 刘勰将讽刺与谴责归入以屈原为代表的南方"骚"体文学中(《文心雕龙·明诗篇》对《诗大序》这一段进行了详论,见页 83)。
② 见孔颖达对《诗大序》第一段的评论:这首诗不需要指明称赞后妃之德,而只是对后妃之德的"反应"。(《毛诗正义》,1:1.4a)。
③ 事实上,孔颖达探讨诗歌讽刺与堕落时,采用了医药词汇。
④ 既然有关乐语的例子涉及到将抒情歌谣甚或器乐的联想涵意反讽化,那么这里所言的理论也不需要付诸实践:如为老旧的《诗经》学者王式举办酒宴的故事,见班固《汉书·儒林传》,88.17b—18a。关于联想性的音乐含义更详细的探究,见艾兰布鲁克(Allanbrook)《莫扎特音乐中的旋律姿态》(Rhythmic Gesture in Mozart)。
⑤ 见《项狄传》(Tristram Shandy)第八册第二十五章。关于总体上导向反讽与讽寓以及修辞语言之解释的"外来原则",见保罗·德曼《暂时的修辞学》,载《不察与洞见》,页 209。

它做什么。相同的诗可以"美"也可以"刺",关键看你怎么用它。《孟子》中著名的一段话把《毛诗》序认为是"刺"的诗解读为"美",而《诗经》的四家学派常常为一首诗是美(某某人)还是刺(什么什么)争论不休。① 这是反讽理论者为他们自己制造的问题。一首诗所表达的并不能阻止解释之不确定性,因为这种不确定性源于某种假想,即诗歌所表达的可能完全不是它所"说"的:它是否是一首"淫"诗,它是否是在"刺"而看起来却像在"美"(假如任一可能性都适用的话,那么我们就不能期待在诗歌本身中发现这种可能性的证据)。多亏反讽理论,《诗经》文本不再是确定诗歌道德意义的重要方面。

《诗大序》直接的主题及《诗经》的第一首诗《关雎》显示:正诗与淫诗间的距离是多么小。这首诗提到雎鸠的叫声,而《毛传》寻求其中的暗含意义:

> 鸟挚而有别……后妃说乐君子之德,无不和谐,又不淫其色。慎固幽深,若雎鸠之有别焉,然后可以风化天下。夫妇有别,则父子亲;父子亲,则君臣敬;君臣敬,则朝廷正;朝廷正,则王化成。②

一言以蔽之,当王室做它应该做的(而诗歌显示它正是那样做)时,整个王国就会上下一片和谐。《毛传》递进的逻辑也许会使人想起《乐记》中某些段落(例如经过改写后形成的《诗大序》第5段)具有不可避免的表征。《关雎》这首诗甚至以一种近似音乐的模式开始:无意义的音节"关关"(通过模仿它们的叫声)引出雎鸠,又转而引出周王妃,她像雎鸠一样的行为确立并坚持了王道。三家诗却把这首反映婚庆的诗解释为

---

① 《诗经》第112首《伐檀》云:"彼君子兮,不素餐兮!"《毛诗》序称之为"刺贪"(《毛诗正义》,5:3.9b)。孟子却没有看到讽刺:"君子居是国也,其君用之,则安富尊荣;其子弟从之,则孝弟忠信。'不素餐兮',孰大于是?"(《孟子·尽心上》,《十三经注疏》本,13B.5b—6a)。
② 《毛诗正义》,1:1.20a。关于这段及其注疏的讨论,见余宝琳《中国诗歌传统的意象解读》,页49—53。

反讽,认为它是在讽刺某位放荡的君主,他不能遵守"雎之德"①。相同的叫声——"关关"——在不同解释者的耳中意义是不同的。换言之,耳朵听到的不再是音乐了。尽管《国风》中的《周南》展示的是"正始之道"(《诗大序》第 20 段),但是《周南》的开始本身就需要一个"正确的开始"("正始")。这就是《诗大序》意在提供的内容。

现代读者拒绝让诗歌成为其注释的附庸(也许需要另一个"正确的开始",即《诗大序》的序,来克服这种阻力)。自朱熹以来对《诗序》认识的分歧已成为反对通过《诗序》来解读诗歌的最好论据:"只将元诗虚心熟读,徐徐玩味"——这个建议对《诗序》可能是致命的。② 然而,传统解读与现代解读间的区别不仅仅是关于文本的杂乱与观点的清晰之间的区别。区别这两种解读风格的更像一种宗教分派——关于人们为什么要阅读的分歧——而不是关于文本说了什么的分歧。《诗序》与注释确实为一个目标服务,但我们不能称之为美学的目标。它们为一首没有上下文的诗歌的道德冒险提供了一种补救方法。

导致现代读者抛弃《毛诗序》的原因可能在于对《诗序》的失望,因为《诗序》没有将《乐记》一些段落中自然表达的理论贯彻到底。至少在这一点上,现代阅读并不是更进步的。将《乐记》作为评判《诗经》道德化解读的标准,意味着赞赏《诗大序》中的最不原创的部分;因为无论《诗大序》在何处增加了什么内容到《乐记》所代表的传统中,它都开始于扭转那种传统的逻辑。对古人而言,音乐是艺术作品中充分且自足的模范;但语言符号的性质并不是自足的。诗歌的内容独立于其形式[就像众声喧哗的框架故事(frame stories)的存在所证明的那样],正是这一事实质疑了诗歌与音乐类比的合理性。诗的解释者不能再研究局部系统已了解的、包含了局部系统的更大系统,而得到可靠解释的惟一方法就是倒

---

① 见王先谦《诗三家义集疏》,页 1—16。
② 朱熹《朱子语类》,页 2085。

转这个过程,"知政以审音"。对于音乐,从"声"到"音"再到"乐"的过程,就是将一种复杂的上升次序与美学的等级绾合在一起。这里不再有划分层次的机会。这个整合了诗歌内容的"更大的参照系",只是诗歌内容的扩张,是另外的内容。① 当音乐呈现出音色时,任何耳朵都能听出,但区别一首写淫荡的诗与一首本身就是淫荡的诗则需要特别的知识。

美刺理论不顾这个关于语言的最后主张,提供了一种能区分不同层次的方法,并在诗歌所言与没落王朝的"国史"通过编诗或记诗所可能有的意味间安插了一种类型差异。② 音符在音乐中高于或低于它所分配的音调之事实是表征出来的:现在衡定道德的音叉(moral fork)为评判诗歌提供了相同的工具。"先王之泽"在教化的"风诗"及批评的"刺诗"中都很有用,它为区分一首诗是否在道德音阶上,也即是"正"还是"变"提供了手段。《毛传》的解读是完美的规范,示范了一个例子如果不是什么东西的例子,就不能是例子的事实。而道德的标准音调则是这些例子作为正例(及反证)所力证的。

因为"言"对"声"的替代,以及为语言所中介的内容对直接表达性的声音的取代而断裂的诗歌与音乐间的类比关系,现在至少能部分地恢复了。"教化"及其同义词"王化"、"风化"、"政教",不但是《毛诗》的内容,也是决定《毛诗》内容可能是什么的标准规则。这种理解诗歌与《诗序》间关系的方式也许有助于重新定位现代读者所厌恶的传统上的教化性的"讽寓"。假若教化注释的特征是外在意义的强行加入,那么对这种注释特征的描述不须改变,但这种描述要被赋予新的意义。尽管教化理论

---

① 见孔颖达《毛诗正义》,1:1.10a:"美"与"刺"使用相同的修辞,却可以在《风》与《雅》中互不相干地出现(根据"美"诗的定义,《颂》是文类上的例外)。没有什么能将它们从形式上区分开。关于道德化的注疏与《诗经》亡佚的音乐之间的——历史的,但我也认为是符号学的——关系,见范佐伦《诗歌与人格》,页48—49,及226。
② 关于历史学家对"明"与"伤"(《诗大序》第13段)的描述,构建了一首"淫"诗所需要的双重或反讽的解读模式。见孔颖达对《诗大序》第12段的正义,其中讨论到历史变迁的记忆或期望能够激发创作。

是外在于《诗经》的且在《诗经》成书之前形成的,但正因为这一事实,教化理论才能解决"音乐—道德"风格阅读的问题。

  置身船中试图推动船的人,由于依靠于船,当然不能使船运动,因为他所依靠的东西对于他来说必然是保持静止的。但在上述情况下,他试图推动的东西和他所依靠的东西是同一种东西。如果他从外面推动或拖拉船只,就能够使之运动,因为地面不是船的一部分。①

音乐也需要一个外部的基准。音乐起源的自然环境是无差别的及连续不断的"声"之一;人类特别发现的"音"把"声"组织成明确的"模式"。君子所知道的是怎样"辨音而奏之",即怎样通过选择基准音符,然后由此产生与之成比例的四个后续音符来设置音阶。音阶的第一音符决定而非决定于其他的音符,这个第一个音符用专业术语来说就是"宫"。宫调一旦确定,就成为连接严格的关系性的五调音阶的领域与在其之外的仅仅是区分性的"模式—价值"(mode-values)的枢纽,但后者处在"宫"调之外。在"宫"的领域内(这种限定是必要的,因为任何十二律之一都能成为"宫"),"宫"是绝对的,五音的音阶对它来说都是相对的。②作为必要的虚构性教化也应发挥相同的作用。

考古学就这个标准的必要性与任意性(最终是一回事)给出了意见。音调系统的第一个音符——"黄[=皇]钟"——根据《乐记》,同时是十二律(调音)及五音(表演)序列的基础。但到《乐记》写作的时代,原始的"黄钟"已经不存在了,从而《乐记》中对其的详细说明变得一无所用。

---

① 亚里士多德《论动物运动》(*De motu animalium*),努斯鲍姆(Nussbaum)译,页 28。
② 比较威尔逊(Wilson)《艾利克斯的宫殿》(*Axel's Castle*),页 163。杜志豪考察上古音乐理论的一段稍长引文在这里可能有所助益:"十二律并不能组成演奏音乐的一个音阶。其实,十二律中的每一个都提供一个音调层;在此音调层之上,五音之一的音能够被用来建立模式键(mode-key)以及演奏音乐。十二调仅是起始音,只用于开始的演奏,以及固定活动的五音关系项(relata)的位置……掌控了音乐开始的环节及音调,就掌控了整个演奏"(《阳春白雪》,页 48)。

"黄钟"可能是一种由8.1英寸长的律管产生的音符,但尺和寸自身的定义就来源于标准的律管长度,而这些又只能通过"黄钟"来检验。对汉初的儒者来说,这难以确定的黄钟就这样"成为[他们]消失的中国上古时代名物的象征"①。

教化是正确解读《诗经》的关键,同时调和了《毛诗》批评过程中音乐与语言上时有冲突的词汇;它也触及到一些学术问题,而这些问题对聚集在河间献王宫廷里的古文经学者也是非常重要的。教化用一种意想不到方式解决了那些问题,而这种方式正是荀子哲学的特点。

《毛诗序》与《乐记》的观点都是由《荀子》传下来,《乐记》就是对荀子关于这个主题所说的只言片语的重构。大部分汉初的古典学者或多或少受到荀子的影响。大毛公版本的《诗经》为河间献王所采纳,大毛公与鲁诗的创始人申培据说同是荀子的弟子,或至少属于他的学派。至于韩诗,《荀子》是《韩诗外传》最喜欢引用的资料来源;而大小戴整理《礼记》时也从《荀子》中受益很多,他们从齐诗大师后仓②学习了《诗经》。不过,到后汉时,《荀子》已在士人中失去影响力;而且那些曾被荀子学派整理和注释过的古典文献也开始用不同的原则进行诠释。③ 当然,这些文献之一就是毛公编纂的古文《诗经》。

荀子关于礼的思想可以引导我们了解《毛诗》整理本的许多动机,并为一些方法提供掩饰,上面给出的《诗大序》的解读用这些方法,但似乎与传统及常识相矛盾。荀子的重要思想——不幸的是,他后来就因此而

---

① 杜志豪《阳春白雪》,页64。又见李约瑟、罗乃诗"声(声学)",页179,200—201。
② 关于毛公对《荀子》的直接借用,以及试图建立他的学术谱系,见高本汉《〈周礼〉及〈左传〉文本早期史》,页18—33。申培从学于荀子弟子浮丘伯。关于荀子与韩诗派的关系,我遵从的是海陶玮(Hightower)所译《韩诗外传》,页3。桓宽的《盐铁论》从《荀子》中汲取甚多,并与《诗经》的齐诗派联系甚深,大小戴《礼记》亦是如此。关于各学派的历史,见唐晏《两汉三国学案》,页211—321,340。亦见王先谦《诗三家义集疏》序,页7—9;以及诺布洛克(Knoblock)译《荀子》,1:36—44。
③ 关于荀子地位的升降,见高本汉《〈周礼〉及〈左传〉文本早期史》,页19—20;以及萧公权《中国政治思想史》(*Chinese Political Thought*),页192。

著名——是"人性恶,其善者伪也"①。为了证明他的观点,荀子举了许多欲望之心理的例子,所有这些欲望都是我们与其他动物所共有的。我们之所以异于禽兽,就因为我们有礼制、社会组织,以及能对欲望进行控制,这些能使我们参与到社会中去。然而荀子的先辈及意见相左者孟子因为一些倾向于证明在每个纯朴的心灵中都有道德的源泉的逸事而知名;荀子认为人类的美德来源于圣人的仁爱行为。

> 人生而有欲。欲而不得,则不能无求;求而无度量分界,则不能不争。争则乱,乱则穷。先王恶其乱也,故制礼义以分之……是礼之所起也。

> 天地者,生之始也;礼义者,治之始也;君子者,礼义之始也。②

正如人性与德性之间并无过渡一样(除了早期君王的"恶";但这必须以某种方式来解释,因为它似乎与自然状态下的人性描述并不一致),文化的起始是一种对因果顺序突然而全面的侵入,而不是内在趋势的渐进。这长久以来就是中国哲学家的绊脚石。据说汉代历史学家及目录学家刘向对荀子的话很不赞同:"如此……则人之为善安从生?"③大部分历史学家会认为刘向在此表明了的正是中国哲学之声音:"综合性"(integrative)、"自发性"(spontaneous),"有机性与非机械性"(organic and non-mechanical),天生与无中生有(ex nihilo)的起始不相容的思维方式。④当然,荀子关于文化的论说在事物的自然发展过程中是荒谬且无法解释的,是对正当的社会学问题的一种"借助神力的"(deus ex machina)解决方式。但如果自然不能成为我们的道德向导,而且我们又

---

① 《荀子·性恶》开头的部分(页289)。
② 《荀子·礼记》、《王制》,页231,103—104。
③ 引用于王充《论衡·本性篇》,页65。完整的引文能更好地说明刘向所不相信之事的性质:"如此则天无气也,阴阳善恶不相当,则人之为善安从生?"
④ 引用的术语来自李约瑟编《中国科学技术史》,2:279—303,582—583;亦见牟复礼《中西宇宙论之鸿沟》(*The Cosmological Gulf between China and the West*)。

必须从其他地方获得道德,那么荀子阐说的荒谬性使它具有自身的意义:成为对不能被调和的差异的表现。

于是,起初,有圣人制定了化成天下的各项人类制度,特别是礼和乐。① 礼和乐以及任何确实值得知道的事物都囊括于经典之中,这反映了文学教育的重要性,而这种重要性是《荀子》美学的首要内容。② 但文学,即使是古典文学,都不允许自我诠释,荀子至多承认:

> 目不自见,耳不自闻。③

> 不道礼宪,以《诗》、《书》为之。譬之犹以指测河也,以戈舂黍也,以锥飡壶也,不可以得之矣。④

礼有最后的决定权,是元美学(meta-aesthetics),而美学、音乐、政治等等都是它部分的实现。圣人给出的模式教导文化生活但自身不属于文化;严格说来,模式超前于文化生活,并外在于文化,就像《诗大序》规定的阅读原则,指导文本阅读但本身必须外在于所读文本。圣人制礼是空前的创造,是任何其他技巧的规范及必要的前提。最明显的是,它也出现在宫调中与教化原则中,前者奠定了音阶的基础,后者则指导了《诗经》。

如此,汉代经生常被批评为"主观武断",则可能不在于注释者诠释的愚钝或缺乏技巧,而存在于道德解读与文学解读之间的关系上。"讽寓"(不管我们接受的是昆体良的定义,还是中国批评家所讲的关于《诗经》的误解)永久存在于这种关系中,或存在于这种关系应处于的鸿沟中。《毛传》的大部分解读很少能用文本来证明,它们常常与讽寓一起被

---

① 《荀子·礼论》、《乐论》(与《礼记》中的篇名相同),页 231,252。
② 《荀子·劝学》,页 7—9。根据杨鸿铭的观点,那也几乎穷尽了荀子的文学趣味的主题(《荀子文艺研究》)。
③ 《荀子·礼论》,页 256;关于目所见、耳所闻之物的名单,见《荀子》第二十二篇《正名》,页 276—279。知觉与解释间的差异在《乐记》最广阔的隐含义中得到继续。仪礼有所不同时,音乐(可能被想起来)可以用来统一(就《正名》篇的目录所代表类的表present而言,本体论属于仪礼)。不过对比不是太鲜明,因为所有的音乐形式都由它们依附的仪礼符码来判定。音乐也是"忠实的反对派"(loyal opposition)。
④ 《荀子·劝学》,页 10。

说得那样面目可憎。① 实际上，支撑它们的与其说是诗歌、历史或语言学，不如说是一种道德律令(概而言之：汝应如此读诗，则读此当不诬)。一旦《毛传》的诗学原则受到承认，它们对个别诗歌解读的惟一结果似乎就是证明它们所推行的"美学—道德"诗学的合理性。《韩诗外传》的作者借孔子之口说出这种效果：

> 子夏问曰："《关雎》何以为《国风》始也？"孔子曰："《关雎》至矣乎……《六经》之策皆归论汲汲，盖取之乎《关雎》。《关雎》之事大矣哉！'冯冯翊翊，自东自西。自南自北，无思不服。'"②

换言之，清晰表达《诗序》的美学及政治观点的模式从来不能自我实现，因为任何说明理论建立在什么基础上的努力所产生的结果都是对理论的重述(人们是否有权要求理论显示它所依赖的基础是另一个问题。圣人的文化制度应该是不言而喻的)。不管人们对诗歌文本与《诗序》间的分歧说什么，原则与应用间(教化的理论及其假定的例子间)的交流是完美的，只有封闭的系统才允许这种交流成为可能。

现在我们知道为何这个系统是封闭的。从外部，或者从有关道德模仿与道德"教化"问题的不可知论的立场进入《毛诗序》的"解读机器"(reading-machine)是不可能的；同样从内部走出它也是不可能的，因为根据礼制主义的理论，《诗序》的逻辑在有文化的世界与无文化的世界之间重现了绝对的差异。

美学上及道德上规范的艺术作品不可能起源于自然，令特定艺术作品成为规范的理论显然也是如此。批评的逻辑扼要说明了其为艺术作

---

① 比较黑格尔《美学》Ⅱ.3.b2："它无疑被认为是讽寓，因此它是冷酷而明显的且……与其说是具体直觉或深度感觉幻想的产物，不如说是一种理性的产物。"(《全集》，13：512—13)
② 海陶玮译《韩诗外传》，5.1a—b，页159—160。其中的引诗见于《诗经》第244首《文王有声》，在此种语境中，此诗可以解释为："从东到西，从南到北，无人不臣服[于新胜利的周王]。"但它也改写了《关雎》中的一行：待婚的国君"求之不得，寤寐思服"。《韩诗外传》这段简明讲解《诗经》的过程是所有汉代四家诗的典型。

品所写的历史。既然《诗序》主题化——将诗歌置于框架中——的权力来源于关于"王化"的历史论述,教化不仅是《诗序》论述的一段枝节,也是解读的目的,这个目的先决于并独立于被解读的作品。(任何人都同意,文本的字面意完全不能决定诗歌的道德解读。)教化理论把《诗经》中的诗变为道德规范,它对诗歌所做的,就是教化的现实(如果有这么一种现实)对诗歌所描绘的世界当做的。

这使得美学与政治的纽带关系并不是建立在相互影响或表达的准自然因果性上,而首先建立在以特定方式解读的道德决定上;也就是说《诗序》描绘性与规定性的话语并不完全一致。其实,它们之间的差异之大,正如描绘性(descriptive)语言不同于践言性(performative)语言(承诺、命令、通知等等)一样。① 这应该促使我们反思表现的连续性原则,《诗序》明显地将其论述建立在这个原则之上,并且这个原则被经常拿去反对它所产生实际的结果。如果用荀子的理论对《诗序》论述进行解释,那么表现论不得不屈居于规定论之下。诗歌"表现"的是人性,在荀子的理论中,人性是恶的;或诗表现了圣人的第二自然,不是自然的而是人为形成的,是由圣人之规引发出来的。只有孟子学派关于人性的观点才会认为仅仅表现论就足以解释《诗经》。

《诗大序》(以及整个《毛诗》传统)的意义一直是清晰的,而我也无意推翻它。不过,所有现代学术所遗漏的和上文所试图揭示的,都是对那种意义的语气(mode)或时态(tense)的评鉴。古代的传统虽然以历史语

---

① 比较圣人突发的文化创造。我们没有发现一个标准的音调,或一部道德经典;这些东西必须被制定出来,这就需要言语行为。《汉书》中一段故事,引出语言模式的问题,这种模式的内在性使《诗经》表现为普世道德的讨论。"(王)式为昌邑王师。昭帝崩(在公元73年),昌邑王嗣立,以行淫乱废昌邑。群臣皆下狱诛,唯中尉王吉、郎中令龚遂以数谏减死。论式系狱当死,治事使者责问曰:'师何以亡谏书?'式对曰:'臣以诗三百五篇朝夕授王,至于忠臣孝子之篇,未尝不为王反复诵之也。至于危亡失道之君,未尝不流涕为王深陈之也。臣以三百五篇谏,是以亡谏书。'使者以闻,亦得减死论。"(班固《汉书》,88.17b—18a)关于孔子对礼仪的教导与奥斯汀对践言性话语之论述的比较,见芬格莱特(Fingarette)《孔子》(Confucius),页11—17,76—77。

言示人,但,如我们所知,它的主题并不能被轻易视为历史,因为《诗序》的历史例证伴随着一种要求我们承认这些历史例证之先决条件的诉求。把传统对《诗经》的解读看作对某个可能的伦理世界的描绘,这种说法更有道理(也更有历史真实性)。传统用践言性模式解读了《诗经》,以历史的形式作为对种种模范行为的叙述,这些模范行为为了实现对自身的解读必须次于行为本身。

讽寓在所有这些论述中吗?"如果这些例子并不是因为先定的缘由(praedicta ratione)才被设置的话,那么这些例子中自有讽寓"(昆体良《雄辩术原理》Ⅷ.6.52)。《诗序》长久地把"理由"(reasons)放在诗歌之前。那么怎么把诗歌中被现代学者称为讽寓解释的次要的"运用"及"应用"与这些"理由"分别开来呢?规范性的阅读对"先"(previous)的理解不是在推论的或历史的序列中标出一点,而是通过要求对伦理的优先来标出对自然时间的反转。圣人之规可能突入一种已存在的非道德秩序,但它是其创立的新历史的开篇之语。"讽寓"(allegory)中的"*all -* "[所有这些]则体现了两种人类历史的分裂、距离或界线——即有《关雎》及没有《关雎》的中国史。

第四章 《诗经》：作为规范的解读

> 对国君的忠诚是第二种自爱
> ——拉罗什福科（La Rochefoucauld）《格言》518

重新解读《诗大序》就像一张支票，这张支票在中国文学史一般的营业点似乎都无法兑现。传统中的《诗大序》，是有着巨大影响的关于影响的理论，是有着孟子式的修辞与文学形式的诠释，也是1919年以来文化批评中传统文化的替罪羊——这样的《诗大序》已超过我们能力影响的范围。但重新诠释也产生了新的对象。为了理解在《毛诗》影响渐增的时代中，它是何种类型的文学对象，我们除了讨论诗人之《诗经》曲解的内容外，还必须探讨注疏家之《诗经》。这就需要重新定义《诗大序》、《诗小序》讨论的对象——《诗经》——更不要说《诗序》对《诗经》反应方式。

～

《诗经》的《周南》、《召南》部分，如《诗大序》所言，显示的是"正始之道"。而这是何种"开始"却几乎不存在疑问：它（改述《乐记》之语）奠定了一种阐述的基调,美学或音乐的论述必须环绕着这种基调才能使自身系统化。但以这种方式谈论起始可能是误导的。这部诗集中历史与解释的核心部分,是《诗经》的《雅》、《颂》,它们叙述了拓殖的历史;拓殖,顾名思义就是从中间插入(in medias res)。

从而,"正始"也许是关于重新编排《诗经》的一种含蓄说法。只需调整语法,"正始"就可以解读为"事物确立开始方式的方法"——或用社会科学的行话说,就是"怎样建立优先性"。这里《诗大序》在描述其文本的掩饰下,设下了自己的困难选择。《诗经》对诗歌的辩护建立在以优先性的模式对于另一种优先性的模式——《诗序》从《乐记》那里继承到这种模式,即表现时代精神的理论——的超越之上。这种征服(或重新编排)活动经过了那些阶段?

诗歌谈论社会——这个社会的诗歌经典又(部分地)建构了社会。艺术作品似乎在记录风俗及改变风俗这两种功能以及对它们的改变间失而复得。仅仅作为社会反映自身的工具,或两个社会事件间隔的艺术作品的重要性何在?它只能是附属性的:所以中国诗学的主流还是严肃的、反修辞的,或功利的("文以载道")传统。但仅仅反映社会的诗就其本身来说并不是进行社会变迁的工具;所以对社会反映的功能必须加上批评的功能:除了表现,诗歌还必须被理解为(以"美刺"的形式)提供一种评论。这使诗歌语言超越了影子一样的直接反映。诗歌批评的力量(在既宽泛又特别的意义上使用"批评"这个词)现在使诗歌不等同于音乐,而等同于音乐理论,事实上等同于音乐理论的代表者——圣人。正如《乐记》及亚里士多德都认为的,音乐模仿伦理状态。圣人不但体认到演奏的伦理要旨,而且决定它是好是坏,如孔子就评判郑卫之声为"淫"。"变"诗亦是如此。由于"变"的或反讽的模仿,诗歌在表现中加入判断,在一阶谓词(first-order predicate),之上加入二阶谓词(second-order predicate),从而实现了自己价值。诗歌从音乐中解放出来的论证可以得出一种悖论式的结论:《诗序》不是《诗经》的歪曲而是极致。

第四章 《诗经》：作为规范的解读

尽管根据《诗大序》的理论,诗歌为社会而存在,但诗歌没有减退为社会的一个意象。诗歌的音乐理论止于表现,而取代它的理论则止于规范。两者的差别既是逻辑的,又是政治的,它为一个更自足的观念创造了条件,且这种观念是有关《诗序》美学中政治术语之作用的。政治(以国界这种微不足道的形式)对儒家音乐理论来说是根本的,这种音乐理论建立在比拟之上。音乐只是模仿某个地域的环境,而音乐理论却是泛中国的。郑国、卫国是独立的政治单元,可比的美学类型,又是同一学说可互换的(反)例子。这种新的解释模式深化及扩大了读者的任务。如果表现必然是对一个国家民族精神的表达,那么诗歌音乐学的可能性——如"美"或"刺"使《诗经》中的"淫"诗及"正"诗成为教化的手段——正规地说,与中国的可能性是同一的或相联系的①[即它是一种判断的功能,它的"场"(field)与"领域"(realm)等同②]。保持统一帝国地域的开放(通过用例子说明"王法"的方法)是《诗经》做的最有意义的事之一。

～

主题化就是王权,王权就是主题化:这种平行关系显现了详细的结果。现代政治史家萧公权认为荀子偏离了他的先辈孔子和孟子的学说,荀子"让国君的行为标准,成为改变有缺点的人性的手段……只有在一个合适的政府建立之后,个人品德才能得到教化;除了政治生活,并无个人道德生

---

① 孔颖达对《诗大序》12—16段的正义,参见第三章。上古最完整表述这个"场"的见于"吴公子季札观周乐"这段著名的故事中,载《左传·襄公二十九年》,华兹森(Watson)译《左传》,页149—153。关于另一种文明中相似过程的描述——通过仪式、节庆及史诗形成的泛希腊文化——参见纳吉《希腊神话与诗学》(*Greek Mythology and Poetics*),页43—47。马丁·J·鲍尔斯(Martin.J.Powers)在汉画像石中发现类似于我所称的《诗经》美学中"场"的影响。根据鲍尔斯的研究,这种艺术"强调平衡以及其微小的语域,并允许艺术家用画像的形式表现出来,它反映了基本的社会关系……对比创造出一种简单的视觉标准(一个微小的语域),并在描绘的形象间浮现出来"。"比较的能力是古典传统本身重要的特色"[《早期中国艺术与政治的表现》(*Art and Political Expression in Early China*),页369—370]。
② 见第一章。

活的空间。"① 通过正规的传统接触《诗经》的读者会发现他们处在相同的氛围中。在这种传统中,《诗经》惟一的主题就是国君及国君促成正确的社会风俗的能力。如果诗歌还有其他可能的主题,那么它们可能出于"礼义"的范畴;根据这种思维方式,法律之外的东西只能是违反了法律;所以四家诗的辩护不外乎就是将国君置于诗歌中并把诗歌置于国君之前。

对《诗经》读者而言,难道就没有机会建立一个独立的、"个人[美学]生活"空间了吗?努力寻找这种机会的意愿至少可以追溯到朱熹。葛兰言《中国古代的节庆与歌谣》是一个坚定的且被研究过多次的现代典型:

> 《诗经》变成了教本以及实用的道德手册……如果以个人角度来解读《诗经》,或者阅读《诗经》是为了愉悦,那么情况可能会有所不同。②

对葛兰言而言,《诗经》的标准注释的存在是为了泯灭保存在诗歌中的对上古("无宗教信仰的")民间风俗的记忆。但即使葛兰言反对《毛诗》讽寓性的内容,他也维护讽寓的原则:他重建的上古封建时代的政治秩序精确地对应于一种诠释结构。给诗歌套上不合适的注释*就如同*把新式婚姻法强加到乡下人旧式的习惯上,这无疑证明了美学与政治是密不可分的。葛兰言所形容的文本与注释之结合的荒谬与穿凿被解释为是社会分化,以及农民与官员之间缺乏相互理解的结果:这难道不是"审乐以知政"吗?③《诗大序》的批评所遵循的标准显然是《诗大序》及其源头《乐记》的标准。葛兰言是荀子及《诗序》最好的解释者,荀子所谓刚愎固执的人性如果不是指尚未被教化(以周王室及其诏令的形式)改变的民众,还能指什么?葛兰言把握住了论断的结构,但弄错了它的方向。他惟一的错误在于试图揭示《诗序》已明了(并且从没有停止宣言)的王制。

---

① 萧公权《中国政治思想史》,页109。
② 葛兰言《中国古代的节庆与歌谣》,页15。《诗经》的"个人化"阅读当然有过,但对于它的记载出现在诗歌典故及其他语境中,远离官方体裁的经学解释。
③ 正如《乐记》所言(《礼记》,37.8a),参见第三章。

第四章 《诗经》：作为规范的解读

《诗序》明了了什么？或换一种说法(既然《诗序》的措词仅仅是推动了古典研究)，假设《诗序》一无所知，其中有多少意义流失了？《诗序》为它们的"国君"的所做的是什么？葛兰言极有洞察力的但相反的解读提供了一个答案。例子是《诗经》第6首《桃夭》，葛兰言挑出这首诗作为"最少受到象征解释侵害的民歌之一"。

高本汉将《桃夭》翻译如下：

> How delicately beautiful is the peach-tree,
> brilliant are its flowers;
> this young lady goes to her new home,
> she will order well her chamber and house.
>
> How delicately beautiful is the peach-tree,
> well-set are its fruits;
> this young lady goes to her new home,
> she will order well her house and chamber.
>
> How delicately beautiful is the peach-tree,
> its leaves are luxuriant;
> this young lady goes to her new home,
> she will order well her house-people. ①

桃之夭夭，
灼灼其华。
之子于归，
宜其室家。

---

① 高本汉《诗经英译》，页4—5。

> 桃之夭夭,
> 有蕡其实。
> 之子于归,
> 宜其家室。
>
> 桃之夭夭,
> 其叶蓁蓁,
> 之子于归,
> 宜其家人。

葛兰言注云:"一首婚嫁歌。以茂盛的植物为主题。"① 从四家诗到目前为止对这首诗的解读中可见,每一诗节开头句子中出现的桃树有意将其意象施加到诗的其他部分,这样整首诗就变成字首隐喻表达的延伸(即所谓的"兴",有"开始"、"激发"、"暗示"的意思)。现代读者似乎喜欢注释这首诗,因为它非常有意义。葛兰言提到"桃花开"是一个历书的术语。桃树绽放于春天,年轻人也经常在春光明媚的时节结婚,这首诗把这两件事并提而没有产生理解上的问题。奚密注意到:

> 根据上古周朝的习俗,结婚的最佳时节是[仲春]……所以,新娘和桃树都与春天有关,春天是自然界也是人类社会交配的时节……新娘和桃树是普遍模式的两个典范。②

赞美桃树的句子的形容是完全恰当的,并可以用类比与相似性来解释。现在再来读诗小序:

> 《桃夭》,后妃之所致也。不妒忌,则男女以正,婚姻以时,国无鳏民也。

---

① 葛兰言《中国古代的节庆与歌谣》,页 20。
② 奚密《隐喻与比》,页 251。

我们理解了《诗序》如何得到葛兰言(微弱的)赞许的。因为它至少并没有把这首描写婚礼的诗说成其他类型的不相关的诗。并且《诗序》将这首诗与更广大的背景"王化"联系起来所凭借的手段也很容易解释。对一首足以自我解释的诗,后妃似乎是一个不必要的假设,忽略后妃的存在就是证明后妃的出现是不必要的。12世纪时的大儒朱熹对后妃在这里牵强附会的出现也很不满,甚至《毛诗》派的注释者也对后妃的出现感到难办:学者们对把后妃放入诗中(作为受祝福的新娘),还是放在诗之上(作为国家无数婚礼的鼓励者)颇有分歧。① 如果后妃是唯一一条"周王"可以进入《桃夭》的管道,那么这首诗可以很容易地宣称它独立于"王道",以及《毛诗》解释迟早要化约成的"风吹草偃"的寓言。

但葛兰言试图将这首诗(以及整个诗歌)从孔子的影响下解放出来,他这一步走得太远。高本汉把"宜其室家"译为:"She will order well her house."("她会把家里打理得井井有条"),而葛兰言译为:"Il faut qu'on soit mari et femme!"("每个人都要成家!")葛兰言的翻译从语文学的观点来看当然是离谱的。"宜"确切意思是"适合的";"室家"意为"家庭中属于丈夫与妻子的部分",也意为"结为夫妇";但"宜其……"这个短语在经典中并不是作为祈使的表达,更不用说一般的命令了。除了一个例子之外(见《礼记·大学》篇),这个短语经常出现在被记录的谈话中,引出某个人可以预见的或应得的下场,如《左传·桓公十五年》:"公曰:'谋及妇人,*宜其*死也。'"《宣公二年》:"失礼违命,*宜其*为禽也。"②

----

① 朱熹《诗序辨说》,页7。方玉润(1811—1883)指出"之子"绝不会是指后妃(《诗经原始》,1:82)。
② 亦见《左传》襄公七年、二十七年、二十八年。尽管其他例子视其为名词,但《左传》中这些例子在"宜"之后接着一个动词,这就同于葛兰言用在"室家"上的。见《诗经》196首《小宛》(以及高本汉《小雅注》极有帮助的注释,页106);第214首《裳裳者华》(其中"宜"也是动词,意为"适宜做");以及第84首《山有扶苏》第1,2行的注释"高下大小,各得其宜也"。在赞颂性语境中,"宜"用作及物动词才显得有歧义,亦见第75首《缁衣》的本文和小序。《礼记》那段话完全根据《桃夭》的诗句(见本书页126注2)。魏理译为"美娇娘要出嫁,把好运带回家"(Our Lady going home/Brings good to family and house),这也是可能的(《诗经》翻译,页106)。

除此之外，葛兰言的祈使用法与他及奚密对这首诗的解释并不一致：如果这首诗不过是宣布自然变化的"普遍模式"，那么至少可以说，让人跟随这种变化的命令似乎是不必要的。将这句诗翻译为祈使句式的原因肯定是由于另外一个问题。葛兰言对这句诗的翻译作为一种语文学上的标本以及一种阐释的展示，都超出了这首自足的诗，而走向一个希望"以《诗》解《诗》"的阐释者甚至都不应关注的东西。①

也许这个祈使句是为了与另一个祈使句相抗衡。如果这样，第一个祈使句并不难找到。因为在赞赏性的评价"宜其室家"之后，潜藏着规范性以及王室贤明的整个运作系统。高本汉的翻译（"She will order well her chamber and house"）所采用的"宜其……"的注释，在《大学》中有一个著名出典；但直到19世纪之前，它似乎一直没有得到读者的关注。对像陈奂（1786—1863）这样的注释者来说"She will order"这种解读支持了《诗序》并把后妃纳入诗中，这反驳了朱熹等学者的怀疑倾向。② 不过《毛传》仅仅将"宜其室家"解释为"宜以有室家，无踰时者"。我们应该可以发现"宜"（意为"合适的"、"能胜任的"、"符合的"）回响着《诗序》的声音，这也解释了此诗存在的性质，并且给它抹上道德色彩。新娘值得（"宜"）祝贺，因为她效仿了贤淑的后妃，并听从先王的旨意，选择在合适的（"宜"）时候出嫁。

《毛传》的作者以及早期的注疏家——如郑玄、孔颖达——对"合适的时间"是指一年中的好时光（春天），还是指一生中的好时光（青春时代）有分歧，不过这两种解读方式遵循了相同的逻辑。事实上，最古老的

---

① 葛兰言《中国古代的节庆与歌谣》，页29。
② 葛兰言仅引用《皇清经解》作为其注释的来源。他参考的可能是李黼平（1770—1832）《毛诗紬义》1331.5b，其中仅仅提到"宜其"。陈奂《诗毛诗注疏》则充分利用了李氏观点（1847，此书重印于王先谦所编非官方的《皇清经解续编》中，1888）。《大学》中的段落是上文提到的"宜其……"的一个例外。"是故君子有诸己而后求诸人……故治国在齐其家。《诗》云：'桃之夭夭，其叶蓁蓁。之子于归，宜其家人。'宜其家人，而后可以教国人。"（《礼记·大学》，60.8b—9a）。这段文字引证了汉代之前对《桃夭》的解读，陈奂和高本汉正采用了这个意义。这种解读反过来依赖与第164首诗《常棣》（《大雅》之一）在文本上的相似，诗句明显是祈使句："宜尔室家，乐尔妻帑。"

评注和 19 世纪的评注间的区别是微小的。① 不管对"宜其……"做出什么解释,《毛诗》解读认为它指出了一种人们应该遵循的解释方式：远离字面的解读,即意为使家庭井井有条;离字面近的解读,意为在合适的时节成婚。葛兰言的翻译可能离语法太远,但它的确唤起对道德化解读敏感点的关注,决定了道德化解读在道德上是否成立的元素,也即"宜"这个字发生作用的以及规划出的意义。"宜"处在"是"与"应该"的边缘上,它能指称与道德劝诫并不明显相关的性质,同时将这些特质归类为所有被断言具有此种性质之类型中的例子所拥有的性质。② 这就是为什么它能逃过此类读者注意的原因,这类读者希望像自然变化一样,把这首诗的寓意与人类活动被动地整合到人类活动的景观中,整合到各种类或"普遍模式"中。

决定"宜"这个字在这里是什么意思,也就决定了诗歌的与注释的逻辑发展的每一步。问题不仅在于新娘是否"适宜"出嫁,或是什么使她适宜出嫁;而且在于这首诗以她作为垂教的人物是否合适。在两种解释中(《毛诗》的解释认为很合适,葛兰言的解释则有保留意见),这首诗包含描述性(descriptive)("是")以及规定性的(prescriptive)("应该")两种语域;问题在于这两种语域是如何互相结合的。过去的注疏家也从这首诗中挖掘出了更多的内容。他们指出第二节提到树的果实[《毛传》："非但有华色,又有妇德(果实就是其象征)。"]花与果实不能同时产生,这儿被歌咏的树不可能是在某一时间看到的树。树与新娘之间联系,必然是

---

① 这里有方法的问题。《诗经》最早的注释已经对大量矛盾持折衷态度。它们固定了几世纪的研究成果,同时为一个阶层的士人所阅读,这些士人遵循这些注释并对其加以补充。既然下文的讨论指向的是读者及解读方法的类型学而不是历史学,所以它摒弃了大部分影响、时代与学派的细节。
② A. N. 普赖尔(A. N. Prior)有一个"is-ought"陈述的例子："他是一位船长",所以应该做一个船长应该做的一切事情[引用于麦金太尔(MacIntyre)《德性之后：道德理论研究》(*After Virtue: A Study in Moral Theory*),页 57]。孔子强调词语的正确使用,见《论语》第六篇第二十三则及第十一篇第十二则。关于"宜"多义性的例子见《诗经》第 249 首《假乐》第 3 行("宜民宜人",意义强烈)及第 10 行("宜君宜王",意义稍弱)。

为许多解释者不愿承认的精神能力(faculty)所中介的。① 孔颖达甚至把这一点扩展得更远,认为桃树能够开花说明已经比较老了,已不再"青春"("夭",或按孔颖达的解释为"少壮")。②

为什么注释家如此热心破坏诗歌的可理解性(对现代读者而言,一种可为规范的可理解性)所依赖的类比?陈奂的解释破坏性更大:他"祝贺"新娘选择国家认可的仲春媒氏会作为她的结婚日;在媒氏会这天,超过适婚年龄者可以自由地选择伴侣而免除惯常的仪式。③ 新娘是"桃有华之盛者。'夭夭',其少壮也……无踰时者"(《毛传》),这时突然变为一个急不可耐的老处女:读者几乎不能更好地证明道德解读与自然解读之间的不可互涵。

陈奂对被赞美对象所做的,就是《诗序》的解释者对用来赞美的语言所做的。道德解读通过将桃树与新娘从图像转变为象征或密码而占上风。④ 批评家经常谈论《毛诗》编纂者在性方面的清教主义,而不批评它的诗学伴随物,即解读诗歌意象时打破传统的倾向。

如何理解这种解读方式?也许"美诗"与赋作为体裁并不能和谐共存。四家诗认为,美一直是刺的对立面。一丁点赞美的意味就会使描述变成评判。如果观念(比如作为新娘,或作为桃树)与意象一致,或与意象之意义的外延一致,那么就有可能符合外在物象,因此也就无法形成美或刺。"《诗》曰:'天生烝民,有物有则'……'。孔子曰:'为此诗者,其

---

① 在《桃夭》一诗中,"比拟没有对比的、概念上的,或意象的伴随物"(奚密《隐喻与比》,页251)。
②《毛诗正义》,1:2.15a—b。
③《诗毛诗注疏》对第一节诗的评论,页30。陈奂提到《周礼》("媒氏",《十三经注疏》本,14.15a—16b)及第20首诗《摽有梅》。亦见卜德(Bodde)《古代中国的节日》(Festivals in Classical China),页243—261。另一位清代注释者推测《桃夭》赞成晚婚,只不过并不像《摽有梅》描写的那么晚。"夫妇之道在生育,草木之美在果实也。桃后梅而华,反先梅而实,故曰'有蕡其实。'……若[《诗经》第20首所言的]'倾筐塈之',则过时。"(惠周惕《诗说》,阮元编《皇清经解》,191.2a—b)。
④ 第三节中的"叶"与表示"辈"的词构成形象的、古音上的双关。颂扬的基础也需要放在未来。关于类似的例子,参见斯皮泽《对三首中世纪英文诗的细致分析》(Explication de Texte Applied to Three Great Middle English Poems),《英国与美国文学随笔》,页193—247。

知道乎！故有物，必有则。'"①《桃夭》中的"物"使人想起相关的"则"。如果诗歌的表述*的确并仅仅是*真确的，那么它们可能在道德上是毫无意义的。注疏家在这里显示出他们作为读者的技巧：他们注意到，因为要合理化"美诗"自身的评判性语言，所以"美诗"必须被引向未来。而且这是作为命令而非预言出现的：你是一棵桃树（所以应该做任何桃树应做的事）。这个意象像画谜一样需要加以详细说明，并被分解为各种性质和潜能，因为一眼就能穷尽的意象不能说出"美诗"必须表达的所有意义。

如果葛兰言与奚密解读出《桃夭》的主题是自然，那么注释家读出的主题则是人的行为（两者的对立并非十分对称）。他们产生分歧的关键在于诗歌隐晦的语言模式带来的问题：它是陈述的还是祈使的？当然，诗歌批评通过它赋予批评对象以声音来表达：真正有争议的是阅读的功能问题，即人们是把诗歌当作白描来读，还是当作规范来读。不管在比较修辞的种类、主题的解释、批评的程序，或价值的尺度上，《毛诗》派与现代读者都存在分歧——但这种分歧并不是盲目的。葛兰言使用祈使句式，希望堵住最后一扇门，防止《诗序》再通过这扇门进入到诗歌分析中，而古代注释家的精力大都花在了预见并预防现在占统治地位的解读。

可以说，他们互相诠释。而谁会胜出？从总括一切的观点来看，肯定是道德化的解读者会赢。道德解读设想了一种非道德解读的可能性，的确如此，《诗序》就是要修正初始的解读（即现代批评家不得不费力去恢复的解读）。毫不沾染道德的解读在逻辑上是"初始的"，这并不等于说它在历史阶段上就是最初的：我们有一个内在于道德解读的"反例"，而不是关于《诗经》原义的另一种假设。葛兰言对道德解读也有所回应，但他的祈使句（"il faut…"）就他自己对这首诗及《诗序》的解释而言是离谱的也是不必要的；它只有作为他所拒斥的道德解读的遗存才有意义。

---

① 《孟子·告子》第一部分，《十三经注疏》本，11A.7b—8a。这首诗是《诗经》第 260 首《烝民》。

葛兰言宣称的目标是揭示《诗经》固有意义,但似乎也只能通过外在及道德解读的特定手法才会实现。也许"自然化的"解读作为一个整体都(连同孟子式诠释标准的假设,即"以意逆志,是为得之")①应该加入《诗序》早已知道的事物之中。

~

在喜欢独创性且不认为独创性与真实性相抵触的时代,《毛诗》解读会受重视(尽管只是其中一部分),并将其作为辩证技巧的典范。但诗人与经师都同意注释应该用散文把诗被认为应该说的意义重新解说一遍的时候,人工制品的特征——原始资料与《诗序》引以为傲的成品间的区别——正变成次要性的标志。孟子关于道德意识自然起源的假设肯定使《诗序》成为道德教化不必要且危险的附属品。作为道德共同体,帝国的大一统必须看起来不是勉强的,不是依靠天才之论的。(与圣王尧舜"垂衣裳而天下治"②相比,四家诗真是费辞太多。)民俗主题的一个变奏,就像《毛诗》派对《诗经》第 9 首《汉广》的解读,除了做智力游戏外,道德的功利主义者恐怕会让事情本末倒置:

> 南有乔木,
> 不可休息。
> 汉有游女,
> 不可求思。
> 汉之广矣,
> 不可泳思。
> 江之永矣,
> 不可方思。

---

① 《孟子·万章》第一部分,《十三经注疏》本,9A.10a。
② 《易经·系辞》,《十三经注疏》本,8.6b。《尚书·武成》,11.26a。

翘翘错薪,

言刈其楚。

之子于归,

言秣其马。

汉之广矣,

不可泳思。

江之永矣,

不可方思。

翘翘错薪,

言刈其蒌。

之子于归。

言秣其驹。

汉之广矣,

不可泳思。

江之永矣,

不可方思。

《诗序》云:

《汉广》,德广所及也。文王之道被于南国,美化行乎江汉之域。无思犯礼,求而不可得也。"(即发现没有人愿意约会)

这篇《诗序》毫无悬念——《诗序》很少使人惊奇。注释同时解释诗歌与诗序,并试图将它们整合在一起,所以注释才是真正要考察的对象(通贯此章,要想弄清楚注释怎样重塑《诗经》的,读者需要把一种有意避开旧注释影响的翻译放在手边。高本汉的翻译质木无文,但在文献上无可挑剔;魏理的翻译颇令人信服,但斧凿之痕太深)。

《毛传》云:"南方之木美。"(联想出引起敬畏之心)汉代大儒郑玄认为:"木以高其枝叶之故,故人不得就而止息也。"(即在枝叶的蔽荫之下)所以,(既然南方之木被视为主题的"兴")"汉上游女"也就(《毛传》又云)"无求思者"。根据19世纪注家陈奂的意见,这就是《诗序》所说的"无思犯礼"①的意思。而郑玄坚持认为从那一行中可以理解整篇诗序的意思。"'不可'者,本有可道",可以越过汉水或与那年青的姑娘交谈,但不管怎样那一行不再与南方之木产生关联,这种解释促使孔颖达在他的正义中为这位姑娘安排了一段文字。② 人们不能跨越长江和汉水强调了"求不可得"的主题。

注释者接下去所做的彻头彻尾地改变了传承给我们的这首诗。出现在采薪句中的"我"无妨原本就是"我们"。没有人一开始就说这首诗的叙述者是单个的人或是男性:这是一个郑玄自发的创新(例如高本汉解释为:"首先这个地方的姑娘们非常值得迎娶,但很难获得芳心;其次这位姑娘正踏上出嫁的路程,她的同伴热切地侍候着她,忙着为她喂马。")③。郑玄继续说:

　　楚,杂薪之中尤翘翘者(不管"尤翘翘者"对郑玄来说是什么)。
　　我欲刈取之,以喻众女皆贞洁,我又欲取其尤高洁者。④

郑玄为后世创造出一个叙述者——把他从"兴"的修辞中创造出来。

陈奂也把薪作为婚姻的标识,但与主题联系却是不同的,陈奂并不很诚心地补充说:

　　言薪中之楚萎,可刈而束之,兴贞洁之子在淫乱之世。当备礼

---

① 《诗毛诗传疏》,页35—37。白川静观察到此诗的开头与祭祀之诗《南有嘉鱼》(第171首)的开头对应。他的分析大部分建立在《韩诗外传》对这首诗的解说上,参见《诗经:中国古代的歌谣》,页47—51。
② 《毛诗正义》,1:3.5b—6a。
③ 高本汉《诗经英译》,页6。
④ 《毛诗正义》,1:3.6a。

以娶之,此变文以言兴也。

他这样说是因为变化中的是各种"兴"之间的咬合以及各种"兴"与主题的结合,这个主题(在高本汉看来)绝不是明显的或必要的。

新郎出现在诗中,并不是特别明显,不过因为注释者的习惯而显现出来:诗说到从事并不体面的劳作时,注释者都将其讽寓化:

> 男女待礼而成,若薪刍待人事而后束也。彼诗以束薪喻嫁娶之以礼……于马言"秣"不言"驾",犹于薪言"刈"不言"束"。皆是待礼而行,"求不可得之义"。①

> 之子,是子也。谦不敢斥其适己,于是子之嫁,我愿秣其马,致礼饩,示有意焉。②

在字面上理解诗歌谦恭的语言可能扩大叙述者(或叙述者们)与新娘之间的鸿沟。新娘的小马驹根据孔颖达对周代抑制奢侈法律的研究,是下层的士的坐骑,并且它是用谷物而不是青草或干草喂养的(诗中用特别的动词来说明这一点)。驾驭这种坐骑的人与那个到灌木丛中收集薪柴的人会有什么关系?叙述者是一位仆役,但"仪礼"的侍从已不再是一位仆役了。注释将一首可能成为分别与思念的诗变成一支婚姻之歌。

~

"若薪刍待人事"——《诗序》的作者及注释的作者并不担心称赞他们的《诗经》为一个人工制品,或一种诠释的产物。他们考虑的问题不是"那就是诗歌的意思",而是"这就是你应该让诗歌意味的意思"——结果被解读的诗歌就叙述了一种意义的创造。如果朱熹及其他持怀疑态度的读者反对曲解文本的意义,那么《诗序》作者,期盼在"化"的法则下完

---

① 《诗毛诗传疏》,页37—38。
② 郑玄之语,见《毛诗正义》,1:3.6b。

整地含摄(subsuming)典范。阅读在两种情形下呈现出不同的时间特征。通向一种可能的"束起的"(tied in bundles)《诗经》解读模式就是"操作"(work),即用创造的对象取代给定的对象。这样读者令文本道德化的操作就成为《毛传》不可缺少的亚主题。(甚至牵强的、拙劣的及荒谬的解读都有价值,因为明显付出了大量的时间和精力。)《桃夭》赞美这个亚主题,《汉广》把婚姻作为它的回报。《诗经》本身就是这项操作的具体形式。它有着脆弱的连贯形式,并发布一种更有力的形式。主题化,作为"风"(意为"道德影响"),需要有范畴及例证,这一切都是为了帝国的利益(即以"雅"、"颂"为肯定的或否定的模型重塑所有的诗)。主题化就是读者的"操作",也就是读者通过《诗经》产生帝国观念的操作。(正如孔子所言:"不由《关雎》之道,则《关雎》之事将奚由至矣哉?"或如《诗经》所言的:"溥天之下,莫非王土;率土之滨,莫非王臣。")①假设自然描写对《毛传》来说有些尴尬——是一个错误或有疑问的开始,一个很快就能索解的物象(figure)——但对操作的描写而言则无这些担忧。

在《诗经》第 250 首《公刘》中,一支移民队伍的首领上路时携带着"弓、矢、干、戈,戚扬",并且"取厉取锻"。② 君王出去就为劳作准备好武装。但所做的劳作是什么类型的呢?《毛传》似乎用了双重价值标准。《汉广》中把劳作讽寓化为仪礼是一个支点,诗歌的阅读转型就围绕着这个支点运作。这样,诗中的劳作仅仅是象征性的劳作,读者对诗中描绘的"劳作"的加工使《汉广》成为一个完成品,像《驷》一般的田园诗讽寓。王权就是主题化,而主题化就是操作;不过说王权是"操作"则泯灭了仪

---

① 以上引文见孔子在《韩诗外传》5.1 中的话(当然是伪造的),《诗经》第 205 首《北山》。这里使用"帝国"(Empire)作为比较麻烦的"天下"("*oikoumenē*"或"有人居住的世界")大致的同义词。尽管准确说来,中华帝国由秦始皇创建于周代政治制度基础之上,早期精通仪礼者和古典主义者希望回到周代"溥天之下,莫非王土"的时代,与但丁(Dante)等复兴罗马文化的中世纪者如出一辙。
② 《毛诗》,17:3.5b,13b;高本汉《诗经英译》,页 207—208。读者可以将我对这些关于"王事"诗的解读与王靖献在《大雅》5 首诗中发现周代"史诗"的因素相比较(《从仪礼到讽寓》,页 73—114)。

礼力图保存的差别。诗歌及其注释促成礼乐。① 环绕操作的双义性(double entendre)(将操作解释为仪礼,仪礼解释为操作),对《诗经》而言,是将阶层之间互相变得透明以及将生活变为艺术品的方法。那么,"操作"是对所有适当的及修辞的策略的命名。但作为解读的自我指代,《诗经》频繁地把王道讽寓化为"操作"根本就不是修辞。对于古代读者而言,重新把仪礼描绘为操作,用葛兰言的话来说,在一定程度上是一个"以《诗》解《诗》"的机会。

《诗经》第157首《破斧》:

既破我斧,

又缺我斨。

周公东征,

四国是皇。

[《毛传》]:斧斨,民之用也;礼义,国家之用也。②

《诗经》第158首《伐柯》,现代批评者认为是婚礼之歌,而传统学者认为是对《破斧》之"斧"的延续与诠释:

伐柯如何?

匪斧不克。

[《毛传》]:柯,斧柄也。礼义者,亦治国之柄。

取妻如何?

匪媒不得。

---

① 这样诗歌"统一了有分歧之处",而注释"区分了相似东西":关于这个定律,见第二章。
② 《毛诗正义》,8:3.1a。前两行诗句的翻译,我参考魏理的翻译尤多(《诗经》翻译,页236)。

> [《毛传》]：媒，所以用礼也。治国不能用礼则不安。

> 伐柯伐柯，
> 其则不远。①

陈奂用最学术的方法解释了比喻的堆叠,指出它们的相似之处。

> 伐斧柄必待斧而后成,犹治国之柄必待礼义而后成……取妻必用礼,媒者,用礼之人……斧喻礼义,媒喻用礼义；虽两喻,实一意也。②

斧子是将木头变为斧柄的动因,礼将落后的国家变为文明国度,而据郑玄所言,媒氏"能通二姓之言"③。斧和礼与媒的相同特点都是能做成某事的方法。"直到今天,甚至在上层社会的圈子中,都是女人行使着媒人的职责并安排婚姻大事。之所以很有必要有一个女性的媒人,因为一切与婚姻有关的事务都是由女性来操持的。今天,媒人的活动成为一种行业。"④

斧子与媒人皆是操作的象征,而且普通民众的劳作相当于贵族的仪礼活动。媒人的操作在平民的层次上也是关于礼的操作(贵族的婚姻是由其父亲们商定的)。媒人是"用礼之人",而需要媒人服务显示人们有足够的仪礼意识去使用"用礼之人"(于是,那人就有了必不可少的用来伐斧柄的斧子)。不过媒人也是一柄斧子,她是得到像她一样的姑娘(一个为了父系宗族永存的年青姑娘)的媒介。她既是一柄斧子也有一柄斧子,在婚姻大事中扮演双重功能,既是目的又是手段。作为讽寓,她代表

---

① 《毛诗正义》,8:3b。
② 《诗毛诗传疏》,页 25。
③ 与第 101 首诗《南山》、第 59 首诗《竹竿》("籊籊竹竿,以钓于淇",《毛传》："长而杀也,钓以得鱼,如妇人待礼以成为室家。"),及第 24 首诗《何彼秾矣》("峐"与"婚"双关：但"峐"在这里意味着抓住丈夫家族的一系列权力关系)。《毛诗正义》,5:2.1a;3:3.7a;1:5.10b。
④ 葛兰言《中国古代的婚姻类型以及亲属关系》(*Catégories matrimoniales et relations de proximité en Chine ancienne*)(巴黎：阿尔康出版社,1939),页 97。

仪礼;作为类,她又实践它。作为"用礼之人",她使用斧子;作为女性的媒人,她又是斧子,她用她自己去产生自己。这可不是蹩脚的逻辑。这种类比表面的拙劣之处却弄清楚了所有斧子的共同性。在未来的丈夫心目中,媒人是斧柄之斧柄(the handle of a handle)。在统治者心目中,礼——斧柄——就是用礼统治的手段。实际上,所有斧子都是斧柄之柄之柄(handles of handles of handles)——如果人为地停止这个序列的话。① 它们显示出一种纯粹的及戏剧性的工具性。

郑玄认为,媒者"喻王欲迎周公使还",重新执政。周公作为摄政大臣,也即他欲成为诗中的新娘,一个任用能用礼处理朝政的贤臣的人,这就把成王比喻为新郎。《伐柯》末尾写道:

> 我觏之子,
> 笾豆有践。

[《郑笺》]之子,是子也,斥周公也。王欲迎周公,当以饎燕之馔行至。②

成王确切何时举办这次盛宴不得而知。"之子"是从《桃夭》、《汉广》之类婚诗中拿来的成词,这个词在那些诗中是在新娘出嫁时用来指称新娘的。按照魏理这类对政治讽寓过敏的读者的意见,将"之子"用到周公身上只是把这首诗的逻辑扩展了而已;它正好显示解读是怎样产生"国君"的。媒者是斧子,也是斧子的使用者:她的榜样就在于仪礼活动是践言性的(它改变事物),又是模仿性的(它重复做某物)。③ 就媒者扮演的双

---

① 陆机应用到文学批评中,见《文赋》,载萧统《文选》,17.2a。
② 《毛诗正义》,1:3.4b—5a。(上面引用到的)王肃认为祭祀的礼器理应由周公布置,可作为他关注礼制的证据。这可与魏理看法比较:"我认为,这首诗表达了普遍的观念:婚姻是非常简单的事情,并不需要媒人。"(《诗经》翻译,页68)
③ 约翰·奥斯汀"言语行为"或"践言性"意义中的"践言"(《如何以言行事》,页 6)。不管这些关于不必要且夸张的习惯性卸弃,重复(及模仿)就是给践言性话语以"力量"的东西。与德里达《署名,事件,语境》(Signature événement contexte)比较,《哲学的边缘》,特别是第 388—389 页。

重角色而言,她可能(如郑玄所说的)是周公的原型。但在这首诗的结尾,周公也被期盼为新娘,这就等于说他同时是斧柄、斧子(多次)及斧子之使用者。一旦这首诗的诠释完成,周公就是回答这首诗所有"手段"(how to)的问题的答案,他是所有喻象塑造出来的形象:他是方法、目的及操作的施为者。

因此操作产生它自己的"正始"。如果周公是最终的"手段"(how to),那么周王就是与之相关的"原因"(what for)。周王是操作的象征化与自身目的化,是斧柄的繁衍。周王是所存在事物中最庄严肃穆的,他与操作的每个阶段完全等同,但因为没有什么比他还重要,又因为他不可能是这些事物的手段,所以他的操作是完完全全美学的。像礼一样,他的终极性不会超出自身,而且他本身不依靠外物,而让外物运行。解读的操作将一切又归结到周王,换言之,这意味着它毫不留情地以操作取代本身。

所以我们发现,表现操作中的文化英雄(culture heroes)有点困难。王事的时间框架(time frame)是双重的。因为它改变事物,所以它的特征时间(characteristic time)分为以前与以后;然而它的改变不容许有延滞或努力的中间阶段,因为操作的目标——周王——已经(作为斧子和斧柄)已经握在手中了。"我觏之子,笾豆有践。"周王的职能就是教化子民,但所有的一切只要他眼光一投射到就已是"不再蛮荒"了。① 这就产生像《公刘》(第 250 首)之类的诗,让读者特别困惑的是,这首诗打破了历史叙述的法则。

> 爰方启行,
> ……
> 逝彼百泉。

---

① 华莱士·史蒂文斯(Wallale Stevens)《坛子的轶事》,《华莱士·史蒂文斯诗选》(*Collected Poems*)(纽约:古典书局,1982),页 76。

第四章 《诗经》:作为规范的解读

瞻彼溥原,

乃陟南冈。

乃觏于京,

京师之野。

于时处处,

于时庐旅,

于时言言,

于时语语。

以上的指代词("彼")显示公刘穿越的是已知的地界。听者理应认识到这一点,并通过此种认知把现在的经验加到对这个古时英雄的赞美上。创业故事需要现在完成时的解释——这些故事叙述了事物怎样成为现在样子的。但是说开国者"乃觏于京",也就把萦绕于过去的表现直接推到时代错乱中。"京"意即"都城",而诗并未说到都城怎样建成的。在下一句诗中,这个奇怪之处就更加明显了;那句诗称新的家园为"京师之野"("京",即"都城"之意;加上"师",即"大量"、"多数"之意;这个复合词与"京"同意。)《毛传》试图澄清时态与历史活动之间的冲突:"京地,乃众民所宜居之野也",也就是说是未来的都城。① 诗中说荒野是都城,注释者们调和说,诗所说的意思是荒野适合(就是《毛传》所称的"宜")成为都城,即一个合适的潜在或未来都城。后代的读者也同样继续这种解释[王静芝:"('于时处处')处处,上'处'为动词,下'处'为名词。言居处其所当居之处。"②]

但对注释者们来说是障碍的,对公刘则未必。这一章的结尾一系列叠字显示了公刘及其追随者用来给这片山水带来的变化的规范。说话本身就是(ipso facto)说一段话,对公刘来说,称某地为居所和把此地变为居所

---

① 《毛诗正义》,17:3.8b。亦见高本汉《大雅及颂注》,页7。
② 王静芝《诗经通释》,页548。

之间并无差别。原始材料已经是成品了,正如《毛传》所称的,"京师之野"就是都城。描写是践言性的。规避明显的命令与期望的形式,实际上增加了践言的效力:这种践言性话语本就不知道事实陈述中有一种与之对立的语气的。自然环境的"适宜"得到了承认,而让君主的行动变得次要。好像君主,或作为君主本身,不可能有什么可以操作的对象。公刘的表现如同魔术或奇迹一般,这正是对操作的否定,从而成为教化的反面。①

一个类似的难以捉摸之处以双关的形式出现在《破斧》中。因为必须与外族联姻,所以就需要一个媒人。"斧"(显示了媒人的才智)与"父"双关谐音,然而如果诗句字字是真的话,这似乎暗示着父系部族可以自我繁衍,而不需与外族联姻,并且无需耗费仪式性的"操作"。

《毛传》小心翼翼地将公刘的话转变为操作。这意味着将其转换为另一个社会阶层的习语及另一种解读方式。注者非常熟悉地使用阅读作为"正始"的实验室,并把普通的操作塑造为仪式性的操作,以至于当一个有效的开始成为任何东西的规范前就被一首诗摹拟时,注者就会不知所措。当他们自己操作的模范以绝对的形式出现时,他们都看不到这种模范。君王可以被再现或被引证——阅读中的一切迟早要表现或指向君王——但君王之所以能成为君王的机制却不可再现或引证。因此阅读所做的操作就与它的模板,也即君主的操作,区分开来。

郑玄评论《伐柯》第三句云:

"则",法也。伐柯者必用柯,其大小、长短,近取法于柯。②

---

① 贵族的"操作"是否算作操作,孟子解读一首诗为"美"或"刺"也转到这个问题(见第三章)。让·列维(Jean Lévi)论及神农、伏羲这样的"国君—发明者"(inventor - kings)的作用时说:"发明以法令的形式出现,昭示了统治者的组织能力……从这个意义上讲,没有什么能区分君王的发明活动和他发布法令的能力。"[《神话的黄金时代与中国古代理论的发展》(Le Mythe de L'âge d'or et les théories de l'évolution en Chine ancienne),页82]

② 孔子在《中庸》中对《伐柯》的详尽说明被理解为指的就是法。"道不远人,人之为道而远人,不可以为道。诗云:'伐柯伐柯,其则不远。'执柯以伐柯,睨而视之,犹以为远。"(《礼记·中庸》,52.9a)。

任何斧子都是斧子的范型,任何范型都是范型的范型,模仿仪礼的操作能够表示仪礼;只要模仿而非王道之始在我们前面,解读与主题化就可用同一模式毫无阻碍地运作用下去。《桃夭》与《汉广》解读导致描写服从于命令,音乐模仿服从于音乐理论,以及解释服从于道德教化("风")之规范的姿态,《伐柯》显示践言性的就是模仿性的:一个开始的例子(问题是:"在伐柯时,人们怎么去做?")指向的是一个与它以同样方式开始而完成的事情。行为是由规范促成的,没有规范,行为就不可能发生。并且规范的形成就像斧子操作时一样,模仿了其他规范。读者解读文本之前,就已经有了无与伦比权力的读者——圣人——为之设定好的模式,圣人们施行礼义如同掌控工具,并以仪礼为规范塑造现有的事物。① 模仿就是对模式之实施的模仿。《乐记》讲到*表演性*的模仿(以反对不可避免的道德模仿)时,它将音乐表演定义为"象成者"。② 那也是一种模仿,《诗序》能完全将自己(可谓人造自然中的自然之诗)应用到这种模仿上。

　　《诗经》中所有可为规范的修辞是斧子、变化的执行者及产物,这些修辞的功能是雕凿出可能性的修辞。③ 所以它们不是原本及纯粹描述性的。《汉广》这类诗引导我们认识到自然与诗歌展开的"自然意象"之间的差异。高大的南木,削去了下面的枝桠,好像汉水上的年青姑娘一样并不是很好接近。只有严格遵从仪礼的人才能赢得那些姑娘的芳心;现在我们可以理解这首诗的叙述者——采薪者——是仪礼的遵守者。他的劳作(或"作品")形成这样一种景观:树底层的大枝被削除,很难在树

---

① 因此规定斧柄正确长度与宽度的《周礼》文本本身就是一柄"斧子"。
② 《礼记·乐记》,39.9b。
③ 此处使用"喻象"(figure)这个词比使用一组更狭隘修辞术语更好。它的拉丁语的涵义——从字源上来说意为一个"完成物",它意味着能"塑造"或"描绘"——使其成为《诗经》斧子恰当的同义词。"形象性语言"(figurative language)常被理解为相似性,即修辞,在这里只能是次要的意义。或如昆体良所言的:使用修辞时,一个词"从它的自然及主要的意义转到(translatus)另一个意义",而区别喻象与非喻象,或者辨别各种类型的喻象在于表达的形态或结构(conformatio)(《雄辩术原理》,IX.1.4)。

下找到荫凉,就像很难在汉水之畔邂逅一位柔顺的姑娘一样,等等。这首诗开头的对句没有引发自然联想,但留下诗歌致力实现的目标(仪礼或采薪)的痕迹。这首诗就是自身的推衍,诗在多大程度上有一个单一绝对的开始,就在多大程度上有赋。自然往往变成一个光秃秃的树干,在它上面镌刻着人际关系。这种做法突显了上一次见证中介于道德解读与文学、美学或"个人化"解读之间的关系。

～

第44首诗《二子乘舟》采用了不同的方法。其第一节如下:

二子乘舟,

汎汎其景。

愿言思子,

中心养养!

"二子"故意走进他们专制的父王卫宣公设下的埋伏中,这是为他们其中一个准备的。《毛传》曰:"涉危遂往,如乘舟而无所薄。"①这里给出的第二行"汎汎其景"的翻译(And its reflected image spreads everywhere)需要辨析,看来要想在注释家给出的所有解读中取其中道是不可能的。关于第二行,《毛传》仅云:"汎汎然,迅疾而不碍也。"然而"汎"的通常意义似乎是"蔓延的"或"疏远的",它在字源学上与意为"全部、所有"的词以及与其他有关航海的词联系在一起。"汎汎"也许并没有引起所有那些联想,但有了以上解释的补充,它可能唤起其中一些联想义。"景""或音影",是一个与"影子"有关的词(陆德明解释得正确)。但第218首诗《车舝》之注将"景"解释为"迥",而《诗经》中出现"景"的其他著名例子传统上都解释为"大"。闻一多与高本汉采用"迥"的意义去

---

① 《毛诗正义》,2:3.16a—b。

解释这首诗中的"景",意为"漂流渐远"。① 用做"迥"的意义时,"景"有与之意思并行的例子(明显的是,《诗经》第 299 首《泮水》中出现的"憬"),但更多的是"景"意为"影":直到毛公和郑玄注释《诗经》之后,"景"和"影"才有所不同。

如果"景"在这里可以解读为"影子"或"倒影",那么展开《二子乘舟》的喻象是一个修辞的修辞,即认为自然是模仿的修辞。孔颖达从这个模仿中读出反讽,他强调影子与本体间的差异。正如"不薄之舟"是两位王子决心"涉危而求死"的象征,因此"以其影,谓舟影。观其去,而见其影,义取其遂往不还"。② 舟的影子是两位王子之死的双重表征(作为舟的影子,以及死亡的阴影)。这种意象并不是平白无味的,而是感伤的。

那么,在毛公与孔颖达的解释中,这个影子是不祥的,因为任何使这次逆水而上的旅程显得有点异样的东西都可以从这个影子中读出来。诗中还表达了一种更深沉的悲悯,用的正是小舟适合传播其形象的相同方法;这个形象像一个不自动的影子或波浪,用墨家关于影的格言来说,就是"景不徙"。③《列子》也视"影"为一种依赖性模仿。"枉直随形,而不在影。"④那么诗歌不过是一种模仿(影子)吗?诗的意象分为主动与被动两个层面以及单向的因果性——自上而下的活动——由这首诗的"兴"引发的自然模仿,与"风"("王化"或道德模仿)的定律丝丝合缝。在孔子关于"风"与"草"的比喻中,草之偃与王权有很大的因果关系;在产生反作用的同时,模仿的来源会在模仿的媒介上留下痕迹。好像要确定这种关系,作为字源的"风"隐藏在"汎"之中,这个词形容反复出现的意象是

---

① 闻一多《诗经通义》,《闻一多全集》,2:199—200;高本汉《国风注》,页 132。
②《毛诗正义》,2:3.16 b—17 a。
③ "景不徙":这句墨家的格言,引用于李约瑟所编《中国科学技术史》,4.1,页 81;本文见梁启超《墨经校释》,页 112。关于影的例子有价值的讨论,见葛瑞汉《后期墨家的逻辑、伦理和科学》(*Later Mohist Logic, Ethics and Science*),页 372—374。我很感激钱南秀提示我参考《墨子》。这对波浪、影子、回声此类词汇的考察,对沟通最近一些批评家提出的中国艺术的"表现"论与源自希腊的"模仿"传统之间的对立,可能会提供很好的机会。
④《说符》,《列子注》,页 89。

"蔓延的"、"飘荡的"或"无处不在的"。①

如果我们把两段话综合起来看,诗的意思会更加显豁;因为两个王子处于道德楷模与模仿对象的位置上,即模仿论所知的最有力的位置上,他们不能逃避不怀好意国君的谋杀。影子是无助的。两位王子登上了小舟,也就处于同一困境中。两种道德模仿的模式被放在一起,显者是"影",隐者是"风",这两种模式导致一种反常现象:一个体系中的有权[风]与另一个体系中的无力[影]相对应。王子们倒映在水中的形象在一个表达得很好的讽寓中,就是顺从地匍匐于教化之下的"草",从而在人们的记忆中留下它的印记。目睹影子消逝的人对命运多舛的王子们也爱莫能助,只能立誓要思念("思")他们。②

作为《毛诗》诗学的一个简明解诗范例,《二子乘舟》以非独立的模仿起始,向着诗歌与道德独立的道路推进。所以《二子乘舟》不出意外地被置于"变风"之中,这都是礼崩乐坏时代的诗。此诗意象的意义建立在其不充分之上,这些意象逆转了"风与草"的比拟;就像《诗大序》中讽刺性"风诗"的意义建立在美刺传布时意义与情境的冲突之上一样。

这样,此诗的影子与叙事诗中更直接可为规范的影子联结起来。用来表示"景"或"影"的词本身并无力量,这种诗学比喻显示为及物动词,对其而言模仿是足够的了。卫文公"景山与京"(第50首《定之方中》),与公刘"既景乃岗,相其阴阳"(第250首《公刘》)都是相同的模式。因为影子是规则的与模仿的,所以保证了影响的尺度,这种尺度是另一些从开始就没人会想到去怀疑的人类的事实,两者都重复和表达了诗歌问题

---

① 见高本汉《汉文典》,页167—167(字源见,625,626)。"汎"可能是一个不常用的音乐术语"渢"("易于流动")的替代词。亦见周策纵《古巫医与"六诗"考》,页198—199。
② 鲁诗与韩诗似乎认为当"二子"登上那艘致命的船时,他们的母亲创作了这首诗(王先谦《诗三家义集疏》,页213)。郑玄并没有讨论到两位王子母亲的事,但解释第7、8句"愿言思之,不瑕有害"为对过去的历史陈述:"我思念此二子之事,于行无过差,有何不可而不去也?"(《毛诗正义》,2:3.17a)。这种解读是可以避免的,但郑玄认为,其显示了"二子"怎样成为"传于四方"的传奇人物的。

是伦理及王权的校准器。由测量者把持的影是王权的另一种工具,另一个指引的手段(how-to)。通过有关测量的诗中的影来解读《二子乘舟》中的"影",再次使描写成为一种模仿的践言性话语——简言之,使自然成为重塑自然的一柄斧子。① 好像这些影子走向殉难一样,戴着文化创始者的徽章。

～

这些推论很难符合一般关于《诗经》修辞语言的学说。自从《诗大序》有注释,这种学说被用于它预见到的后世诗话中关于"景"与"情"之间一致与互动的词汇中。最有争议的还是《诗大序》中的三个经典术语:兴、比、赋。尽管最近已有不少研究成果了,但围绕这三个术语的很多问题仍未得到解决,而且在旧有的文本基础之上,这些问题实在很难界定清楚。② 为什么这套修辞技巧吸引了《诗经》注释者的注意,并与《诗大序》中同时提到的"六艺"中另外三个文类风、雅、颂并列? 赋、比、兴是不是和诗歌本身一起是用来教授的诗歌创作法则? 抑或它们在本质上就一直是描述性的,同时是《诗经》注释者熟稔的阐释手法? 这三个术语的语义或逻辑结构是什么? 它们是相互排斥还是相互渗透的? 它们共同穷尽了诗学术语的范畴了吗,或者除了它们之外还有更多其他的修辞空间吗?

因为"兴"这个修辞手法意多含蓄不言,并可能因为很多关于"兴"的著名例子常常是难解的;所以它总是使读者感到困惑,也是最需要明确

---

① 关于日晷仪,参见李约瑟主编《中国科学技术史》,3:284—302,569—579。关于《诗经》及其注释时代,测量活动更全面的探讨,见《周礼·天官》,《十三经注疏》本,10.9a—13a。其中的词汇让人想起对可为规范王权的描述,所以《周礼》中的测量术亦见于《尚书》中部分内容:日晷仪为古代君王首要及最重要的制造物。
② 见陈世骧《〈诗经〉在中国文学史及诗学中的文体意义》,页 16—26;赵制阳《〈诗经〉赋比兴综论》,王金凌《中国文学理论史》,页 167—174;列维(Levy)《建构顺序》(Constructing Sequence),余宝琳《中国诗歌传统的意象解读》,页 57—60。

界定的术语。批评家刘勰(约465—502)把"兴"建立在"起情"之上,约六百年之后,朱熹说:

> 兴者,先言他物以引起所咏之物。①

什么样的"他物"能"起情"?陈奂阐明说:

> 假以明志,谓之兴……凡托鸟、兽、草、木以成言者,皆兴也。②

孔子曰:"(从《诗经》中)可知鸟兽草木之名。"陈奂声称"鸟、兽、草、木"是"兴"的范畴,但孔子的话同样可以适用于其他类型的术语,比如赋。郑玄和郑众对这三种修辞的区分长久以来就是讨论的基础,郑玄认为:

> 赋之言铺,直铺陈今之政教善恶。

郑众云:

> 比者,比方于物也。兴者,托事于物。③

赋的特征是用来形容善政或恶政,这可能是郑玄及他同时代注家的先入之见。赋在后来的文学批评中并没有留下多少痕迹,它在文学批评中好像是零度的形象语言,直陈其事,而无引申。孔颖达说:

> 赋、比、兴如此次者,言事之道,直陈之正。

陈奂云:

> 赋显而兴隐,比直而兴曲。④

赋直接形容,比形容此再形容彼,兴形此以代彼。诠释实践证实了这种

---

① 刘勰《文心雕龙》第36篇《比兴》,页677。朱熹《诗集传·关雎》注。魏理同样认为:兴是"一套规则……其中一系列关于自然现象、树、鸟等等的表述与一系列关于人类情境的表述相互关联"(《周易》翻译,页128)。
② 《诗毛诗传疏》,页13。"托付、依托、委托、求助、托辞":"托"的意义与"寄"、"寓"["暂住",或"借(某词表示另一意)"]的意义相似,它们经常出现在中国修辞术语中。
③ 《毛诗正义》,1:1.10a。
④ 文本收在《诗毛诗传疏》中,页13。略微有些不同的叙述,见第三章。

过度简化的勾勒所暗示的内容:为了解释的目的,所有三种修辞都融入了"赋"的因素。"正"的赋,并不需要解释(更确切地说,任何赋的解释只会将其延展为一个更明确的"赋");"比"和"兴"的解释就是将它们述为他们所不是的东西,即赋。关于"兴"的解释的变化是如此巨大,以至于在此过程中,丢失了陈奂将"兴"与其他两种修辞区分开来的所有特性。人们可以从《毛传》对"兴"的最早的讨论中看出这一点。

《诗经》第一首《关雎》:

> 关关雎鸠,
> 在河之洲。
> 窈窕淑女,
> 君子好逑。

> [《毛传》]兴也。……鸟挚而有别。……[窈窕]后妃说乐君子之德。①

如果上面的解释就是从阅读中得出来的,那么修辞的作品(就像我们对"操作"的界定)并不是太受欢迎。现在看来确定"比"或"兴"指称的物象,确认相关的属性,以及检验物象与属性是否相配(是美或刺,要看相关属性)与解释修辞一样复杂。《诗经》第183首《沔水》的注释显示了此方法固有的优点与缺点。

> 沔彼流水,
> 朝宗于海。
> 鴥彼飞隼,
> 载飞载止。

---

① 《诗毛诗传疏》,页13。与郑玄对《周礼》的注释比较,他把"兴"列为"乐语"的手法之一:"兴者以善物喻善事。"(引用于《周礼正义》,《十三经注疏》本,22.8b)。

[《毛传》]沔水流满也,水犹有所朝宗。

[《郑笺》]兴者,水流而入海,小就大也,喻诸侯朝天子,亦犹是也……隼欲飞则飞,欲止则止,喻诸侯之自骄恣,欲朝不朝,自由无所惧心也。①

在郑玄的解读中,《毛传》注意到的虚构(建立在双关语之上,好像"贡物"[tribute]就是"支流"[tributary])已经变成应用在侍臣上的谓语,如同"雎之德"以字面的方式应用于后妃上一样。只有最一本正经的解释才能摧毁双关的意义,这种解读同时也摧毁了创造性。《毛传》的"犹有所朝宗"就意识到这一行诗已把什么东西加入自然之中,但郑玄的"诸侯朝天子,亦犹是也"让此诗的创造性从属于诗歌语言已脱离的常识。全世界的教化者可能都会这样利用文学,但是在郑玄自己著作中可以给如此做的结果以确定的名称。"赋"的内容占据了诗,并决定解释的方向。"比"与"兴"是暗示性的"赋"的应用,而郑玄将"赋"作如此解读,即任何被成功分析的修辞如果是"赋"以外的任何东西都是不可思议的。②

如果这可以称之为规律的话,那么是一种不以修辞工作为基础的模式与一种以赋的描写为基础的模式的对立。诗歌阐释变成对事物阐释的一个子集。事物的知识必须能发现事物及其联系中稳定的属性——一种静止的类型本体论,以区别于形式与变形的本体论,《伐柯》及《汉广》的读者对第二种本体论颇感兴趣。如果这种原创性就是它的目的,这种解释模式留给阅读的工作不外乎是寻找错误的指涉对象。对许多读者来说,几世纪来的"赋比兴"研究成果之一,就是将《诗经》等同于这种言语形式。

当然,有一些诗要诉诸读者关于自然性质的知识,以使类比有基础;或者,可能性更大的是,如下面第二个例子显示的,诗歌要求读者同意诗歌叙述者的看法,即认为必须为类比构造基础。《诗经》第 150 首《蜉

---

① 《毛诗正义》,11:1.6b。
② 在相同性质的基础上,这种坚持同一性的方法,在《诗经》第 17 首《行露》论辨性的修辞中被推上日程。

蝣》,《毛传》认为是对一位奢侈的国君的讽刺:

> 蜉蝣之羽,
>
> 衣裳楚楚。

第 52 首《相鼠》:

> 相鼠有皮,
>
> 人而无仪!
>
> 人而无仪,
>
> 不死何为?

蜉蝣是华美的、短命的,在地位上与真正的国君绝对无法相比;指称自然发生物不但使它们的性质迅速显现,而且暗示它们之间有一定的联系(如果你坚持如此多彩,那么你不可能活得久长——这就是《毛诗序》的观点)。第二个例子似乎是恳请陪审团仲裁,但用强力证明自己是正确的,而强制可能正是其目的所在。像这样的喻象,它们的意义建立在自然之上,并以自然为规则和定义的来源。这正是自然的性质:把独一的例子变成一个类,把任何一株桃树或任何一只蜉蝣的性质推广到某一桃树或蜉游之上。如果这种描述性的诗学彻底推行的话,那么在每一个喻象之后,《诗经》的读者就能够推断出一种规则;而在每一个规则之后,读者就能够推断出一系列稳定的性质。

《诗经》第 26 首《柏舟》有意破坏这种解释。令人头痛的句子全以一种句法出现,这本来可以简化解释,却增加了不确定性。

> 汎彼柏舟,
>
> 亦汎其流。
>
> 耿耿不寐,
>
> 如有隐忧。
>
> 微我无酒,
>
> 以敖以游。

> 我心匪鉴，
>
> 不可以茹。
>
> 亦有兄弟，
>
> 不可以据。
>
> ……
>
> 我心匪石，
>
> 不可转也。
>
> 我心匪席，
>
> 不可卷也。
>
> 威仪棣棣，
>
> 不可选也。

《文心雕龙》引用《柏舟》作为"比"的主要范例——毫无疑问是要与此诗注释者调和。《柏舟》为比拟留下什么空间？

"我心匪鉴，不可以茹。"困难就从"茹"这个字开始，每一个注者都将其解释为镜子的作用，镜子为何不能照出言者心声？《毛传》解释这个动词为"量"，高本汉解释为"细察"。（细察镜子是什么意思？镜子作为细察的工具，似乎否定了这一解释）这个词最一般的意思是"吞咽"、"包含"。闻一多认为：

> 古以水为鉴，而水可以含影……此以鉴之含影，喻心之含诟。①

选择这个字可能由双关或联想决定的，因为"茹"字是对"如"加工而成的

---

① 闻一多《诗经通义》，《闻一多全集》，2:161。"茹"的另一个意为"耻"，可能也是相关的（参考高本汉《汉文典》页 43,314；字源见页 94,1223）。刘向讲了一个关于这首诗的故事：卫侯的遗孀创作了这首诗，来抗议家人让其再嫁（《列女传》，4.5a—b）。但《毛诗序》把相同故事用到《鄘风》中另一首亦名为《柏舟》（第45首）的诗上。很明显，在汉代的时候，《诗序》仍是独立于《诗经》流传的；刘向与毛公之间的不同解释可能源自这种不同安排。亦见钱锺书《管锥编》，1:76—78。

(并可能是其替代品)。诗歌写作的对象明显不是一个道德主义者,如果他曾经给诗中叙说者留下印象,那么他不会发现他的面容映在这个叙说者的心中。比较含糊但能涵盖所有情况的翻译可能是:"它无法同化。"

陈奂说:

> 《尔雅·释言文》,"鉴,所以察形之物。"

他进一步指出:

> "匪鉴""不可茹"与下文"匪石""不可转"、"匪席""不可卷"句法一例。

其实平行的句法结构并非完全一致的("不可以茹"与"不可转也"、"不可卷也"句法并不完全相同)。这种结构与其说是语法的,不如说是语义的。事实上,"鉴"的那句诗对其他两句的偏离,明显比它们之间的相似要重要。那行有"鉴"的诗句在拒绝"映照"与之句法相似的诗句时,要求一种没有现成模式的解释。那句诗中,抒情者拒绝被比作任何东西——用最简约的方式——通过否定一个包含所有喻象的喻象,从而否定了任何可能的喻象:"因为我心非镜,所以你不能反映(或描绘)它。"[my mind not being a mirror, you cannot mirror (or figure) it.]诗歌似乎在向读者挑衅:因为"茹"的意义有多种解读的可能,人们甚至不能确切知道为何抒情者的心不是一面镜子。

正如郑玄的笺注证明的那样,试图解释心不是镜子就是重新把它变成镜子:

> 鉴之察形,但知方圆白黑,不能度其真伪。我心非如是鉴,我于众人之善恶外内,心度知之。①

郑玄将这个喻象解读为相似性,令人想起汉初思想家董仲舒在认识

---

① 郑玄语,见《毛诗正义》,2:1.6a。

论上的自信,他在讨论经书可靠性的过程中写道:

"他人有心,予忖度之"(引自《诗经》第 198 首《巧言》),此言物莫无邻,察视其外,可以见其内也。①

"匪鉴"因此也意味着"不仅是鉴"。郑玄没有否定整个喻象——这等于承认失效——而否定了它的有限性,恰恰逆转了莱布尼茨对"天本无心"的解读。心能判断"善恶内在":如果心仍能展开那个特别的同化作用,它仍是一面镜子(反映外在的形式),只会更是一面镜子。

同样"匪石"意味着比石头还石头,"匪席"即是超越席子的席子。

仁人不遇,故自称己德宜所亲用。言我心非如鉴……非徒如鉴然,言能照察物者,莫明于鉴,今己德则逾之……席虽平,尚可卷,我心平,不可卷也……石虽坚,尚可转,我心坚,不可转也。②

这种对否定的处理方式可能来自包咸对《论语》中格言"君子不器"(第二篇第十二则)的注释:

[包咸:]器者,各周其用;至于君子,无所不施。

[孔颖达:]器者,物象之名;形器既成,各周其用。若舟楫以济川,车舆以行陆,反之则不能。君子之德,则不如器物,各守一用。③

郑玄把这种解读技巧发挥到极致:它要求每一个物象都要指涉一个具体对象。但随着心变成镜子,郑玄又秘密地把镜子变成心;也就是说他忘记了镜子只是工具,并且将它的使用性能变为一种独立的能力。有助于解读的工具现在成了自动阅读的机器,"能度其真伪"。寻求相似性的解读在这里遭遇到一个对它来说不可读的文本,只能采取负解读——这种解释就使文本如此说:它告诉我们情况不是这样。

---

① 董仲舒《春秋繁露·玉杯》,1.10a。
② 孔颖达对郑玄之笺的详细说明,见《毛诗正义》,2:1.6a。
③ 《论语·为政》,《十三经注疏》本,2.5a。王郁林建议我注意两者的对应。

陈奂对这种解读否定的方法持保留意见。难道文本还不够明确吗？

> 《笺》谓鉴之察形,不能度其真伪,我心度知众人之善恶外内。但经明言鉴可度,我心不可度。①

对陈奂来说,诗句难解之处是一种臆造结果,并不是需要清楚解释的偶然理解。因为:

> 我心非如鉴,人不可以测度于我意,承上章而言我心之隐忧,人无有能明其志者耳。

陈奂通过采用否定的字面义,同时像抒情者那样舍弃了喻象,打破了喻象及其自我否定之间的僵局:假装不知道解释比和兴一般的方法。"我心匪鉴"从而意味着"心"与"鉴"甚至是不可比拟的,此解参考了心理学,而非光学。

为弄清楚"匪鉴"这句,比和兴惯常的方法必须忽略否定,并且好像这首诗实际上是一首其他的诗,而后者更贴近修辞理论,它宣布:"我心为鉴,因为它能同化"。《柏舟》假设这样的诗可能被写出来,但它说出了它必须说的与这首可能的诗冲突的内容,好像它知道并预料到要遭遇郑玄的解释。镜子"如同"、"同化"任何放在它前面的东西,但它最像询问任何东西像什么的读者。而《柏舟》的抒情者不想为这样的读者所映照。

类似的例子出现在郑玄笺注《沔水》中。关于此诗的意义及意象的主旨,他的解读同于《毛传》。主要观点是相同的,但被整合进不同的秩序中,而解释的秩序影响了总体解读。毛公和郑玄按小序指引他们的去理解《沔水》。

> [小序]:《沔水》,规宣王也。
>
> [《毛传》]:规者,正圆之器也。

---

① 《诗毛诗传疏》,页78。

那么,《沔水》中的比拟在于有工具或模范的力量,它们是规则的典范,可以检验出不规则之处("礼之于正国也,犹衡之于轻重也,绳墨之于曲直也,规矩之于方圜也。"①)郑玄驾轻就熟地应用这种逻辑,把开头两行变成含蓄的责难。它们可以意译为:"河流裹携着淤泥,直奔大海,但你们诸侯却无所事事;如果你们是真正的诸侯,就像河流是真正的河流,那么你们应该赶快去朝见天子。"这使诗歌开头奇特的比喻变成一种推理,它基于自然性质,并在逻辑上直接来自这些性质,这就是我们从郑玄那里继承来的三个术语的解释让我们所预见的。除了作为属于自然的普遍规律的典型,引用到的特殊自然物很快对这种阅读不再重要:例如第3、4行中的隼说明了相同的观点,即诸侯并非如同隼是真正的隼那样,是真正的诸侯。郑玄解释这个意象,将其融入到自然的一般性质中,并作为自我同一(self-identical)观念的来源。这种指规可以凭借任何东西来完成,而不必管它是什么,因为它必有某些限定性的自身性质。一般而言,确立"兴"的推理把任何特定的"兴"归纳为自然规律性法则的反映或投影。

简短的《毛传》承认诗以双关开始,颠倒了诗歌解释的秩序。自然意象源于双关对语言的规定。关于"朝宗"的双关("赴朝/进贡")事实上解释了自然对象,使其与规劝有关。这就直接以诗歌语言的性质定位诗歌语言,并将它的表达视为事件。如果没有一个事件——一种语言上的惊奇,则双关什么都不是;而如果《诗经》可效仿的喻象,因其道德解释的需要,要铭刻到到自然之上而不仅仅作自然的回响,那么符合它们解释的解读模式必然会使人惊奇。② 这就是郑玄在理性化喻象时,他的解释看

---

① 《礼记·经解》,50.3b—4b。
② 简言之,郑玄将讽寓解读为隐喻。亚里士多德《修辞学》(1412a26—b1)区分了讽寓与双关,此书形容双关为一种让文字"说出它们所没有说出的"手法,用的却是可能成为未来讽寓定义的语言。或如亚里士多德提到一个例子时所言的:*exapatāi, allo gar legei*,"它惊讶,因为它说出一些东西[除了它好像说出的]。"这段话的其余内容区分了隐喻(以观念同一性为基础)与双关(以同音异义或文字游戏为基础)(*ta para gramma skommata*)。关于讽寓与双关结构上的相似,见昆体良《讽寓语言》。

起来比较蹩脚的原因。从时间的及价值论的角度来看,此种歧误都是在先的;而正如我们所见,这两种意义紧密联系。如果诗不能成为一个事件,那么解读它决不能改变任何东西;如果是那样的话,也不会复兴"先王之泽"。

~

喻象的理论有实际的效果。不能区分操作之前与之后的诗歌语言理论,就不能道出什么关于操作的意义(除非它改变什么东西,否则它就不是操作)。将"比"和"兴"解读为相似性,能解释诗中的所有内容,但这种解读对于诗歌本身却不能道出个所以然,也不能说明诗歌实现了什么。每逢诗歌脱离赋的描绘性语言,就像《柏舟》及《沔水》注释显示的,诗歌就踏入一个领域,这种解读方案在这个领域中明显不太适应。郑玄的修辞理论显然不能解释喻象暗示的所有内容。如果经过后世《诗经》文本接受所建构的对象是我们关注的重心,那么郑玄系统表述的那些定义甚至都不能导向郑玄自己的解读技巧(例如,在《汉广》解读中,郑玄应该承认劳作的价值)。

但比兴理论并不是《诗经》传统的唯一关注点。在《毛传》及后来的注释中,喻象的解释经常导向需要确立历史权威性的诗歌解读。一些勤奋的《诗经》现代读者已从《毛传》及其后续注释的风格推断出,对《诗经》(并且大体上对中国所有诗歌而言)来说,最重要的意义模式是历史的。这又产生了新问题,不过古代的《诗经》接受史也可以解答这一新问题。因为历史的观念服从于历史的压力——每一个时代决定这个时代所认定的是"历史的"(historical)东西——所以历史观念的定义也必须从资料中抽出(*ex datis*)。在"历史的"这个词的什么意义上,《诗经》的意义能被充分形容为"历史的"?喻象的解读对注释的"历史—逸事"风格有影响吗,或者这种风格仅仅是达到外在目的的方便手段吗?《诗经》必须与历史有关联吗?

"赋"这个术语为回答这些问题提供了一个开端,因为除了它在诗学中获得的表示"描绘"或"铺陈"的意义外;赋经常在历史文献中用来指称一种涉及诗歌的活动。"赋诗"意为表演或歌诵诗歌,往往是为了教化君主或启发外交谈判中的对立方;"赋"同时有"铺陈"(exposition)(一种诗歌技巧)与"展示"(presentation)的意思,诗歌通过"赋"这种技巧展现在听众面前。

赋的双重意义扩展并覆盖到诗与读者(包括那些只通过阅读《毛诗》而知道《诗经》的人)互动的所有领域。就像古代的行人把著名的诗变为对当时情势的反映,因此后世的评论者从历史背景中发现一条可以锁定诗歌意义的捷径,不由此捷径,诗歌意义就含糊不清。① 在赋的第二层意义中,所有的"比"、"兴"由于属于《诗经》的体裁,它们都是构成赋的可能的情境材料。不管在什么地方发现"赋",都能发现一种含蓄的诗学与解释学。

赋诗的情节在诸如《左传》与《国语》之类的叙事文学中大量存在。② 不过,它们没有一例可以与《尚书·金縢》提到的相比。这篇文章的意旨不是给出引诗的情境,而是提供诗歌创作的背景:

  周公居东二年,则罪人斯得。公乃为诗以贻王,名之曰《鸱鸮》。王亦未敢诮公。③

《诗经》第155首《鸱鸮》小序云:

  《鸱鸮》,周公救乱也。成王未知周公之志,公乃为诗以遗王,名

---

① 白川静《〈诗经〉与叙事》,从叙事诗讲到《孟子》、《左传》之类谈到诗歌起源的叙事文学,见《诗经:中国古代的歌谣》,页242—249。
② 最好的参考资料是朱自清《诗言志辨》。《韩诗外传》中有许多涉及到赋诗的历史故事,绝大部分不可信。关于《左传》中若干的赋诗竞赛,见罗立克《心灵之旅》,页26—30,34—57。关于《论语》中部分内容作为赋诗的扩展,见王安国(Riegel)《诗与孔子的放逐传奇》(Poetry and the Legend of Confucius's Exile)。
③《尚书·金縢》,13.11a。段玉裁(1735—1815)以古文字学上的证据提出"信"可以取代"诮",这样最后一句变为:"王亦未敢信公。"(转引自朱廷献《尚书研究》,页509)。

之曰《鸱鸮》。①

当然,这两段文献的意见相同并不能证明《尚书》中的话道出了《鸱鸮》的真正创作背景。尽管《毛诗序》用"乃"这个字转折的时候有点笨拙,但它显示《毛诗》编纂者认为《尚书》中的记载的确是这首诗的写作背景。

在这两段文献中,《鸱鸮》的创作确定在一个特定的时刻,并由"于后"及"乃"这两个词来加以指明。如果我们同意朱自清的意见:赋一首诗通常暗示着这首诗已经存在,而人们只是引用它而已②;那么"赋诗"用在周公的行为上可能并不准确。但《尚书》的叙述把这首诗(更准确地说是诗题)放到成王在位时的事件中去,正如赋诗者引用熟悉诗句并用它来反映赋诗时的情境一样。周公所做的,用文献中的话说就是"为诗以贻王";但《金縢》及《毛传》关于这首诗的叙说本身成了"赋诗"的情况。

《金縢》与《毛诗》语境的历史特征足以回答这首诗提出的所有解释性问题吗?如果中国诗歌的最终指向是历史并且历史是诗歌充分表达的媒介,那么我们期待这首诗的历史背景道出这首诗的意义。不过,《金縢》所讲的故事并非关于诗歌如此毫无保留融入历史的。值得一说的是——《金縢》抓住了听众的注意力——作为一种对"兴"与"比"直接的理解,《金縢》反映了对历史理解的规避。

在《金縢》的开头,周公的哥哥以及成王的父亲武王疾病缠身,周公替武王向祖先求情,希望以自己生命挽回武王的生命。这个提议以秘密的仪式进行,由许多聋哑国史记录下来,而他们的记录封存在专门保存这些档案的铁箱子中。

这些档案在隐藏处被慢慢地遗忘,周公的功劳也同样没有受到重视。

---

① 《毛诗·鸱鸮》,8:2.1a。我应再次强调《尚书》中那段话反映的并不是历史,甚至也不是《鸱鸮》的历史背景,而是上古《诗经》注释者采用的历史观念(或神话)。
② 朱自清《诗言志辨》,页207—208。

> 武王既丧,管叔及其群弟乃流言于国,以诬周公以惑成王,曰:"公将不利于孺子。"周公乃告二公,曰:"我之弗辟,我无以告我先王。"周公居东二年,则罪人斯得。公乃为诗以贻王,名之曰《鸱鸮》。王亦未敢诮公。①

如果成王怀疑周公,那么周公处置诽谤者的方式并不能停止诽谤。《鸱鸮》这首诗并无多少澄清事实的效果。如《毛诗序》所说的,这首诗预想中的接受者"成王","未知周公之志";作为表达他的"志"(在中国诗学史中,"志"这个词的意义不需要再多的强调了)的工具,周公选择以"兴"的形式表现这首诗,这种"曲而隐"的形式最适合隐匿"志"。

> 鸱鸮鸱鸮,
> 既取我子,
> 无毁我室。
> 恩斯勤斯,
> 鬻子之闵斯。②

回到《毛诗序》改写其来源《金縢》这一点上,我们可以问:是什么使《毛诗序》与《金縢》显得不同。正如"历史的"视角可能解释了这首诗一样,上下文解释了诗吗?"历史视角"对这个语境中的参与者来说肯定什么都没有解释,因为对这些人来说,诗不过是已经很困惑的情境中一个更令人困惑的因素。声称只要参照诗歌的语境就能明白这首诗的意义,在这种情况下,就意味着如此声称的人已然理解了语境本身,并且这种方法忽视了诗歌在其语境中所做的一切。

战争之前,《尚书》故事中的国君及英雄们召集军队,并一点一点地解释他们行动的正义性。不过周公东征之后呈献的晦涩小诗更加令人困惑,这终于多少看起来像常态的周朝历史了。"兴"的模式打乱了先王

---

① 《尚书》,13.11a。关于这次叛乱的考古学资料,见白川静《金文之世界》,页41—47。
② 《鸱鸮》第一节,《毛诗正义》,8:2.1b—2a。与高本汉《诗经英译》比较,页99—100。

设法建立的行为与功绩间的平行关系。同时它阻碍了诗歌与历史间相互透明的状态——至少几世纪以来对这首谜一般的诗的各种解释是如此暗示的。大多数古代注释者认为这首诗是周公对"鸱鸮"(诽谤者)的告诫,他们已危及到"室"(周王室),特别是幼雏(成王)的安全;少数注家同意郑玄的看法,想象周公东征回来后写下这首诗,保护由他的诸臣组成的"家",以防成王将他们除掉。① 如果没有"公乃为诗以贻王"这样明白的表述,则这首诗看起来最有可能的解释是诽谤者反对周公的概要,周公被怀疑要阴谋消灭周王室的"子"并篡取"室"。② 方玉润重撰了一篇诗序来取代《毛诗序》:他认为,《鸱鸮》表达了"周公悔过以儆成王也"。③ 这些问题属于《鸱鸮》的传统,而不属于《金縢》故事的传统,但这些问题确实通过某些方法解释了《金縢》故事给《鸱鸮》带来的未定的争讼。对这个故事而言,重要的是周公创作这首诗作为自辩的工具,但它似乎没有达到目的。成王对这首诗的态度亦不过"未敢诮公"。

　　周公赋这首诗应该是可以理解为对这首诗背景的解释,是"赋诗"的一个典型,但是从诗中可以解读出太多的事情,而且不是所有的这些事情都是正确的。如果"赋诗"就是把诗歌当作"赋"——一种志的表达——的借口,那么"赋"的成分在这里似乎败给了"兴"的隐晦性。成王不能理解这首诗的中心思想,所以"贻"(与"赋"大致同义)诗给他并无作用。这首诗只能给他又增加一件悬疑的事情。确切地说这首诗重申或反映了它要解决的问题。这个问题要求一个回答,因为从好的方面想,如果成王解开了诗的谜语,那么他可能进而弄清楚其后的历史形势。决

---

① 郑玄的解读似乎从这首诗言说的对象(成王)肯定与诗歌呼吁的对象鸱鸮是同一体的立场出发。这种解释偏离了《尚书》中记载的故事,所以我认同郑玄相信诗歌(及他自己陈词滥调的主题先行的解释风格)彻底否定了《尚书》中的故事。不过古代学者一直认为《古文尚书》是伪书。成王不愿"诮公",这被许多学者当作他害怕周公的证据,显示成王一开始就误解了那首诗的意思,而这与郑玄对这首诗的理解接近。

② 我的观点得益于与杜国清的谈话。

③ 方玉润《诗经原始》,1:316。关于袁枚与其他学者对《金縢》故事疑点的概观,见前揭书,页317—318。

定如何对待周公就像决定"兴"意味着什么一样。周公的行为(他严守秘密,他的退让,用假借的口吻传递信息)相当于一系列"兴"的叙述态同义词,他也是一个"兴"的化身。

周公在诗中以及诗的语境中的行为,让我们重新讨论往往被相似性的问题遮蔽的文学修辞的道德分量(moral valence)的问题。对《毛传》及其来源而言,这确实是一个鲜活的问题。《毛传》通过类比(即"窈"与"窕"),让那首堪称典型的诗——《关雎》——的作者称赞一位"窈窕淑女";而相似的具体化的"兴"(以及"兴"之"兴")出现在《诗经》184首《鹤鸣》的开始:

> 鹤鸣于九皋,
> 声闻于野。①
>
> [《毛传》]:兴也……言身隐而名著也。

周公在地位上低于他的听者(先王的神灵、当今国王),这就解释了为何在整个故事中,他通过"兴"及类似隐的活动,不断地重申"身隐"。他的地位决定了他只能含蓄地表达。② 周公愿意把自己放到替代者的位置上(代武王去死,以成王之名摄政,重现他的父亲文王的功绩),让人想起仪式中其他形式的替代者:例如,在祭祀祖先的仪式中,年幼者(通常是孙子)扮演已过世的祖先。③ 说《金縢》故事中的周公就是礼并不过分。周公作为儒家的崇拜对象在《孟子》、《左传》、礼书以及其他战国时代的文献中多有记载:如果《金縢》把主人公描述为小心谨慎的礼制主义者,以及王朝事业的拯救者,那么这只不过使已经定型的传奇更加完美而已。④

---

① 《毛诗正义》,11:1.8b。
② 关于作为儿子"身隐"行为的例子,见《礼记·曲礼》,1.18b—23a。这一篇结尾所说的关于向君主进谏的适当方法(5.146)受到孔子思想的影响(《礼记·檀弓》,6.2b)。
③ 《礼记·祭统》49.12a:"夫祭之道:孙为王父尸,所使为尸者,于祭者,子行也。父北面而事之,所以明子事父之道也。此父子之伦也。"
④ 与白川静《金文之世界》比较,页41—42。周公预想为"无冕之王",这是汉代的儒者期望塑造的历史上孔子的形象,见冯友兰《中国哲学史》,2:71—77。关于周公作为替代者,亦见艾兰(Allan)《〈尚书〉佚文中的旱灾、人殉及天命》(Drought, Human Sacrifice and the Mandate of Heaven in a Lost Text from the Shang Shu),页523—524。

因此仪式化的语境可以接受《鸤鸠》闪烁其词的语言。尽管"兴"这种语言模式最适合不平等成员之间的交流,但"兴"并不仅仅是一种方便的修辞手法。《荀子》中一段话值得全部引用,《毛传》从这段话得到对《鹤鸣》中"兴"的解释:

> 君子隐而显,微而明,辞让而胜。《诗》曰:"鹤鸣于九皋,声闻于天。"①

荀子用符号的及道德的语汇把"兴"界定为对君子的语词描绘。周公影响周代历史进程的力量与他的捉摸不透的性格无法分开,这反过来又几乎不能与他对语域的选择区分开来。

"兴"之指涉的间接性延迟了理解,这种延迟的理解对简单明白的指涉而言,就像"君子"的退让相对于小人的攫取。而作为密切联系其他事件(东征,诗歌呈现给成王的背景,成王的犹豫)的事件,这种延迟对《鸤鸠》的效果是绝对必要的。"兴"以其若干可能的意义映照了对《鸤鸠》当时历史时刻的悬疑。这个"兴"强调了读者解读喻象及其背景的必要性。写诗是一种历史活动,但正是因为作为这种活动——在其直接的语境中——它的意义最少。在成王犹豫不决与毫无察觉的历史时刻,诗歌有一个意义(更确切地说,有一系列可能但无法证明的意义);然而,对历史学家及历史叙事的读者而言,诗歌有另一个意义。历史的全知(omniscience)会把《鸤鸠》创作成一首截然不同的诗:"兴"的细节在这首诗中缺失了,从而人品高尚的历史角色的细节也从这首诗中缺席了。历史的全知以牺牲其创造的历史为代价,给诗歌反映的历史以优待。

像《毛诗》这样的文学整理的目的在于不断地把歌谣本文放入像《鸤鸠》这样的历史叙事(只是短很多)的包裹之中,并带给读者最终且充分

---

① 《荀子·儒效》,页 81。这篇论文以一篇关于周公摄政的长篇大论开始,结语部分的文字提供了文章的标题:"夫是之谓大儒之效。"荀子所言的"辞让而胜"之语可能激发了郑玄解读《鸤鸠》的灵感,不过常常被视为有点怪异;郑玄可能已感到他必须给周公一些能辞让的东西。

的观念,这个观念表达的与其说是"历史作为事件"不如说"历史作为档案";从此立场出发,所有"兴"之谜可以被化解为与"赋"适合的意义类型。与此工程相关的"历史模式的意义"只有在历史已然结束并有定论的条件下才是历史的。①《毛诗序》以及其他三家学派不太喜欢阙疑。他们通常把历史当作世界上最人所共知及最能被自动理解的事物。《金縢》在此处比较微妙,清楚地说明了历史得到可了解的意义的过程。

然而成王并不知道其中的来龙去脉。《鸱鸮》的第三节描写道,年岁开始变坏,坏的征兆接踵而至。成王怀疑天谴正降临他的王国,遂命令公开档案,并从中发现了记载周公之"志"的秘密记录。他先前误解了周公,不知周公有如此之志,正是因为没有看到这些记录。

一切都真相大白。看到这些隐秘的档案,成王知道了当时情势的真相,终于明白了事情的前因后果,同时改变了对叔父的态度。也直到这时成工才理解《鸱鸮》的意义,并立刻将其转为赋的语言:"直铺陈今之政教善恶。"成王对他的大臣宣布:

   昔公勤劳王家,惟予冲人,弗及知。②

斜体的词也出现在《鸱鸮》一诗中。成王的解释在一个已变化了的历史情境中赋或引用这首诗,给予这首诗的母题(及其作者的动机)以决定性的解释。

从这以后,故事撤解了——反方向回放——诗歌一开始时出现的事件。隐藏在诗歌开始时的秘密现在终于大白于天下,那时周公退出朝廷,现在朝廷又要请他出山;最令人吃惊的是,被不祥之风吹倒的树及吹伏的谷物又被"反风"恢复原位。如果我们相信《尚书》之言不虚的话,那么对历史的解读产生了奇迹;很明显,历史比诗歌容易理解,也能更有效地促进

---

① 对众多《诗》《书》的读者而言,历史等同于对历史事件的解释:孔颖达似乎并不想反讽,他说周公创作这首诗是为了"解释"("解")镇压叛乱的原因(《尚书》,13.12a)。
②《尚书》,13.12b;齐诗派也模仿其措辞(王先谦《诗三家义集疏》,页526)。

变化。

关于"兴"的寓言以宣布历史时代的到来,宣布"赋"(知识)对"兴"(含混)的胜利而结束。《金縢》故事以及《毛诗》"淫"诗中的"兴",是适应这个礼崩乐坏时代诗学的语言;同时它转换为"赋"的直白语言促成了可能的最完满的结局。但这个故事最后的特殊功能——负熵(counter-entropic)似的"反风"——并不是凡俗的天气。正如成王所言的,"天"异常地、非自然地"动威以彰周公之德"。"天何言哉?"①如果天能说话,它会用什么语言说话呢?天气像到访的要人一样,通过赋《诗》来显现他的意图。倒伏的谷物和树木是从《诗经》第255首《荡》的高潮部分中借用而来的,《荡》重述了成王的祖父一篇长篇演说:

> 文王曰咨,
> 咨女殷商。
> 人亦有言:
> 颠沛之揭,
> 枝叶未有害,
> 本实先拨。
> 殷鉴不远,
> 在夏后之世。②

文王命令他的子民去温习历史,整首诗的叙述也围绕着这个命令在转动。这首诗其实是去读诗歌的命令。当自然想要修正历史错误,把自然已经为之提供了比拟手段(兴与比)的诗引(或者赋)回到人类中时;诗歌对历史的参与远远超越了我们过去习惯视之的历史参照。诗歌不是暗示历史,而是谋划了历史。

---

① 《论语》第17篇第19则:"天何言哉?四时行焉,百物生焉,天何言哉?"
② 《毛诗》,18:1.7a。商推翻了夏,文王说这番话就在计划推翻商之时。高本汉解释这个格言云:"因此国家的'本'——王室——被拔掉了,枝叶不存就没有人民,则国家对任何危害都不能抵抗。"(《诗经英译》,页216)。另一个对天命观有影响的是《尚书·洪范》篇。

认知到真实性的结果,即能改变历史的历史阅读,是《诗经》不可遗漏的批评文本的夸张变奏。证实历史解读正确的风是一种"反风",它开始吹直它先前吹倒("偃",孔子寓言中对草的看法)的谷物。① 第二阵风倒转了因果规律,取消了自然发生的及道德之中性模仿的意象。通过恢复《毛诗》的纲领,历史情节解释了它自身。如果《诗经》该被历史地解释,那么它的历史很大程度上经过了修正,以至于这种解读的成功可以使时光倒流。

对读《鸱鸮》的诗序以及《金縢》中的故事,显示了诗歌与历史两种不同文体相区别的方式。古代的注释者似乎是基于历史文献来解读这首诗的。但这些文献抹去了诗歌与历史间的差异,其实是将诗歌置于历史之上,并让诗歌裁定历史的进程。根据《诗大序》,历史是在礼的影响下发生,而诗人只是些"达于事变而怀其旧俗"的史家。"变"诗通过刺激国君记忆来"刺"不义的国君。《毛诗》也参照历史,但它真正关注的还是礼的标准。不过,在这里诗歌的教训更为强烈。在开国者周公、成王的事迹中,可为规范的历史以哑剧的形式详细说明了《诗经》诗学的原理:谜语般的"兴",赞扬美德的"颂",模仿及反模仿的"风"。诗学最后决定了周公的"志"②。甚至

---

① 对孔子话语的袭用不过显示了《尚书》仿古的目的,此书从许多资料编纂而成,许多资料晚于《诗经》最早的版本。意味深长的是,《史记》对周朝早期历史的叙述,遗漏了《金縢》事件,相反认为它们与周公个人历史及世系有关(见司马迁《史记·鲁周公世家》,页566—567)。

② 这是个解释性的结论,但它可能有某些哲学依据。中国历史的道德说教传奇是思想家经常使用的方法之一,这些思想家对《诗经》的寓意进行道德化处理也是无法消除的。除了这一点,这些传奇故事的流行有助于定型《诗经》(包括它的注释),形成今天我们读到的文本。尽管毛、齐、鲁及韩诗对《诗经》仪式性的赞美诗("颂"诗及许多"雅"诗)的解释区别很少,但常常对《国风》的对象及意义颇有分歧。不过《国风·豳风》中的诗是例外。它们描写的是周公摄政时的事件:四家诗对这七首诗的解释同样极其相似。甚至在一些细微之处有分歧时(比如,齐诗对《鸱鸮》的解释),它们的解释模式仍相似,显示了它们有《尚书》之类的共同资料来源。如果有一个原始文本(Urtext),同时《诗经》解释中的分歧可以被认为从共同资料生发出的一种分散形式,那么《豳风》和那些礼诗的相关性似乎并不远。也许《诗经》最早的版本只对礼诗及关系到周朝形成的组诗进行了注释。《国风》注释分歧如此之大的原因可能是它们的作者没有较早的(汉代之前)传统可资参照,并试图延伸既有的《豳风》与颂诗注释模式,扩展到整个《诗经》注释之上——如果朱自清的观点没错的话——甚至扩展到任何有记录可寻的诗之上,仅仅是为了保存它们的音乐。参见第二章有关朱自清的推测。王金凌观察到注家在雅诗、颂诗上的相对一致,但没有辨别《豳风》与《国风》中其他诗的区别(《中国文学理论史》,1:324)。

圣人都不比这种模仿理论更值得效仿。

~

对《诗经》的解读已从讨论讽寓到探究规范性——似乎将讽寓的主题束之高阁。讽寓与典范之间的关系如何？它们之间似乎互动甚少，讽寓这个专业术语似乎出现在对文本的修辞分析中，但某物能否成为其他事物的*典范*似乎是由认知而非修辞性语言决定。事实关系就像确凿的证据"超越了修辞艺术"。从修辞转到指涉的语言及分门别类，难道并不意味着完全改变主题吗？

前面几章的讨论应该显示了从讽寓到典范的过渡是可行的，且(讽寓与典范)两个领域之间能够沟通。本书之研究试图解释《毛诗》是怎样构想出立足于语言的典范的(可为规范的修辞，诗歌中的规范性要素，甚至规范性的双关语)。规范性是一种事实关系，然而这种事实关系是从诗中或通过诗来创造的。

《诗经》的注释包含两种对规范性关系的解释：一种视所有典范为(准自然)类型的例子，而另一种将每一个典范(在产生斧子之斧子的链条中)追溯为文化创始人创礼制乐的功业。对第一种或静态的规范模式而言，所有读者需要知道的历史已经发生了，且批评语言仅有一种描述性(descriptive)或陈述性(constative)功能；对第二种模式而言，当下发生的历史是创始行为(founding act)的再现(及纪念)；并且只能以践言性(performative)解读传承，这种解读对文本也有所改变。对第二种模式而言，它没有既给定又充分的基石。这两种语言关系紧密，虽然两者可能的关系是相互冲突的——事实上，第二种语言之斧经常在第一种语言的树干上得到磨砺——那么千年来努力把《诗经》当作自然类型的清单的研读，只会使关联与差别更加明显。

《诗经》传统中关于讽寓的问题不管怎样都与这个选择联系在一起

吗？确实如此：呈现在《毛诗》读者面前的诠释选择同样也呈现在《诗经》诗学与解释学学者的面前。

《诗大序》叙述的故事，即先王"用"诗"美风俗"以及国史吟唱"达于事变而怀其旧俗"的故事，是一种双面的诠释的试验案例。它的历史寓言（"诗歌详述道德教化之过程"）的实际内涵是一道命令（"把诗歌解读成在讲一个故事，那么这个故事就会成为现实"）。它的陈述性语言（事实语言）是践言性要旨（期望与意愿的语言）的一个托辞，并且它对历史的讲述指向未来的条件式。这样，即使《诗大序》不能让它的解释植根于先前的历史中，它也会重新引导解释通向正在进行的历史，即规范性阅读的历史。

这里公开宣称的诠释功能就是典范构建以其为典范的事物。只要这些事物不是给定的，而是通过阅读产生的，诠释就要使文本发生性质上的变化；它们根据自己意愿重塑了文本。这个意愿多大程度上能实现，以及把诗歌当作圣人宣言来阅读的意愿能多大程度上改变文化，也就是愿望与事实之间的差距消失的程度。正是坚持第二种非自然的规范性模式的读者最成功地抵制了针对《毛诗》的"讽寓化"的控告。借用卡夫卡（Kafka）的话说，读者已经"因为跟随寓言而变成了寓言。"①用此种方法阅读，修辞也就不再是修辞。

"讽寓性的"作为一个术语被引入到《诗经》讨论中，是因为传统的阅读未能获得可靠的历史，称这些解释为"非讽寓性的"，意图就在于使它们与历史或历史观念之间的关系不成为问题。这两个术语都没有描述出我们为《毛诗》重构的地位。阅读就好像人们可以在规范性阅读及另一种阅读之间选择一个世界，不可逆转的历史——圣人的历史——在此世界中不会发生。好像没有选择的问题，好像标准的阅读是不可避免

---

① 法兰兹·卡夫卡《论寓言》（Von den Gleichnissen），《卡夫卡小说全集》（Sämtliche Erzählungen）（美茵河畔法兰克福：费舍尔出版社，1981），页 359。

的,这种阅读把历史从历史中抽离。

  《毛诗》解释传统仅知道一种历史,即诗学的或讽寓性的历史:说它是诗学的因为它产生了它所叙述的事件,说它是讽寓性的因为它对事件的叙述与生产在相同的语词中发生,尽管以不同的语言模式发生。在这里决定古典文本的语言模式的任务——好像17世纪耶稣会士或今天比较诗学学者的任务——是一种中国美学的中心问题。既然由诸如《毛诗》之类的文献揭橥的解读渴望用诗歌语言的模式重塑历史,那么美学问题的范畴,在"寓言"中及在古代中国,超出了美感、知觉与艺术品的哲学范畴。"中国美学"不再是一种美学历史发展中表现出的形式,即一个能普遍显露问题的个案;相反它现在开始命名历史(中国史)及美学的共同来源或目标。再现这种美学就是再现帝国。帝国是模仿之模仿。既对中国又对《诗经》美学课题之存在都非常必要的"教化"的特征,不但为比较诗学而且为比较中国(comparative Chinas)开辟了道路。

第五章　黑格尔的中国想象

RIEN

　　　N'AURA EU LIEU

　　　　　QUE LE LIEU

——马拉美《掷骰子》

[黑格尔的《历史哲学讲演录》手稿]的内容无非是由连线相接的孤立的单词和名称,分明是为了要在讲授时帮助记忆。

——爱德华·甘斯《序言》①

彻底贯彻《诗经》践言性(performative)解读的结果,就把文学语言的学者推到一个令人望而生畏的研究对象之前——中国,这件艺术品的载体是历史。② 《诗经》的乌托邦美学将历史组织为一系列的模仿行为:

---

① 题辞:"如无所在,无物将在。"马拉美(Mallarmé)《掷骰子》(Un coup de dès),《马拉美全集》,页 474—475;爱德华·甘斯(Eduard Gans)为黑格尔《历史哲学》所作序言。
② 这个结论令人尴尬的原因,参见本雅明《机械复制时代的艺术作品》(Das Kunstwerk im Zeitalter seiner technischen Reproduzierbarkeit)结语,《本雅明著作集》,I.2:506—508;翻译见其《启迪》(Illuminations),页 241—242。关于本雅明总论性的等式——"法西斯主义是政治的美学化"——的进一步论述,参见伊丽莎白·M·威斯金逊(Elizabeth M. Wilkinson)及 L.A.威洛比(L.A.Willoughby)为席勒《美育书简》所作的导言,pp. cxli-iv;以及德曼《康德与席勒》(Kant and Schiller)结语。

帝国观念的实现及失落。这个帝国同时是一件艺术品以及解释艺术品的纲领。由周公等圣人产生的"仪礼—政治"活动是对《诗经》诗学强烈的模仿——中国就是一首被大写的诗,是模仿之模仿的产物。选择一种解释《诗经》的修辞语言是实现中国的不可分割的部分,可能更是决定性的转变。在读者中及在其他地方,中国正是这种解读的回报——就是本书上文所说的利玛窦、龙华民及莱布尼茨故事的寓意所在:每个人得到了他应得的中国,也是他对修辞语言的理解应使他得到的中国。从而"中国美学问题"就成为美学本身的问题,也变成艺术之生产及解释与历史事件之生产与解释间关系的问题。历史书写——甚至中国历史的书写——是这种双重生产的一个特别的例子。事实上,因为历史书写既是解释性又是模仿性的工程,所以任何撰写中国历史的尝试将引发与《诗经》诗学/历史工程的比较。这种比较多大程度上能有普遍性的应用?比较的术语多大程度上专门与中国及诗歌阅读主题相联系?黑格尔对中国历史的书写为这两个问题提供了一个试验案例,因为它明确从美学范畴中抽绎出它的主旨。

当黑格尔第一次讲授世界历史哲学的时候(1812),

> 他花了三分之一的时间在"绪论"和"中国"上,这部分工作真是冗长、烦琐,煞费苦心。即使在后来的演讲中,对这个帝国,他才不再那么仔细,

黑格尔遗著的整理者爱德华·甘斯说:

> 编者仍然不得不酌加删减,免得"中国"一章所占比重侵犯和损害其他各章的论述……直到1830—1831那个学年

——即在五次尝试教这门课的最后一次——

> 黑格尔方才有办法来更全面地讲述中世纪及近现代,而本书(《世界历史哲学演讲录》第一版)中关于这两个时期的两节文字,大

部分便是取自这最后一次演讲稿。①

尽管甘斯重新收集了更全面的教学大纲,但最后一次课程的演讲稿仍被命名为《世界历史哲学》(第一部)。我们想知道:还曾有第二部吗?世界历史的"第一部"是何种类型的"开始部分"?这个第一部应该与《存在与时间》第一部还是黑格尔自己的《哲学全书》第一部分《精神现象学》归为同一类?所有这些有第一部的书都承诺有第二部以继之,不过都没有下文;但根据甘斯的看法,《世界历史哲学》"第一部"听起来不像还有下文的承诺,而更是坦承讲课者永远都不会穷尽研究对象。或许再一次表明了黑格尔的决心:把"第一部"固封为仅仅一个部分,给它一个结束,并防止它侵犯及损坏它仅应介绍的课题的其他部分。根据这个推测,1830年课程名称的谦逊主张,与甘斯记忆中更全面的——更接近"完整的"——"世界历史哲学"并不矛盾。"第一部"的材料,就像一个永无休止的恶无限(bad infinity),必须有一个界限,成为其他东西的一部分,被包括及被替代,以令除此部分以外的任何东西可以得到谈论。"世界历史"是一个有关脆弱的定义的问题。将"第一部"建构为"第一部"是一个标志,标志着"世界历史"打算让它成为世界历史的主张很像会事儿,这足以与希腊神话中的大力士赫克利斯(Hercules)在襁褓中把侵犯他摇篮的毒蛇扭死的壮举相媲美。

但神话的比喻也许并不恰当,因为黑格尔不是英雄般的婴儿,而是一个在安排可能是他最后课程之题目的著名教授。为什么像黑格尔不

---

① 爱德华·甘斯为黑格尔《历史哲学》所作序言,见《黑格尔全集》,由逝友联合出版,9:xvi,xix;又见引于编辑部对第12卷的批注,《全集》,12:564。黑格尔的《历史哲学》是一个合成的文本,由未完成的手稿及数种学生的笔记综合而成。由于演讲没有完整而标准的文本,我们不得不参照若干种并行的版本:以卡尔·黑格尔1840年对甘斯1837年的整理本进行修订为基础的《全集》本,乔治·拉松(Georg Lasson)1917—1923年的整理本[这里引用的按其各部分的名称:《东方世界》(*Die oritentalische Welt*),《希腊及罗马世界》(*Die griechische und römische Welt*),《日耳曼世界》(*Die germanische Welt*)];以及霍夫迈斯特(Johannes Hoffmeister)1955年在拉松基础上增加导论的扩充版[《历史中的理性》(*Die Vernunft in der Geschichte*)]。

能把"第一部"置于身后？黑格尔在柏林版《哲学体系》"自然哲学"部分所讲的故事可能是一个比赫克利斯更好的类比，它是关于生命与死亡之间紧密关系的，关于骨头（bones）对于与其押韵的石头（stones）之拒斥的。"植物可以让自己的木质和树皮枯萎，可以让自己的叶子凋落，但动物本身就是对自身的否定。"①"第一部"中的中国及其邻国的历史是世界历史的阻碍吗？"第一部"因其所宣称的不完整性，是黑格尔式历史"对自身的否定"吗？这里起作用的"自身"及"否定"是什么？

在我们开始把"本身"与"否定"相连之前，需要更详细说明骨骼模型。在黑格尔的自然学说中，动物有机体的第一个亚系统"形态"（Gestalt）分为三个次亚系统（sub-sub-system）：感受性、应激性及再生产。感受性是区分动物与植物的特征，它显示了动物"自身不可分割的同一性"②。就动物"感受性"方面而言——如神经和骨骼——可以说动物在物理世界是一个天真的参与者：所有的反应都在感觉接受的末端，感觉只是动物自身的，也是它到此为止拥有的全部"自身"性。感觉是一个"自我"（self）的"自身"（own），除了与自身同一之外，"自我"尚未获得个体性。这个动物感觉到的仅仅是这个动物感觉到的。

这称不上个性——毕竟，石头也与它自身等同——直到动物能给自身一个更好的定义之前，它都要承受这样逻辑命运："转变为直接性、无

---

① 黑格尔《哲学全书》第二部分《自然哲学》，《全集》，9:437。以下参考《哲学全书》只引用《全集》本中引文所在段落的编号。这部书细分为《逻辑科学》（或《小逻辑》），第 19—244 段；《自然哲学》，第 245—376 段；《精神哲学》，第 377—577 段；下文我会不时引用到这些部分的名称。

② 黑格尔《哲学全书》，第 353 段（《全集》，9:436—438）。由学生笔记编成的"附释"（Zusatz）引用黑格尔之语云："感受性是概念的普遍主观性与其自身的单纯同一性，是有感觉能力的东西，这种东西在精神领域就是'自我'。感受性受到他物的触动，就会直接把他物转变为自己的东西。"关于黑格尔"感受性系统"直接来源的阿尔布莱克·冯·哈勒（Albrecht von Haller）的哲学，参见黑格尔《自然哲学》，3:302—305。此书的译者迈克尔·约翰·佩特立（Michael John Petry）指出这段受到的费希特的影响（页 301）。专业术语"应激性"（irritability）意为"因外界的刺激，对生命活动表现出兴奋的能力"（*OED*, *s.v.*, 引用 1751 年的用法）。

机存在和无感觉。"①没有机体完好的动物甘心接受这样的命运,拒斥这种命运的可能出现在"感受性"理论的一端,即当骨骼"对外延伸为坚实的支持点(Anhaltspunkte),如角、爪"时。这将我们与《精神现象学》中关于自然哲学的论述拉近。

> 特征(Merkmale)应该不仅与认知有本质的关系,而且也应该与事物的本质规定性有关;而且,人为的系统应该符合于自然的系统……比如说,动物的特征在于爪、牙,这是因为事实上不仅认识要依靠爪、牙的不同来区别此一动物与彼一动物,而且动物自己也赖此[与外部世界]隔离。②

窥一斑而知全豹(Ex ungue leonem)！现在"自身"归于自身了。牙齿和爪子是典型的特征,是动物以及动物研究都应追求的个性化的符号。这些"感受性系统"发展的结果与此系统开始的"点对点"的自我感觉似乎完全处于两极。③ 其中发生了什么？"感受性"理论怎样从无特征的被动性转向有论争力的主动性,从神经末梢转向角的尖端的？

中间阶段是"骨骼系统的产生,它对内部来说是外壳,而对外部来说则是内在东西对抗外在东西的坚实支柱。"④骨骼是"身体系统最内里的

---

① 黑格尔《哲学全书》,第 354 段(《全集》,9:439)。关于类似的从绝对的特殊性到绝对的一般性的过渡的考察,参见德曼《黑格尔〈美学〉中符号与象征》(Sign and Symbol in Hegel's Aesthetics);以及活敏斯基(Warminski)《诠释中的解读》(Readings in Interpretation),页 163—179。
② 黑格尔《对自然的观察》(Beobachtung der Natur),《精神现象学》(Phänomenologie des Geistes)(《全集》,3:190)。"区分/距离"可以尝试翻译双关语"unterscheiden/scheiden"。与上揭书页 85—86,97 比较;《法哲学原理》(Grundlinien der Philosophie des Rechts),第 6 段(《全集》,7:82);《哲学全书》,第 20 段(《全集》,8:74);以及《规定、状态和界限》(Bestimmung, Beschaffenheit und Grenze),《逻辑学》(Wissenschaft der Logik)(《全集》,5:131—139)。1805—1806 年间耶拿的手稿显示,黑格尔还没有决定是否将爪与角放到"皮肤"或"骨头"的标题之下,并采用古典逻辑程式的老路:见黑格尔《耶拿体系草稿三》(Jenaer Systementwurfe Ⅲ),页 142—143,152—153,158。
③ 黑格尔《哲学全书》,第 351 段,《附释》:"Dieses Punktuelle...[ist] das Subjekt als Selbst-Selbst, als Selbstgefühl."[这种点状的东西(即动物意识,柏奇把这个修饰词翻译为"点的")punctiform)是自我=自我的主体,就是自我感觉的主体]。关于"点"的模式,详见下文。
④ 黑格尔《哲学全书》,第 354 段(《全集》,9:439)。

部分,它直接而坚固——但在另一个阶段,它停止成为内里——就像木心是树木最内里的部分……但以种子的形式反转了自身(只有外面的覆盖层)——因此骨骼对内脏来说变成了外面的覆盖层。"①因为骨骼,虽完全只属于动物,却囊括了植物生命的连续相接的各阶段,所以对单个动物以及"动物"界而言,它是外表的内核及内核的外表。然而植物能让其已死的表层脱落,动物不得不把骨骼放在身体里面,并带着它们到处行走。对植物和动物世界而言,什么是有生命的和什么是死的问题表现出来是不同的,对它的解决也是不同的。从"感受性"的原理出发,《附释》(Zusatz)阐发并照字面解释了《哲学全书》文本的主要内容。

> 感受性作为感觉的自相同一,在被归结为抽象的同一时,不是麻木不仁的、静止的和僵死的东西,这种东西扼杀了自身,却永远离不开有生命的东西的范围。这就是*骨骼*的产生;借助于骨骼,有机体预先(*Voraussetzt*)奠定了自己的基础。骨骼犹如植物的本质,是一种单纯的、因而僵死的力量,这种力量还不是过程,而是抽象的自身反映。但是,它同时也是自身反映的僵死的东西。②

这里骨骼看起来并不比它们往常可爱,但黑格尔很谨慎地不去否定它们的必要性。正如谚语所言的,"他爬过了*尸体*"(He climbs over corpses)适用于任何脊椎动物;人们能如此无情地爬过的尸体只可能是他们自己的。骨骼是"僵死的东西"。它以物质的形式重申"感受性系统"第一层次中"静止和僵死"的同义重复是与自身同一的,在第一层次中,除了最普遍的(及不确定的)方式,动物不能用任何方式定义自身。黑格尔这里的论述没有解决同义反复的僵局,仅仅把它放置到动物生命理论之中。纯粹的"感受性"没有给出动物区分其自身与非有机物的方

---

① 黑格尔《耶拿体系草稿三》,页138—141。
② 黑格尔《哲学全书》,第354段,《附释》(《全集》,9:440—441)。关于"Voraussetzen"("预先"),参见德里达《丧钟》(Glas),页110。

法。而骨骼现在就像一块内化的石头,好像它是特殊(*我的*感觉)与一般(任何为非特定的*自我*的感觉)之间尚未形成的综合体的残余。除了以"自身反映的僵死的东西"为建构基础外,对它并没有多少处置之法。动物没有骨骼,就缺少了自主的"基础",可能会瘫软到地上,从而与非有机体和植物毫无区别。没有骨骼将动物支撑起来,动物可能就成*了尸骨*。有一副骨架是获得相对于地球的"机械客观性"的方法,及延缓感受性向"抽象的自我反映"执拗的前进(即变为一块石头或一副骨架)的方法。①

有个"第一部"是历史逃避等同它自己为"第一部"的方法。黑格尔不能丢下的"第一部",即《世界历史哲学》名为"东方世界"的部分,被认为是欧洲中心主义的世界历史的典型,是一种自我中心地抓住机会把主角排挤出故事的论述,简言之,是一部既不适合成为"世界"的历史,又不适合成为世界"史"的书。这些批评的话针对的批评对象是黑格尔采用的"权力让渡"(*translatio imperii*)的手段以及它将亚洲民族的特征概括为"活化石"的结果②——考虑到这些短语的用法及为什么使用它们,可以说确实是这样的。但在黑格尔著作的其他地方,我们关于这些骨骼的发现,以及从生命与死亡间假定的

---

① 黑格尔《哲学全书》,第 354 段,《附释》(《全集》,9:442)。地球也是一块骨骼(第 337 段,《附释》,《全集》,9:340)。骨骼是身体的等同物,就是后来作为工具与奴隶的实践精神与社会组织的综合,以它们为中介,"我在自我与外物之间夹入了一点机巧(cunning)"[黑格尔《耶拿体系草稿三》,页 189;亦见页 204(记在边页注释中的草图),页 206—207]。黑格尔关于工具与作品的思想,参见卢卡斯(Lukàcs)《青年黑格尔》(*Young Hegel*),页 174,325—329,343—344。在《精神现象学》导论的开始部分,黑格尔驳斥了这种理念:认知是获取绝对之工具(《全集》,3:68)。
② 见黑格尔《法哲学原理》,第 355 节(《全集》,7:509—510);《历史哲学》,《全集》,12:96—101,147,178—179。"让渡"(translation)在法律的意义中,是有序地转让某种权利或财产之意;"权利让渡"是某种统治的权利,由天命从已亡的罗马皇帝假想向查理曼大帝(Charlemagne)让渡。关于这个成语其他的例子,参见胡林(Hulin)《黑格尔与东方》(*Hegel et l' Orient*),页 59—61,140;及基塞韦特(Kiesewetter)《从黑格尔到希特勒》(*von Hegel zu Hitler*),页 142—144。当历史时间线性的、统一的模式发生例外时,一般首先要归罪于黑格尔[关于特别详尽的指责,参见酒井直树《现代性及其批判》(Modernity and Its Critiuqe),页 475—478,但只有其中提到的哈贝马斯(Habermas)能给这个主题提供新的信息]。关于阿尔都塞(Althusser)支持历史的"复杂性"而反对线性,参见阿尔都塞与埃蒂安·巴利巴尔(Balibar)《读〈资本论〉》(*Lier " Le Capital"*),I:51—53,116—123;参考古德利尔(Godelier)《"亚细亚生产方式"的概念》(La Notion de "Mode de production asiatique")中对马克思主义线性主张的质疑,页 2020。

区别中发现的,导致对黑格尔"东方世界"及引起我们尴尬内容的另一种读法。就好像黑格尔的一些弟子可能舍弃亚洲的历史包袱,以及一些黑格尔的批评者舍弃黑格尔的《历史哲学》,摆脱"化石"的能力属于植物和树木,并可以被称为(毫无伤害的)前脊椎动物的处理问题的方法的表征①(如果有任何疑虑,那么根据《自然哲学》,可以明确的是历史需要由动物来演绎②)。难道其他部分的历史不应把推动其向前的能力归结为"第一部""麻木不仁的"、无自动力的历史吗,就像动物靠它石头般的骨架支撑并推动它自身一样。在最充分的意义中,黑格尔"第一部"中的什么东西使它成为一个"第一部"?1830 年,黑格尔有没有发现一种通向第二部的方法,同时达到相对于历史开端的一定程度的"机械客观性"?

地 理

世界性历史书写的规则是众所周知的,尤其因为这些规则反映了黑格尔全部作品反复勾勒的历史发展规律。

> 历史是精神的形态,它采取事件的形式,即自然的直接现实性的形式。因此,它的发展阶段是作为直接的自然原则而存在的。由于这些原则是自然的,所以它们是相互外在的多元性(als eine Vielheit außereinander);因而它们又是这样地存在着,即其中每个归属于一个民族,成为这个民族的地理学上和人类学上的实存。③

民族的"直接的自然原则"是不相关联的——基于物的模式而非质

---

① "植物只有对变化持超然态度,才能免于变为他物,而拯救自己。"(黑格尔《哲学全书》,第 353 段,《附释》;《全集》,9:437,亦见页 436)。
② 黑格尔《哲学全书》,第 344 段及《附释》(《全集》,9:373—375)。
③ 黑格尔《法哲学原理》,第 346 节(《全集》,7:505),亦见《历史哲学》,《全集》,12:页 72。比较 T. M. 诺克斯(T. M. Knox)翻译的黑格尔《法哲学原理》,页 217。关于作为空间的"相互外在的多元性"(Vielheit außereinander),见黑格尔《哲学全书》,第 254 段(《全集》,9:41—43);以及海德格尔《存在与时间》(Sein und Zeit),页 428—436(《存在与时间》英译本,页 480—486)。

的模式①——以及明确的。处于自然原则限制之内的类型枚举应该让这些原则以原来的方式存在。② 但世界历史还要考虑其他一些东西。世界历史是累积的。也就是说"原则"怎样在一个持续的论述中成为"阶段"的。"通过精神达到的[发展]阶段作为一个民族的自然原则而存在,即作为一个国家……一个民族不能跨越一个以上的[发展]阶段,也不可能在世界历史中重现两次盛世。"③

"时间在可感的形式中是否定的存在"④,且在世界史中比在国别史中更是一种运作的原则(时间对仅仅与这个或那个民族"直接存在的原则"的展开有关系的国别史有多大意义尚不清楚)。首先"自然原则"像在空间中的物体一样相互排斥——否定;现在他们是一系列的物。这些原则被纳入到世界历史的进程之中,相互否定,又随之被否定,变成一段更长的关于精神发展的故事的情节;这个故事如果根据黑先生的规则来叙述的话,只能在一个时段提到一件事并拒绝事情的重复。

当确定的"民族精神"否定性地规避(第一个,空间的)否定之(第二个、时间的)否定时,会发生什么?历史从一个系统或地域发端——我们不知如何确切称呼它——历史哲学要把这个系统或地域纳入其中颇有麻烦。原因极其简单,因为在希腊的东方以及比希腊更古老的民族都站在历史之外。超国家的历史(精神的发展,自由的渐进实现)离开了东方,正如东方作为文明之开始,不得不远离自然一样。或如米歇尔·胡林(Michel Hulin)简洁表述的:

> 作为一种历史形态的东方没有起源……东方为历史的其他章

---

① 比较黑格尔《法哲学原理》,第323段(《全集》,7:491),《哲学全书》,第125、126段,及《附释》(《全集》,8:256—257)。
② 国际法亦如此,见黑格尔《法哲学原理》,第333,340节(《全集》,7:499—500,503)。
③ 黑格尔《历史中的理性》(*Vernunft in der Geschichte*),页180。这一段不见于苏尔坎普出版社出版的《黑格尔著作集》,而基于爱德华·甘斯及卡尔·黑格尔1840年的版本;大致相似的内容,见《全集》,12:104—105。
④ 黑格尔《历史哲学》,《全集》,12:103。

节埋下伏笔,却没有以同样的方式被铺垫。这种不平衡的结构使东方发展为"混杂现实"(hybrid reality)或中介(*Mittelwesen*),它只能艰难地被带进建设性的辩证法中。①

中国是突出的例子,是东方之内的一个东方,在那里"所有的变化都被排除在外,静态的东西(*das statarische*)……取代了我们在其他情况下称之为历史的东西"②。我们立即明白了为什么黑格尔关于"世界历史"的演讲就在讲到东方时就抓住不放了。如果中国是"恒久的国度"(Reich der Dauer),那么对它的论述可能永远不会有尽头。中国变成了演讲者对世界历史强烈关注的主题,演讲者希望在这种无尽的时刻某处中找到一种"断裂",即一种让走向另一个时刻有道理的"断裂",一种最终有足够决定性以使历史走出亚洲并踏上它应走之进程的断裂。在此大陆的欧洲边缘,找到这种断裂的机会大量存在,如以色列人告别世俗,波斯人遭遇希腊人。③ 但在这两个例子中,断裂都不是从亚洲历史进程中兴起的。波斯人开始把希腊人当作对手,并且"亚伯拉罕借以成为国家祖先的第一个行动就是分离",是一种开辟新纪元似的断裂,"与之断裂的是整个关系系统,他从前在此系统中与他人和自然共同生活着"④。《历史哲学》很难给它的理性以一个恰当的解释形式。似乎从非历史的给定事实中无法产生历史——希腊、以色列,这就意味着从东方到西方转变的环节之必要性值得怀疑;欧洲不再把自己呈现为亚洲提出的问题的答案。⑤

---

① 胡林《黑格尔与东方》,页 49,55。
② 黑格尔,《全集》,12:145,147。
③ 黑格尔《东方世界》,页 454—455,512。关于腓尼基[黑格尔阅读沃尔涅(Constantin de Volney)的记录]见雅克·敦德(d'Hondt)《黑格尔的秘密》(*Hegel Secret*),页 101—106。
④ 黑格尔《东方世界》,页 454—455,512;又其《基督教的精神及其命运》(*Der Geist des Christentums und sein Schicksal*),《全集》,1:277。因为埃及,这个情况就有些不同了。埃及人以一种怪异的谜语及象形的记号语言来表达他们自己,而希腊人发明它们是用来阅读的。
⑤ 黑格尔《东方世界》,页 509—511。在此处及在《美学》中,俄狄浦斯给斯芬克斯的回答呈现出象征的重要性:见《全集》,12:272;13:246,271,279,287;15:545,551。

欧洲和亚洲间桥梁的缺失反映在对亚洲本身的描述之中。亚洲似乎可分为两个部分：没有历史的广阔腹地，以及与历史相激荡的边缘地带。亚洲两部分的衔接——它的腹地与外缘——是解决联系欧亚问题的捷径。从演讲的一个版本到下一个版本，黑格尔试验这些方法：把一个两部分的、反映历史与非历史之间（不确定）关系的系统转变为三个或更多部分的系统，即他不得不将在历史中静止的亚洲部分分别出不同的环节、动因及中介。

这样中国（以及中国神权政治原则的一个更粗糙，但并没有本质差异的翻版——蒙古）继续作为东方之东方，印度准备好了到波斯、西亚（腓尼基、叙利亚、以色列）及埃及的过渡。因为最后三个"部分"都在亚洲的外缘，已经与历史进程产生联系；中国变为纯粹而简单的亚洲，而印度变为过渡到西亚及历史的路径。① 这就需要随意对历史进行编年，以令其适应地埋并适应西亚进入世界舞台的自相矛盾条件——即埃及与希腊之间以及波斯与希腊之间必须是、然而不可能是同步且直接的接触。"民族精神"(*Volksgeister*)（在《法哲学原理》及世界历史导论中）似乎属于一种有着离散对象的物理学，但波斯、西亚及埃及的"民族精神"，作为一个整体而非个体(*Besonderheiten*)，影响到后续的环节——希腊。在其主题结构中，世界历史区分了世界历史任务及国别历史任务的差异。如果这种对章节的处理方式是"历史"(*Weltgeschichte*)新原则的典型，那么我们不能通过概括的不同国家历史或一系列不同国家的历史来达到世界历史。这也使确切弄清楚黑格尔的亚洲是什么样的客体变得困难，因为这些亚洲帝国可以被轻易地扩张、收缩并在时间中前后移动，对黑格尔来说，表明了东方的问题不是一种历史或纪年的问题——一般

---

① 胡林揭示了黑格尔所概括的印度特征之框架："印度是许多矛盾的纠结，[黑格尔的]东方因此受到困扰……[它的]历史像钟摆一样摆动。所有问题在于这种单一的建构是否真正成为[亚洲]两极之间交通的管道，而这种单一的建构概括了整个东方。"作为中介的印度，在对其应联系的环节之特征的仔细观察中消失了；三分的系统与旧的二分的系统并无不同（《黑格尔与东方》，页68—69）。

性的参照系问题——而是一个逻辑问题。①

（作为一本名为《历史哲学》书中的一章）东方实际上被隔绝于历史之外。如果通常的历史范畴（首当其冲是变化）并不适用，那么历史理性如何讨论东方历史？黑格尔的介绍提醒我们提防时代错乱的诱惑——或者将历史的产物理解为可互换的诱惑，好像历史的产物是拥有意义但无固定句法组织起来的术语。把中文的"道"，译为斯宾诺莎的"单子"或使徒约翰（Johannine）的"逻各斯"（Logos）是纯粹的"形式主义及错误"。这种类比仅仅是形式的和分析性的，但孤立的环节错以为理念的发展等等。② 这种类比是历史主义把形式主义抛在后面的奋斗的辩护，以至于黑格尔发现中国哲学中最该反对的恰恰是其形式主义["一种你可与沃尔夫（Wolff）落伍的逻辑相提并论的逻辑"]③。《易经》和克里斯蒂安·沃尔夫（Christian Wolff）作为化石来自同一时层。历史主义并没有去区分两种历史无关性（ahistoricity）的急迫需要。世界历史从构成上来说是——也就是说它必须是——与它的对象不一致的方法，或很明显与形式主义不一致的方法。不将中国哲学作为化石加以研究就是要变成中国的、形式主义的以及沃尔夫式的。④

---

① 或者关于"后勤学"的。所以，这里采用的研究取向必须与爱德华·萨义德（Edward Said）《东方主义》（Orientalism）之类只是作为参照的研究取向有所不同。影响黑格尔历史写作的逻辑及其他所有有效力的问题有待于黑格尔演讲更好版本的整理完成。尽管某些演讲比其他的版本更完整，但所有可以得到的文本显示"黑格尔好像在一轮授课中讲完了所有的内容，并且这些演讲在数年间讲授了多轮，但讲稿的阐述一直处于变化之中"（波鸿黑格尔档案馆的库茨·瑞纳·梅斯特的个人看法）。
② 黑格尔《历史哲学》，《全集》，12:90；又见其《哲学史》（Geschichte der Philosophie），《全集》，18:16。
③ 黑格尔《历史哲学》，《全集》，12:141，把中国人表现为 Wolffiansas 或把沃尔夫表现为中国从前就已有之，黑格尔援引了传统主题，但没有把自己放到这个传统中。见罗凡杰（Lovejoy）《中国浪漫主义的起源》（The Chinese Origin of a Romanticism），载《观念史论集》（Essays in the History of Ideas），页107—108。
④ 形式主义与缺少变化正是黑格尔用来责备莱布尼茨的。"莱布尼茨由于其智力而使自己受到诱惑，把一种以象形的方式形成的完备书写语言看作是值得追求的……中国人的象形文字的书面语言只适合于这个民族的精神文化的缓慢进展。"（《哲学全书》，第459段，《全集》，10:273—274页）。

从历史之内回看那些处于历史之外的事物需要划分许多界域。人们要提防"形式主义及错误",因为它牵涉到把不相像的东西比作相像的东西,而历史是由历史进程引发的观念,这种观念本身有着明确起源。亚洲边缘国家之一的以色列实现了"东方原则的倒转",当

> 精神的断裂从那些自然、感觉及直接的东西中解脱出来……这里……自然消退并被视为外在的事物。这正是自然的真理……对自然作为一种被创造物的呈现在神性与自然之间建立一种新的且不同的联系,[即]神的崇高……
>
> 如此,并且是本质上是第一次,事物的真正历史观首次呈现它自己。①

确切地说,历史的开端亦是对这种历史与那些似乎是前历史之间差异的宣布。"历史"这个词是在引申的、大约的、模糊的、修辞学的,或不真实的意义中应用到这部办史的"第一部"中去的。"第一部"至多是一个例子,一种测试,没有什么严肃的东西会以之为基础。②

如果"第一部"不是历史,那么它是什么?这个问题可以参考黑格尔哲学课题的最宽泛的提纲加以重新表述。假如我们想起黑格尔《哲学全书》的主要划分——

  Ⅰ. 逻辑学,研究理念自在自为的科学。

  Ⅱ. 自然哲学,研究理念的异在或外在化的科学。

  Ⅲ. 精神哲学,研究理念由它的异在而返回到它自身的科学。③

---

① 黑格尔《东方世界》,页 453—455。
② "当讲到中国和印度的时候,他自己说过,他只想藉此表明哲学何以应该理解一个民族的性格,而且这番理解工作在静止的东方各国较易做到,不比具有一部真正的历史和性格的历史发展的那些民族来得难于理解"(卡尔·黑格尔为《历史哲学》所作的序言,见黑格尔,《全集》,9:xxi;斜体为笔者所加)。
③ 黑格尔《哲学全书》,第 18 段(《全集》,8:63—64)。但是"这种划分部门的观念,实易引起误会,因为这样划分,未免将各特殊部门或各门科学并列一起,它们好像只是静止着的,而且各部门科学也好像是根本不同类,有了实质性的区别似的。"因为划分部门观念的空间化,所以这种观念本身就是"精神"向"自然"的转变。

——那么,亚洲研究面对的第一个问题是决定它是否属于自然或精神(*res extensa* 或 *res cogitans*)的研究。至少对一种后摩西的(post-Mosaic)、历史的意识而言,亚洲是一个否定的环节,是对其所非是之物的一瞥;而亚洲研究是对一个在其"外化"之中的理念的研究。给它一个只有(真正的)历史开始之后才能适用于它的名称,那么"第一部"是自然;一个从历史之内观察时的"外部的东西","去神性化的东西"(*entgötterte*)。

那么,对我们,历史学家们,而言,这种自然是什么?

> 自然是作为*他在*(*Anderssein*)形式中的理念产生出来的。既然理念现在是作为它自身的否定东西而存在的,或者说,它对*自身是外在的*,那么自然就并非仅仅相对于这种理念才是外在的,相反,外在性就构成自然的规定,在这种规定中自然才作为自然而存在。
>
> 附释:物质的无限可分性无非意味着物质对它自身是一种外在的东西。自然的不可量度使感官感到惊异,它恰恰就是这种外在性。
>
> ……
>
> 在这种外在性中,[自然]观念的规定具有*互不相干的持续存在的外观,互相孤立的外观*……自然在其定在中没有表现出任何自由,而是表现出*必然性*和*偶然性*。
>
> ……
>
> 自然在理念中*自在地*是神圣的,它的存在并不符合于它的概念;自然宁可说是*未经解决的矛盾*。它的特性是*被设定的存在*,是否定的东西。①

---

① 黑格尔《哲学全书》,第 247,248 段(《全集》,9:24—28)。《哲学全书》导论将哲学与"零碎的知识聚集",譬如文字学之间区分开来;也与"基于任意而成立的学科,例如纹章学:这类学科可以说是完全是*实证的*"不同(第 16 段,《全集》,8:16)。"Positedness"这样成为"任意"(arbitrary)的一个近似的同义词。从精神的角度来看,自然以及符号之类的惯例同样是"实证的"(感谢罗杰 · 布拉德让我注意这段)。

"自然"是"日、月、动物、植物,等等。"①——但"自然"首先是一套解释程序。如果精神的范畴一直占优先和主导地位,且如果自然哲学的终结(它的真相大白的情结[recognition plot],"从不知到知的转变")②是向精神显示自然是另一种形式的精神③;那么事实上对自然来说,并没有什么异样。如果"自然"是由(仅)视其为自然命令产生的,那么我们就是自然的作者。

这样,"自然"主要指称我们与自然的关系模式。如果"第一部"是一种自然的版本,那么其意味着它是"对我们来说的自然"(Nature-for-us)。它作为自然就像它作为典范——它是"为历史"服务的典范(而不成为历史)。典范的中间状况——或东方观念的逻辑难解性——在于它成为它自身所不是之物的典范或为了它自身所不是之物服务的典范。当然,隐喻是这个过程的模式,而黑格尔著作中关于"东方世界"的章节因为自身的原因,很容易被解读为讽寓或连续的隐喻——譬如,以隐喻形式发展出来的对莱布尼茨、斯宾诺莎或费舍尔伊索寓言式的批评。④ 但那是将东方作为隐喻的例证,而非隐喻模式的重构。毫无疑问,黑格尔的东方"想起来很不错",这种模式可应用于各式各样的内容,但是应用这种模式则迥异于解读这种模

---

① 黑格尔《哲学全书》,第 248 段(《全集》,9:27)。
② 亚里士多德《诗学》1452a30:"从不知到知的转变。"这句缩略的亚当式的寓言导致了《自然哲学》(《哲学全书》,第 246 段,《附释》;《全集》,9:23),是黑格尔的反俄狄浦斯(Anti-Oedipe)。
③ "时间的初始/大自然"[马拉美《田园诗》(Bucolique),《全集》,页 402];"自然首先从时间中出现,但绝对的原点是理念"(黑格尔,《全集》,9:30)。"精神理解自己之后,也在自然中继续认识自己",这时自然到精神的过渡就完成了(《哲学全书》,第 376 段;《全集》,9:539)。
④ 黑格尔同时暗指这两种解读。德里达发展了莱布尼茨的"东方化的"(orientalizing)处理方法(参见《井与金字塔:黑格尔符号学导论》及《白色神话学》,皆见《哲学的边缘》,特别是页 123,321),斯宾诺莎对皮埃尔·马舍雷(Pierre Macherey)的发展(《黑格尔或斯宾诺莎》,页 24—28,254)。关于作为东方思想家的费希特,参见黑格尔《哲学史》,《全集》,18:122。黑格尔的学生布鲁诺·鲍威尔(Bruno Bauer)视东方为整个历史及"世界精神"的象征,就像帖木儿(Tamerlane)从一个大洲横扫到另一个大洲[《作为无神论者及反基督教者的青年黑格尔的令人注目之处》(Die Posaune des jungsten Gerichts über Hegel den Atheisten und Antichristen),重版于洛德特(Löwith)《黑格尔左派》(Die Hegelsche Linke)中,页 158—165;参考布洛赫(Bloch)《主体—客体》,页 215]。

式。黑格尔使用他自己的东方也不过是一种应用。

自然服从于时间,但没有历史。"自然界里的普遍的东西没有什么历史",是一种"只有时间区别的单纯发生的事情"①的方式。"地球的形成立即显示"的是(或应该是)作为历史是不可解读的;黑格尔讥笑地质学家把地壳的分层解释为时代变迁与叠加的证据。精神拒绝承认它自己是"单纯发生的事情",宛如叠加在一起的岩石。地球的历史就是虚假的历史。它们太多是对自然的"外在性"的处理。"它们的整个解释模式什么都不是,就是将'此地与彼地'转变为'之前与之后'"(*eine Verwandlung des Nebeneinander in Nacheinander*)。

因此东方是以自然形式出现的历史,可简化为自然的历史,这种历史并不知道其自身独立于自然:其相互联系结出直接的解释性的果实。所有自然中的关系都是实在的关系;自然事件是必要性及偶然性的事物;东方的原则同样也是一种"伦理的实体性",在习惯、风俗、法律、暴力、良心与运气之间没有任何区别。中国长期不变的构造建立在家庭之上——"一种血缘与自然性的……实体"。② 在中国,"道德上的判决以法律的形式出现……国家的法律,部分是司法的,部分是道德的,所以内部法呈现为法律的外在控制,臣民将其意志的内容理解为他自身的本性。""实体与主观自由的统一是如此的合拍,两方面都没有区别及对立;正是因为这个原因,以至于实体不能取得自我反思性与主观性。"③唯一免除

---

① 黑格尔《哲学全书》,第339段,《附释》(《全集》,9:345,348)。
② 关于作为"伦理实体性"、"直接的或自然的伦理精神"的家庭,参见黑格尔《法哲学原理》,第156—158节(《全集》,7:305—307)。与黑格尔早期神学作品中对亚伯拉罕的描述形成鲜明对比,亚里士多德在完全与旧的国度决裂的基础上建立了一个新的国家。这种决裂不仅仅是与一个家庭脱离而且(并不非要有一个"祖先")与家庭本身脱离,并且这种决裂导致向政治及历史本身的过渡,这些内容都在下文出现。每一个市民社会中成年(男性)成员也与家庭脱离(《法哲学原理》,第238段;《全集》,7:386)。"这样,个人就成为*市民社会之子女*,"这是一种地位上及地位形态上的变化,根据这个事实,这种变化费了很长时间去解释世界历史建构的"国家"之"社会"中——肯定不是"家庭"——中国的位置。
③ 黑格尔《历史哲学》,《全集》,12:153,142,147,174。特别使黑格尔苦恼的是,中国的祖先由于他们后代的努力而在死后被授予各种头衔,从而湮没了父亲与儿子间的差异(见页154—155)。

于实体性关系的是国君,因为国君的自由展开于绝对的必要性基础上,必须呈现为任意的形态。① 从精神的观点来看,自然的观念重新构造了我们熟知的东方专制主义的观念②(自然是东方的专制君主);并且自然各部分间相互的无自动力的外在性或附属性(*Äußerlichkeit*,*Außereinandersein*,*gleichgültiges Bestehen*,*Vereinzelung*)为后来变为"亚细亚生产方式"③的东西提供了基础。

但既然自然就像历史是写入故事中(或之外)的一个解释性的重要角色,所以不是任何人都能说东方是以自然的形式呈现的历史。自然观念与历史观念密不可分,因为有两个原因,而这两个原因都起源于犹太历史的断裂。随着历史的开始,自然恰当地变为自然,并在这时得到确认和否定。其次,自然没有历史,不但因为一旦我们试图把自然事件的顺序规划为历史,它们就变得毫无意义;而且主要因为,就向精神解释自然的种种目的而言,"这个过程除了自身产物之外并无任何内容。"④在语词的本己(*eigentlichen*)意义上,地球没有历史;然而,有必要说"地球已经有历史,即它的形成是连续性变迁的结果"。作为自然的一部分,地球怎么会既有历史又无历史呢? 地球的历史就是人工制品(*ein*

---

① 同上注,页152—153。"[中国国体的]实体只有一个直接主体,即皇帝,他的法律代表了全体民众的意见。"关于对中国皇帝早期的认识,只有"做一个好榜样"的自由,受到赞扬或责备而不用参照他实际的行为,见赫尔德(Herder)《人类历史哲学的观念》(*Ideen zur Philosophie der Geschichte der Menschheit*),《赫尔德全集》第二册,14:12。

② 孟德斯鸠(Montesquieu)《论法的精神》(*De l'esprit des lois*),见《孟德斯鸠全集》,页536,539,630—632,644—646,及其他各处。

③ 这里正义不能回答这个复杂的问题。参见卡尔·马克思《〈政治经济学〉导言》,载《早期作品》,页424—428;《前资本主义的经济形态》;以及1853年发表于《纽约每日论坛》上的三篇文章:《中国与欧洲的革命》(5月20日)、《英国在印度的统治》(6月25日)、《英国在印度的统治的未来结果》(8月8日);关于这些文章,参见《马克思恩格斯全集》,第一部分,第12卷。关于亚细亚生产方式的历史及围绕它的争论,见魏夫特(Wittfogel)《东方专制主义》(*Oriental Despotism*),页369—412;马克思主义高等研究中心,《关于"亚洲生产方式"》(*Sur le "Mode de production asiatique"*);杜克义《亚细亚生产方式论集》(*Essays on the Asiatic Mode of Production*);以及辛德斯(Hindess)及赫斯特(Hirst)《前资本主义的生产模式》(*Pre-Capitalist Modes of Production*)。

④ 黑格尔《哲学全书》,第339段,《附释》(《全集》,9:348)。

Geschaffenes)的历史①,一个最低限度的人工制品历史:一旦它没有了,那它就形成了。所有其他的,即"地球结构(*Beschaffenheit*)所立即显示的",只是对部分的命名。创造自然的历史不是 *eigentliche*(真正的)历史,因为它并不 *eigen*(内在于)自然:它更属于神学,是当精神与自然分离时,让精神在其中交流的语言。所以过程离开结果就无意义可言的定律,作为解释性的模式直接应用于自然;或应用于对它作为三部分之中间部分的《哲学全书》假定的内容的苦心经营之中。

《哲学全书》提供了(就像它应该的)诸语境的语境(the context of contexts)。说东方是以自然形式呈现的历史,或以历史形式呈现的自然,是一种特别类型的隐喻;它的目的与手段并不由类型或性质的差异区分,而由时间的间隔区分。② 东方与历史,或历史与自然对立的姿态,是另一种的 *Voraussetzung*("基础","前提"),另一种为(双重的)真相大白之情节埋下的伏笔,而结局则是两种类似隐喻(或非规范性的规范)——"东方"与"自然"——的报废。亚洲作为自然(作为人类历史中否定的、自然的环节),这种解释只有当演讲者涉及以色列并且实施自然与历史的分离时,以及随着对自然(自然作为产物)的决定,并使自然——连同亚洲——成为历史的一部分的时候——才得到一个决定性的意义。"第一部"的写作得到修辞或修辞系统的协助,所以当我们得到"第一部"的意义之后,此部分应该具有废除(它不是历史,尽管我们说它是:它只是自然)和证实(它是自然,但因为这个原因,它一直是历史)的双重作用。揭开喻象是真相大白之情节的一部分。历史必然是积累的,因为它的结构方式如同一种阅读。

连接东方与西方(包括历史书写)语言上的交通原则上是单向

---

① 黑格尔《东方世界》,页 453。
② 对这种隐喻有特别意义的时间是延迟(delay)的时间,以及认知延迟的时间。将黑格尔的历史时间重新定义为延迟,可能使其与亚里士多德的时间区别开,而德里达似乎将黑格尔的历史时间归类到亚里士多德的时间中,见《对亚里士多德、黑格尔和海德格尔时间概念的解构》(*Ousia et grammé*)(《哲学的边缘》,页 59—61)中。

的。西方成为东方的 Aufheben("否定","扬弃")一点都不奇怪;但它同时又必须成为东西方差异之 Aufheben 则有一点奇怪,并且是一个《历史哲学》内容并未很好证明的结论。撰写世界性历史必须克服的第一问题就是历史转变为中文的倾向,黑格尔认为,这种语言"没有方法说明语格[Kasus]。在一定程度上,它只是彼此并列(nebeneinander)的文字。"①

东方到西方过渡的环节——断裂——能被视为此故事的中心事件,而此事件过渡之前或之后的历史提供了解释框架。并且此事件的突发性反映的正是断裂的性质。从亚洲到欧洲采取多种形式的过渡(停止神化自然的命令,俄狄浦斯给斯芬克斯答案,波斯侵占希腊的失败)是一个逆转;因为这种逆转如此强烈地被主题化,以至于其不能被视为非连续的。从历史的观点(恰当地说),它并没有提出不能解释的问题,因为每个对划时代的事件的叙述都有效地把东方解释掉了。断裂应该是完完全全的。(因为这个原因,关于黑格尔不能把握住"他者"[例如亚洲]的讨论正好与人们通常所误解的黑格尔自己的相互外在环节的序列步伐一致。)这种在断裂之后变得可能的观点把东方解释为没有能力产生断裂。但断裂解释了自身的规律。糅进解释东方(作为产生断裂之失败)的公式就是东方的不可解读性。因为没有意义,东方作为解释的对象才获得了意义。东方不能被翻译(translate)为历史,只能被转写(transcribe)为历史。难道东方对它的阅读产生的阻力仅仅是辩证法赖以前进的倚靠、支撑或工具吗?这里有两个例子需要考虑。

差异:空间与时间

东方的矛盾产生它的历史(或它的伪历史[pseudo-history])。东方

---

① 黑格尔《哲学史》,《全集》,18:146。Kasus 从字源上可以翻译为"Geschichte"(历史)。

是自然,自然不是历史,但自然(被视为人工制品)是历史的一部分,因此东方既是自然又不是自然,既是历史又不是历史。"只有在时间中,两种矛盾般对立的决定性才有交集——即它们在连续性上有交集。"①东方的落后与史诗的退化相关。② 东方在将来完成时上是可被——预期地及追溯地 ——解读为它所不是的(尚未是)东西。一旦我们制造了断裂,我们就会认同这种观点,而按照这种观点,从东方到西方的过渡是必要且合理的:它的必要性及真实性是可预料的。断裂并不仅仅是历史的中心事件,但在更强烈的意义上是第一事件。

这意味着亚洲内部的断裂似乎是十分非理性的,或未分化的(假设这种观点是可能的)。然而,把亚洲决定为自然解释了这种观点,自我解释并不是自然的业务。到目前为止,更困难的事情——一个让黑格尔直接感到棘手的困难——是亚洲的历史进程从一个环节到另一个环节过渡。这些过渡只能是不可逆和无目的。"单纯发生的事情"既不必要,也不可解释,因为我们无法通过它们得到解释的有利条件。走出亚洲也是进退两难,但那个过程至少有一个目标及结果;因为历史的原因,从亚洲内部的一部分到另一部分似乎向历史理性提出了一种芝诺式的(Zenonian)难题。

黑格尔在写作历史演进的"第一部"时,亚洲王国没有采用分期,但无法避免分类。"一种王国,我们看到停滞、稳定——可以说是空间的帝国,如中国是一种非历史的历史……另一种王国[即印度]以时间的形态延续,与空间上的停滞对立。"③

在课堂教学中,分类能替代不方便表达的事件顺序。像自然一样,亚

---

① 康德《纯粹理性批判》(*Kritik der reinen Vernunft*) A32, B48—49(《康德全集》, 3:80);参考亚里士多德《解释篇》(*de Interpretatione*) 24b9。
② 歌德与席勒的通信,转引自哈罗德·韦恩里希(Harald Weinrich), *Tempus*(斯图加特:科尔汉默出版社,1964),页 21—22。
③ 黑格尔,《全集》,12:136。"静态"(*das Dauernde*)在耶拿时期的手稿中被定义为"时间倒退到自我同一中:空间"(《耶拿体系草稿三》,页 14)。

洲适合分类讨论("一方面","另一方面")。它的环节便利地在"彼此之外"排列,而这些环节的逻辑不是累积性的。从亚洲到欧洲的过渡就是从非历史过渡到历史本身,从亚洲一个静止的、家长制的国家转向一个处于不断流动的地区——如从中国到印度——以及从空间转变为时间。

这种可能性意味着什么?难道就是中国和印度,或任何两个可以代表亚洲在停滞与混乱之间划分的地域,仅仅是处于两种不同秩序中的事物吗?中国被认为是静止的,而印度被认为处于不停的流动中,对这个论证来说并非必然。真正的问题在于演讲者是否能从任何起点达到任何次要的位置,是否能从无过渡性过渡到产生过渡的可能性上。假使那样的话,亚洲内部从一点到另一点的困难似乎是非常普遍的。只有在前历史(prehistory)中,历史书写困难的真实性才会浮现出来。

在马克思的著作中,黑格尔双重的亚洲观被用来阐明[只有关于非关系(non-relation)的修辞才可以]古代公社与货币经济学间的关系:

> 物本身存在于人之外(äußerlich),因而是可以让渡的(veräußerlich)……然而这种彼此当作外人看待的关系在原始共同体的成员之间并不存在(für die Glieder eines naturwüchsigen Gemeinwesens),不管这种共同体的形式是家长制家庭,古代印度公社,还是印加国,等等。商品交换是在共同体的尽头,在它们与别的共同体或其成员接触的地方开始的(wo die Gemeinwesen enden)……游牧民族最先发展了货币形式,因为他们的一切财产都具有可以移动的因而可以直接让渡的形式,又因为他们的生活方式使他们经常和别的共同体接触,因而引起产品交换。①

这个模式仍是对立统一的模式。只要人身与财产"彼此相互独立",对这个共同体来说仍是个未来时,"自然形成的共同体"就不会也不可能

---

① 马克思《资本论》,页99—101;《马克思恩格斯全集》,第二部分,5:54—55。亦见马克思《前资本主义经济形态》,页69—71。

进化出游牧民族的货币与交换系统,甚至也不能成为这些游牧民族的贸易伙伴;照此逻辑,掠夺而非贸易,是亚洲最早的货物流通形式。① 如此建构的亚洲只不过[用梅特涅(Metternich)的话说]是一种"地理上的表达"。亚洲各部分间——亚洲与欧洲之间,只能靠相互边界来联系。而空间与时间之间的比较暗示了把合理化这种过渡的任务留给研究自然、"外在性"的哲学家可能更好点。这种模式明显是自然的模式,是一种分类研究的模式:我们有中国,或有关于中国的一章;当我们存货中关于中国的话题耗尽的时候,我们还有印度。

"一般的表象以为空间与时间是完全分离的,说我们有空间而且也有时间;哲学就是要向这个'也'字作斗争。"②黑格尔的《哲学全书》没有把空间与时间称为任何可能经验的超验性假设,只想让它们其中一个从另一个产生出来,并且甩掉它们之间仅有的(自然的)的共存。这如何来做呢?"空间的真实性是时间,因此空间就变为时间;并不是我们很主观地过渡到时间,而是空间本身过渡到时间。"③

这里,时间观念的产生是一种不能反转及自我反映的翻译的情况,而这种翻译正是本书一直关注的翻译。把时间解释为否定的空间,让空间以及空间与时间之间的差异得以作为各种形态的时间来被解读:这就是预期脱胎于欧洲历史的亚洲"历史"之(或时间化的空间)构成引导我

---

① 在《前资本主义经济形态》中,马克思把战争及城市生活视为部落所有权过渡到个人所有权的影响(页 68—95)。甚至当亚细亚模式应用于其他大洲时,都可见《资本论》与黑格尔的亚细亚模式非常紧密的联系:关于被征服之前的秘鲁的经济特征,参见《马克思恩格斯全集》,第二部分,5:88。
② 黑格尔《哲学全书》,第 257 段,《附释》(《全集》,9:48)。德语原文如下:"In der Vorstellung ist Raum und Zeit weit auseinander, da haben wir Raum und dann *auch* Zeit; diesis 'Auch' bekampft die Philosophie."
③ 同上注。"Die Wahrheit des Raumes ist die Zeit, so wird der Raum zur Zeit; wir gehen nicht so subjektiv zur Zeit über, sondern der Raum sellbst geht uber."在 1804 年的《自然哲学》中,空间是否导源于时间,或时间是否导源于空间是无关紧要的问题,因为两者只是无所不包的"以太"(Aether)的环节(《耶拿体系草稿三》,页 206)。而在 1805—1806 年间的手稿中,静止(*die Dauer*)是空间与时间能单独存在的"理由"或实体。至 1817 年(《哲学全书》第一版完成的时间),黑格尔明显倾向于时间。

们去期待的。像《历史哲学》或《哲学全书》这类著作采取的形式是其合理性强有力的保证,或者这似乎是海德格尔料想的,他说:

> 空间向时间的过渡并不意味着讨论这二者的段落[当然,他们是]并列相接,而是"空间本身发生过渡"。①

也许空间让它自身的一部分——《哲学全书》第 257 与 258 段间的空白——代办了这项工作。海德格尔关于"空间本身发生过渡"的枯燥笑话(dry joke)让我们想起那个扬弃,因为它被建构为一种阅读,所以需要读者的帮助。为何我们不试试呢?在像海德格尔这样的读者指引下,我们有可能同时解决两个问题:从空间进入时间的逻辑过渡,以及(但不仅仅是"以及")读过或越过连接中国与印度两个毫无联系的段落间的空间;所有这些都在"空间自身"的范围之内。

黑格尔将时间分析为空间的真实性最难的一段是《哲学全书》第 257 段:

> 这种否定性[首要或即刻的]作为点使自身与空间相关联,并且作为线和面在空间中发展出其种种规定;但这种否定性在出离自己的存在的范围内同样也是自为的(Außersichsein);而且,它在空间中建立起来的种种规定也是如此。不过,虽然这种否定性是在出离自己的存在的范围内建立起来的,但它对于那些相互安然并列的事物(Nebeneinander)来说表现为漠不相干。这样自为地建立起来的否定性,就是时间。②

线和面"否定"了空间,这一点很容易理解,因为线和面都是有界限的。如果"在空间"中有一席之地意味着有自身的位置,那么应用于空间的否定性,如同它在空间之中(并且我们看到它在空间中划分线面),必

---

① 海德格尔《存在与时间》,页 429;本书采用的是马克奎利(Macquarrie)及罗宾逊(Robinson)英译的《存在与时间》,页 481。
② 黑格尔《哲学全书》,第 257 段(《全集》,9:47—48)。

须被给予某种位置,不管这看起来有多奇怪。线和面只是否定(或限制)部分的空间,而否定性自身,如果在置身于"相互的外在性"(mutual externality)的范围时仍然保持它的性质,那么否定性本身必须是对空间的整体否定。海德格尔的讨论集中在否定造成的一系列过渡上:

> 空间是"自然外于自身存在的(*Außersichsein*)无中介的漠然无别状态"。这要说的是:空间是它自身中可区别的(*Unterscheidbar*)诸点的抽象得多(*Vielheit*)。空间并不由于这些可区别的点而中断,但空间也不是由这些点产生的,空间根本不是借某种集合的方式产生的……可是,就点在空间中区别着某种东西而言,点是空间的否定;然而,点作为这种否定,其本身却依然在空间之中……但空间并不是点,而是像黑格尔所说的那样是"点之可能成为点"(*Punktualität*)。这里奠定了一个命题,黑格尔就是借这个命题来思考空间的真理的,亦即把空间作为时间来加以思考。①

在这个关键点上,海德格尔引用了最难的第257段,然后继续说:

> 如果空间得到表象(*Vorgestellt*),亦即就它对其区别漠不相干的现存情况得到直接的直观,那么诸否定仿佛就是直截了当给定了的。但这种表象却还没有就其存在(*in seinem Sein*)来把握空间。那只有在思中才是可能的……只当诸否定不单单在其漠不相干状态下保持其现存,而是得到扬弃——亦即其本身又被否定——这时空间才始能被思,从而才就其存在得到把握。在否定之否定(亦即在"点之可能成为点")中,点自为地定置自己并从而脱离现存的漠不相干状态。作为自为定置起来的点,点不区别于这一点那一点,它就不再是这一点并还不是那一点[——指称存在本体论的解释,海德格尔用数页讨论亚里士多德之前对时间的定义]。随着这种自为的自身定置,它定置起

---

① 海德格尔《存在与时间》,页481;此处对原英文翻译有所改动。

它本身处于其中的那种前后相续……依照黑格尔,否定之否定作为点之所以成为点即是时间。如果这段讨论具有某种可以展示的意义(*einen ausweisbaren Sinn*),它所能意指的无非就是:一切点的自为定置自身即是"现在这里"、"现在这里",等等。①

海德格尔的叙述否定了这个否定。这一个点过去常常淹没于"现存的漠不相干状态"中,它*定置*自身并*因此*变为"现在这里",相对于变为前后相续的其他的点,它在之前之后,且可以度量。② 将空间过渡为时间最好准备是早已具有时间的观念,并设想"定置"(在黑格尔的著作中,否定性在自我外在性范围内自为地"定置"自己,并由此变为时间)为一个事件。就像所"表现的"、"想象到的"(*in der Vorstellung*),空间与时间相差很远;哲学与它们的遥距(far-apartness)抗争。哲学读者也与他们的遥距搏击,但哲学读者做这个是通过把空间与时间之间的差距——黑格尔谨慎地把它表述为空间(*weit auseinander*)——合理化为之前与之后间的差异,就是把它们放入到相同的时间域中。*起初*只有空间,*然后*才有时间。

好像这个差异只能通过"'此在与彼在'转化为'之前与之后'"来沟通。这里扬弃的方法,就像东方与西方差异扬弃的方法,仍是悬而未决的。海德格尔实施的这种过渡,正如他所说的必须建立在"思"(*Denken*)之上,或只有建立在"表象"(*Vorstellung*)之上吗?"表象"之于"思",正如空间之于时间;读者将"表象"抛到后面的能力与关于时间的哲学思考之可能性是相互关联的,也许对于这种可能性也是必不可少

---

① 海德格尔《存在与时间》,页481。此处对原英文翻译有所改动。德里达讨论了从亚里士多德到黑格尔、海德格尔的有关论述的谱系,见《对亚里士多德、黑格尔和海德格尔时间概念的解构》,《哲学的边缘》,页33—78。
② 点把"现存的漠不相干"抛诸脑后,并预见植物生存空间特征动物似的"灭亡"(与黑格尔《哲学全书》第344段对这种联系表述很清楚,《全集》,9:375—376)。耶拿时期的《自然哲学》称时间为"跳跃的点,比火焰还要高"(《耶拿体系草稿三》,页10 n1)。像中国音乐理论中的"始调",这个点把一种什么都没有而只有差别的全新范畴替换为一种连续的、无差别的范畴。黑格尔与海德格尔关于点的论述这样就成为讽寓,以叙事的形式表现了性质上的差异,表象相对于差异只是一方面。

的。但当它出现在海德格尔的著作中时,这个过渡确切不是通过"思"产生,而是因为"表象"的无能为力:除非作为顺序或叙事,"表象"无法描述无差别的空间到点的集合的过渡。作为有恢复能力的手段,时间进入到空间的讨论中,它的功能就像数学上崇高的总体环节。① 重新回到表象性的思想把我们带回康德,在他的崇高美学中,他勾勒了空间特征产生时间感的过程。

对一空间的测量(作为把握它)同时就是描述它,所以即是在想象里的客观运动和一个进展,但总括多样性以入于统一性——不是思想里的而是直观里的——即是把连续地被把握的纳入一个瞬间,这却是一个退回,这一个退回把想象力里的进展的时间条件重复扬弃而使那同时存在形象化。所以测量是想象力的一个主观的活动,由于这活动它对内心意识施行强制。那想象力所纳入一个直观里的"量"愈大,这测量施行的强制必然愈使人感觉到。所以那企图,将一个对于大量的尺度吸收进一个单一的直观里来——把握它是要求可觉察的时间的——这是一种表象模式,它从主观方面来看,是不合目的的(zweckwidrig),客观方面对于大的估量却是需求的,因此也是合目的的:但在这场合,这同一的强制势力,这个对于主体通过想象力施行着的,对于心情的全整的规定却将被判定为合目的性的(zweckmäβig)。②

如果这就是读者如何走出中国、进入印度(并继续进入世界历史)的

---

① 康德《判断力批判》A78—101/B79—102(《康德全集》,8:333—348)。托马斯·魏斯克(Thomas Weiskel)把崇高划分为"三个阶段或实际状态":一般感知状态,惊讶或震惊状态,最后是防卫或反应阶段。其中,"从第二阶段产生的不确定性象征着思维与超验的秩序关系"(《浪漫的崇高》,页 22—26)。
② 康德《判断力批判》A98—99/B99—100(《康德全集》,8:346);梅雷迪斯[Meredith]英译《判断力批判》,此处对英文翻译略有改动,页 107—108。在《纯粹理性批判》B39—40(《康德全集》,3:73)中,康德清楚地将无限可分的空间之表象视为一种"直觉"(intuition)而非"观念"(concept)。

方法，那么读者必须通过必要且最终的预期，在中国内部实施过渡：所以，别了，中印差异。我们从这段文字及其解读得到的最不可能预期到的信息是：在历史上移动和走出东方的可能性是先验的证据；如康德所言，这里提供的过渡手段与通过解读得以实现的过渡之间的关系是一种想象之暴力，说这一点可能更正确。①

"我们无法想象一种文字上的崇高。"②也许不能，但无法想象性正是崇高选定的范畴。由对立的修辞（自然）及通过协调（精神）的揭示而产生的修辞所表现出的理性模式，看似是自足的，但这种理性模式产生出超出这种模式控制范围的种种阻力。空间到时间的过渡正是这种阻力（强制）的一种形式。它或者盗用时间的范畴去理解空间，泯灭时间与空间的差别，从而使过渡显得不必要（或没有此可能性）；或者这种过渡从没有发生过，在无边无际的及毫无相干的空间（中国）中进行的永无休止的度量，一直会是没有决定性的终结。在任何一种情况下，自然拒绝成为自然、成为精神之他者，而且在真相大白的情节展开之前，就跳向了结局。东方的历史好像是为辩证法而设置的却让辩证法有点无法消受。也许自然毕竟是真正的自然——并不仅仅暂时如此。结果应是意义重大的。不管我们将其解读为历史、逻辑、自然哲学，或心理学，黑格尔《哲学全书》的统一性建立在这一点上：精神能认知到哪一个["存在者"(*das Seiende*)]是它"本身"(*das Seinige*)，或更准确的说，是"它自己的他者"

---

① 强制是必要的，是知识的对象及获取对象方法间不互涵的结果。还有另一种形式的强制：亚里士多德着手处理相同问题时，度量空间——这是构建运动与时间观念的必要前提——证实有其自身终极性(finalities)。度量可能是空间与时间之间的结合（假若时间是"一系列的运动"；《物理学》219b2），但度量活动导入了一套差异性，但与那些属于不可度量的空间与时间差异性互不隶属。由于点(*stigmē*)是线之一段的结束并是另一段的开始，*anangke histasthai*("我们被迫中止")，尽管——或更确切地说是因为——点通贯了我们的度量。而且，准确来说"停顿"在时间中并不是给定的(220a13)。

② 韦斯克尔《浪漫的崇高》，页4。

(das Andere seiner selbst)。① 如果认知无法完成,会发生什么?当代许多研究他性(alterity)的哲学致力于回答那个问题。然而,黑格尔建构的中国引发我们去问:要是认知从未失败则将如何?如果同一性的哲学以认知的表面上的失败为基础怎么办?

重复:"散文"(PROSA)

> 魔鬼是……一个最散文性的人。
>
> ——黑格尔《美学》②

东方的另一个神秘之处——这次是艺术的,而不是自然的——是"散文"这个词。

被驱除出历史就是被驱除出美,那是并读黑格尔的《美学》与《历史哲学》得出的结论。正如东方民族的历史并不是真正的历史,因此他们的艺术更明确地被黑格尔形容为 Vorkunst("艺术前的艺术"),这种艺术是希腊人后来以古典型艺术形式调节二律背反的出发点。③ 黑格尔在《美学》中几乎没有讨论到中国的人工制品④,但在《历史哲学》关于中国的章节中,他用一种美学范畴反复形容不言而喻的艺术品的对象(道德

---

① 黑格尔《哲学全书》,第 448 段(《全集》,10:249)。直接的主题是理智、记忆(Erinnerung)与感知间的关系,但黑格尔自己又对时间与空间哲学(在第 247、248 段)进行了额外参考。
② 黑格尔,《全集》,13:288。
③ 黑格尔《美学演讲录》(Vorlesungen Über die Ästhetik),Ⅰ(《全集》,13:491)。关于哲学,参考《哲学史》,《全集》,18:138。
④ 不过,黑格尔确实讨论过某些类型的艺术品——如史诗——在中国的缺位,他的著作某种程度上令人惊异地展现了美学与历史对等的地位(参见《全集》,15:396)。作为史诗的"替代物"(Ersatz),黑格尔提到中国的小说,认为"那些长篇小说……是惊人地自我包容的著作"。但中国的小说是否是史诗的"替代物"还是有疑问的:不但根据文体,它与史诗不符;而且它出现的时代很晚,也就是说在世界历史的线性谱系中,它远远迟于属于中国的历史时期。关于黑格尔对小说《玉娇梨》[这是他从雷慕沙(Abel Rémusat)的翻译中得知的,并在《历史哲学》中略微提到,《全集》,12:158]的评注,参见施耐德(H. Schneider)《黑格尔的未公开演讲手稿》(Unveroffentlichte Vorlesungsmanuskripte Hegels),页 46—48。由乔治·拉森编辑的更完整的《历史哲学》版本还包括一些对中国诗歌及绘画的注释,概言之:"他们的艺术像他们的性状,缺乏精神。"(《东方世界》,页 319,390)

195

符码、哲学、家庭结构、政府模式)。中国的"性状,如果人们可以这么说的话,"通向一个"帝国……是道德的同时也绝对是散文性的";中国这个国家,那个"散文性的帝国"建立在"散文性的理解"之上,等等。① "他们的观照方式基本上是散文性的"致使中国的历史学家写不出史诗,而只能记录"为散文形式所制约的历史实际情况"。②

黑格尔使用"散文性的"(prosaic)作为对中国生活方式的修饰词,可以追溯到1822年他第一轮关于世界历史的演讲。③ 据我们所有资料的追溯,"散文"是黑格尔对中国特性描述的一部分。怎么解释"散文"这个词暗示的历史与美学的共谋?《历史哲学》的导言中给出一个标准的黑格尔式的答案,它将宗教、艺术及哲学作为"精神中主客观统一"的三种形式。或者如此说:柏林时期的黑格尔教授总是写相同的书(或从他的耶拿手稿中改写而来)并做相同的论述,而不管它是关于什么的(黑格尔早分配给三种形式中的每一种一个历史中最适宜的发展时期,现存的历史演讲的文本间接提到这个目标,但并不明了)。④

在《美学》及《历史哲学》概略的勾勒中,黑格尔的两本书是如此类似,以至于让人感觉对它们的比较是非常单调的。作为黑格尔史学与美学对应的例子,或作为史学与美学之间互译性的典型,我们立刻想到埃及及其象形文字、金字塔与狮身人面像,它们有双重的功能,一是象征的象征,二是史前人类无能力把握自身本质的象征。⑤ 他在《美学》中明确地把从埃及到希腊的通道界定为一种历史类型的通道,即从象征到"独

---

① 黑格尔《历史哲学》,《全集》:12:136,156,174,207—208。
② 黑格尔《美学》Ⅲ(《全集》,15:396)。
③ 1822年,黑格尔已经把中国的思想状态刻画为一种"phantasielosen Verstand, prosaisches Leben"("没有想象力的理性,散文性的生活"),并把中国历史形容为表面事件的"ganz prosaische Erzählung"("完全散文性的记诵")。参见黑格尔《普遍哲学》(Philosophie der allgemeinen Weltgeschichte),页185,187。
④ 关于绝对精神这部分学说发展的概述,参见哈里斯(Harris)《黑格尔学说发展史》(Hegel's development),2:65—66,155,500—501。
⑤ 黑格尔《美学》Ⅰ(《全集》,13:454—466);《历史哲学》,《全集》,12:245—171。

立自足的意义——不是属于其他东西的意义,而只意味及表达自身。"①象征型艺术到古典型艺术,或不充分的象征到自足的意义的转变,(在这种学科间的编年史中)与史前史到历史的过渡同时发生。但关于中国的主题,美学与史学间的联系则变为单向的;两本书之间的对应关系中断了,此中断貌似对《美学》有利。似乎美学提供了可以用来描述历史——或东方的准历史——所不能描述的事物的术语。

柯勒律治(Coleridge)说,好的散文是"在合适的地方用合适的词"②。根据这个定义,黑格尔使用"散文性的"这个词去修饰中国社会,他的用法决不是好的散文。因为在错误的地方用了这个错误的词。因为"散文"与"历史"一样,出现在历史进程中。散文奇特地而非散文性地(像历史本身)拥有两个不同的起源。只有随着以色列告别纯自然,"历史观点才真正第一次展现自身——散文可以被理解为客观性的散文甚至诗歌。"③作为不亚于历史中新纪元的美学中的新纪元,以色列的散文是崇高的对应物,是黑格尔在《历史哲学》、《美学》及《宗教哲学》④中关注较多的否定性环节。而中国式的崇高似乎是不可思议的。谈论中国散文的历史有点言之过早。

另一种散文,即希腊散文,根据《美学》它始于奴隶,伊索"用散文气的眼光"看待人和动物……"散文起于奴隶,因此整个文体都是散文的"⑤。

---

① 黑格尔《美学》Ⅱ(《全集》,14:13)。
② 柯勒律治《席间文谈》(*Table Talk*),页238。
③ 黑格尔《东方世界》,页455;参见《美学》Ⅰ(《全集》,13:482)。
④ 关于崇高(*Erhabenheit*)作为"艺术的特别象征性"中消失的点,见黑格尔《美学》Ⅰ(《全集》,13:482),以及德曼《康德的唯物主义》(Kant's Materialism)的注释,页4—5。我也发现德曼1982年的演讲《从康德到黑格尔的美学理论》(Aesthetic Theory from Kant to Hegel)非常有价值,罗杰·布拉德、凯西·卡露丝、苏珊娜·鲁丝让我使用了他们的课堂笔记。
⑤ 黑格尔《美学》Ⅰ(《全集》,13:497)。比较瓦尔特·本雅明的《关于历史哲学的观点》(Theses on the Philosophy of History)(《本雅明著作集》,1:1234—1235)。新版本的手稿:"并不是任何普遍的历史都反对进步……散文的理念与救世主的理念是一致的。"保罗·德曼着手将散文及次要的文体从它们"受束缚的地位"中解放出来,并将它们放到模仿崇高的高等文体的地位上[见《黑格尔论崇高》(Hegel on the Sublime),页152—153;以及《黑格尔美学中的符号与象征》(Sign and Symbol in Hegel's *Aesthetics*),页774—775]。杜克义非常字面地解读黑格尔关于次要文体的论述,而且视这些文体是进入"文学—历史"辩证法的步骤(《中国悲歌的起源》,页35,55,61,66—67)。

低级的、混杂的艺术形式,如寓言、格言、宣教故事属于"象征型艺术的艺术前阶段[*Vorkumst*],因为它们一般是不完全的,因而只是追求真正艺术的一种企图。"① 因此,与其说希腊散文是一个时代或一种文体的体现,不如说它永久存在着衰落的可能性。另一种希腊人陷入散文,这种陷入持续更久,这与旧神的瓦解及奥林匹斯山"艺术—宗教"②的衰落同时发生。希腊呼应以色列转向散文,这样终结了古典型艺术。

以色列的散文否认并结束了艺术史的"象征型"时代。希腊艺术,古典型艺术,也用另一种方式消解了象征,与象征型艺术仅仅"追寻"其充分的表达相比,古典型艺术"发现"了自己的充分表达并成为这种表达的典范。③ 希腊艺术在美学之内解决了这个美学问题,犹太的崇高按理应当从美学中挣脱,并保持仅仅作为"不能用语言表达的母题"(inexpressibility topoi)的最高表达。④ 作为两种脱离象征型艺术的手段,希腊与以色列一同阻挡了美学遵循单一的历史路径。《美学》中所遵循的主题的顺序非常明显地显示了以下障碍:在印度及埃及艺术令人困惑的物质性之后,出现了"崇高的宗教象征论"这个标题,这暗示了黑格尔把犹太的崇高想象为象征型艺术的一种形式(而这种形式又被它否定)。下一章("比喻的艺术形式:自觉的象征表现")没有讨论古典型艺术,就进入了代表古典型艺术衰落的希腊散文。各种艺术发展有分歧的历史以及逻

---

① 黑格尔《美学》Ⅰ(《全集》,13:491)。"追寻到的"真正艺术常常被做成年表的形式(见上揭书,390—392)。散文的"希腊"变体经常与"人格化—讽寓"或拟人法相关联,是一种从纯粹谓语到主语的神人同论的转变(关于拟人,参见德曼《黑格尔美学中的符号与象征》,页774—775;及《黑格尔论崇高》,页146—149)。

② 黑格尔《美学》Ⅱ(《全集》,14:109)。古典时期的著作记载伊索是奴隶,体现了财产的不平等,古老崇拜的式微与此相关,卢卡奇《青年黑格尔》简短地讨论到这个主题,页45—48,58—61。《美学》中没有出现这样简洁的解释:伊索寓言的浅显与希腊宗教的衰败分别但同时发生。黑格尔关于时代与民族的美学术语的严密论述,参见罗斯(Rose)《黑格尔与社会学》(*Hegel Contra Sociology*),页135—142;罗马散文预示着希腊诗歌的出现。关于《美学》中系统的(一般的)及历史的(进化的)模式相冲突的表现,可见班吉(Bungay)《美与真》(*Beauty and Truth*),页59。

③ 黑格尔《美学》Ⅰ(《全集》,13:390—392)。

④ 关于这个惯用语,以及与之相关的"胜出",参见柯底斯(Curtius)《欧洲文学》,页159—165。

辑上的属性依靠它们与非象征型艺术的关系,然后"象征型艺术"作为一种类型,把这些不同的发展邦定在一起。而"散文"仅仅作为恰当的象征及恰当的"后象征"(古典)的艺术形式的一个对立物进入《美学》,它继承了这些艺术范畴拼凑物的结构。

难道这就是通过美学的范畴对中国所想要进行的注释吗?如果是,那么它就暗示了《美学》的历史框架彻底的退步——它本身并没有重大的损失——并在一个些微不同的语域中,重复了黑格尔的东方历史赖以写成的术语的时代错乱与牵强附会。中国人也许没有创造出艺术作品,但我们能诠释*他们*——中国人——为艺术作品。批评者批判黑格尔的历史,就好像他们是康德式的美学家,强烈反对黑格尔的历史对它的研究对象有种目的论兴趣:他们在此处可能正好能抓住黑格尔正在窃取美学保留地。①

"散文起于奴隶。"因为这个相互指涉(cross-reference),这种修辞——"中国有散文性的性状"——意在用从美学中借来的词汇说明社会情况,现在又把我们引回到社会,但这并不相同:它把中国社会的整体与单一社会关系中的一个位置等量齐观。一个人本身(per se)并不是奴隶,就像一棵树就是一棵树,一块水晶就是一块水晶;一个人只能是其他人的奴隶[亚里士多德在《范畴篇》(*Categories*)7a31—b10,引用"主人与奴隶"作为"关系"的典型]。与此类似,散文在《美学》中只作为其他范畴的衰败而出现的,可能除了被诸如"散文性的帝国"之类歧异的措词所赋予外,散文并没有自身的存在或范围。什么关系能解释散文?散文是谁或是什么的奴隶?

以色列的散文受奴役的情况起先似乎与希腊的情况在类型上有所不同,并能得到更好的解释。犹太散文是犹太式崇高的奴隶。犹太的崇高表达了不能表达的东西:它区分了真正崇高的东西与其他不管是什么

---

① 辛德斯及赫斯特《前资本主义的生产模式》,页275—278,312,335—336。

而被认为伟大的东西(自然、空间、时间、假神,等等),并将后者贬低为散文,是"去神性化的及散文性的"①,正因为这个缘故,散文对于崇高具有某种构成性功能。如《精神现象学》的读者所知的,支配权在很大程度上是关于有权否定对象的。② 就像奴隶一样,主人地位不是自在的(只存在于关系之中)。

正是在他的希腊模式中,黑格尔以主人的口吻言说。③ 因为希腊散文的散文性并无真正崇高的对应物,所以黑格尔对希腊散文的辱骂就更强烈了。希腊散文是更崇高的艺术体裁的奴隶,是奥林匹斯山"艺术—宗教"的奴隶;而这种宗教与它的奴隶一样注定也要变得散文气的。犹太人有一套更简明的宗教表达方式,也更具远见:希腊人基于关系模式上的神学的失败,作为外在的事件发生在希腊人身上,而犹太人预见到了这个事件,并主动把这个事件纳为自身发展的理论。散文是抵制诸神之死最好的方式。④

这样"散文"是一个独特的概括性的修辞。它把中国的性状一下命名为历史及自然,更不用说非历史与非自然。但散文暗示的历史与美学间的对应关系,在它们最薄弱的点上把这两块领域连接起来。如果自然的主题把东方放到被知识扬弃的无知的框架中,(这种扬弃是)为关系而取得的一场胜利,散文的胜利所做的却是相反:散文建立的关系是各种力量的均衡,以及不惜任何代价必须保持的划分——希腊艺术精神的式微促使黑格尔更尖锐地贬斥散文。黑格尔的《美学》无法与反美学和谐共存,如黑格尔的学生卡尔·罗森克兰茨(Karl Rosenkranz)《丑陋的美

---

① 黑格尔《美学》I(《全集》,13:482);参照《希腊与罗马世界》,页726—727。
② 黑格尔《精神现象学》,《全集》,3:152—153。
③ 格里高利·纳吉在古代的《伊索的生活》中发现证据相信伊索是奴隶或阿波罗的仪式上对抗者,阿波罗让伊索成为他的替罪羊(《希腊第一英雄》,页279—292)。
④ 对维科(Vico)来说,犹太宗教的基础及奇异之处在于对占卜的禁止(《新科学》,第1册,第24段,页187)。

学》(*Aesthetics of Ugliness*)所做的那样。①

从"das Gesetz"(律条)及《美学》生发出的亚伯拉罕、雅各、摩西的崇高在一个更小的规模上,同样如此。② 散文在《美学》中一直是服从于一种或另一种形式的定律(往往是古典型艺术或崇高艺术的定律),并没有变为自身的定律。《美学》的内容没有对散文进行定义。作为真正艺术缺席的表征,散文就像形容词那样寄生着;如果散文本身试图成为独立的范畴、主语,那么它只能期望得到影子一般的、过散文的(ultra-prosaic)"讽寓性存在"的地位,也即"语法主体"。③ 因此美学隐喻使政治史中最"麻木不仁"的章节——中国,这个最散文性的帝国——有了生气,直接导致了一些最明显的政治化的美学理论的片段。这种美学隐喻反弹回起点,这样就造成了一种异常扁平或散文性的隐喻。(政治学是——停顿——是政治的。)作为研究领域和价值系统,美学本身在叙述中并通过叙述消失了。引到"散文"的结果只是强调了以下特征是不可能,即政治的中介曾呈现出一种调和的、关系性的,或(用黑格尔的术语说)象征的特征。就性状来谈,一种"散文性的性状"是难以例外的。

尺　度

空间与时间的学说终结为一种永久悬置的身份定义,而"散文"的学说则缠绕于它自身:每次我们都对黑格尔的东方借以变为可表达的形式的过程知之甚多,但总是发现"东方"自身也变得空洞。好像我们的辞典包括了所有隐喻意义,但没有一个字面意义——即没有一个真正散文性的意义。直接通过字面来解释也许更能解释得通。

---

① 罗森克兰茨《丑陋的美学》。
② 黑格尔《美学》Ⅰ(《全集》,13:485);参见德曼《黑格尔论崇高》,页149。
③ 关于对"人格化—讽寓"的描写,见黑格尔《美学》Ⅰ(《全集》,13:511—517)。

中国的艺术作品似乎对黑格尔似乎并无影响,但他对中国符号学却论述多多:实际上,黑格尔在《哲学全书》中关于中国特征的描述可以作为《美学》中关于中国章节阙而不论的替代品。① 或者,同样可以说:《美学》第二卷即关于历史的部分可以当作《哲学全书》关于"思"的段落(第445—468段)的扩充版来读。既然希腊艺术"意味着本身或指称本身",能与思(das Denken)配对,因此就站到了关于记忆、语言及符号的部分的那一端。《美学》与《历史哲学》中有关埃及的章节在《哲学全书》中被压缩为关于符号与象征间(传统的)区别的数行文字,但补充了以下内容:

> 如果理智用符号标明某物,那么理智就同直观的内容断绝了关系……理智作为用符号进行标记的活动,比起它作为用象征进行表示的活动,表明在使用直观上有一种更为自由的任意与支配权(Willkür und Herrschaft)。②

如果狮身人面像、殡葬习俗、动物崇拜、谜语及其他埃及精神的混杂表达象征了思维的局限,即思维只能通过象征表达自我,那么通过符号取得的自由与支配权在"崇高的象征方式"中有其对应物:"在犹太人对物体的看法及在他们的圣诗中。"③从象征到符号再到崇高的美学的转变也必然是象形文字(埃及文,可能也有中文)向字母文字的过渡。没有其他的书写系统像字母那样是如此纯粹的书写系统,而像埃及文那样把符号与象征结合在一起的书写系统,则不可能传达神学崇高中反对偶像崇拜、反象征的特征。象形文字语言要求"精神表象(Vorstellungen)的先期分析",而崇高建立在充分表达的不可能性之上("Thou shalt not make unto thee any graven images",翻译为象形文字必然丧失很多意

---

① 关于这些段落,参考德里达《井与金字塔》(《哲学的边缘》,页81—127,特别是页118—123)。
② 黑格尔《哲学全书》,第457段,《附释》;第458段(《全集》,10:269,270)。
③ 黑格尔《美学》I(《全集》,13:480)。

义——除非它突然应变为一种从未听说过的崇高)。对黑格尔来说,只要中国语言是一种表达上图示式的语言,它就绝不可能变为崇高或进入到符号的理解中。于是,中国的散文只能是伊索式的,重复"只是特定的、先前发现的材料",一种与"内容的匮乏"密不可分的"形式的匮乏"。① 从中国的书写中可以推衍出中国艺术的能性:运作良好的符号学总可以替代美学。

符号学重申了美学的一些原理,但并不是盲目或照字面复述。它所反复的立场之一是散文的性状。符号像崇高一样,都是关于支配权(Herrschaft)的。它赋予其内容以支配权,原因很简单:符号的制度化是支配权的例证。符号占据了外在的表现并将其降低(setzt herab)到承担"服务"(dienen)于所指的对象的任务上。如果在崇高的宗教中,符号是无法形容事物的奴隶;那么在符号学中,能指(signifer)是符号的奴隶。在字母书写的优点中,最显著的优点是它给予每个字母的独立性(于意义)非常之小。②

犹太诗人是真正的先知(vates),同时他们在美学上的偶像破坏并不仅仅是美学的——实际上对黑格尔而言,他们的偶像破坏无非是对美学的偶像破坏——从这个事实来看艺术形态与制造符号的能力,以及宗教形式间的关系不可能是松散而随便的③。实际上至少《宗教哲学演讲录》的历史部分是由产生了《美学》及《历史哲学》同样不可或缺的笔记构成的。印度产生奇异的神话,埃及再次是对精神的束缚,以色列仍是"崇高的宗教",而希腊坚持"美的宗教",每一个标题如其他两卷演讲录中一样

---

① 同上注,页 497,105。这里参考的是伊索寓言,以及动物寓言。《哲学全书》中相对应的一段是第 451 段,这一段显示,作为通往思想的一个阶段,"表象"的能力"从认知及其*基础材料*开始"(《全集》,10:257)。
② 黑格尔《哲学全书》,第 451 段,《附释》,457,548(《全集》,10:258,269—271);《关于宗教哲学的演讲》(Vorlesungen über die Philosophie der Religion)第二部分《确定的宗教》(Die bestimmte Religion), 4a:533—534,549,569—570(以下引作《确定的宗教》)。
③ 关于这三个主题的关联,见黑格尔《美学》第一卷对艺术作为宗教形式"翻译者"的论述(《全集》,13:410)。

为相同的例子所包含。① 至于艺术的衰退,罗马宗教是"散文性的",它的"外在的合目的性"原则,以及一页以"否定性情境"解释这种散文来开始的手稿,几乎就是《历史哲学》中中国部分的骨架。②

中国有自己的宗教,或许多宗教,但黑格尔对其的强调与分析每一年都在变化。黑格尔最初讨论中国宗教的内容,很容易与进化的方案——历史的、美学的以及符号论的方案相符合——中国在这个方案中总是提供一个有待改善的开端。中国人的宗教是巫术:它是自我本位的、迷信的、以经验为依据的,以及一种获得控制自然的力量的手段,"是最早、最原始及最简单的宗教形式"③。但从1827年开始(依照胡林的说法,是因为黑格尔与法国汉学家雷慕沙接触的结果)④,一个新的术语潜入了。这样道教取代了巫术,而国家宗教儒教拆卸其自身以"尺度的宗教"的名目出现。⑤

这是一种什么类型的宗教? 在中国,"实体被理解为尺度",这种实

---

① 可与瓦尔特·耶施克(Walter Jaeschke)所编的演讲版本给出了黑格尔1821年手稿的提纲,从学生笔记中钩稽出来的1824及1827年课程,并由戴维·弗里德里希·斯特劳斯(David Friedrich Strauss)记录的1831年演讲简短的版本,以及1831及1840年第一次印刷本比较。我有些夸张这些版本间的一致性了。如1824年,黑格尔尝试将埃及的信仰作为一种"谜一般的宗教",它可以提供[中国、印度及波斯的]自然宗教到[以色列及希腊的]精神宗教之间"的"过渡"——这种联系经常缺失(《确定的宗教》,4a:259—281)。到1827及1831年,埃及宗教与一套正在发展中的"过渡宗教"(transitional religions)分享了这种功能(同上注,页518—532,629—631)。但过渡的两个端点——一端是"自然宗教",另一端是"美与崇高的宗教"——保留着相同的形态及例子而没有随时间而变化[如在《确定的宗教》并被引为崇高的标准表现的《圣歌》(Psalms),页42,333,569—570,同样也见于《美学》中(《全集》,13:483—484)]。
② 黑格尔《确定的宗教》,4a:95—137,579—591,640—642。关于手稿的单页(开始于:"Prosa-Negative Zustände-für uns..."),见上揭书,页648;不过赫尔默特·施耐德提供的版本更好(《黑格尔的未公开演讲手稿》)。
③ 黑格尔《确定的宗教》,页176。
④ 胡林《黑格尔与东方》,页88。
⑤ 黑格尔《确定的宗教》,页445。"尺度的宗教"的部分出现于斯特劳斯及1840年由鲍威尔所编的版本。雷耐德·劳易兹(Reinhard Leuze)观察到"尺度"理论渐渐取代了作为中国宗教理论的巫术形式,1831年黑格尔思想中这种变化还未定型[《除基督教之外的宗教》(*Die außerchristlichen Religionen*),页15,59]。

体是由尺度的制定者——皇帝——实现的。尺度本身,规律或道,被界定为"决定性,比喻表达法——不是抽象的存在或抽象的实体,而是实体的比喻表达法,所有这些比喻表达法能被更抽象的表达",如果中国人有更多的哲学才能的话。单单列举这些"固定的、一般的决定性","整体上单纯的范畴",就暗示了"尺度的宗教"的缺陷。它们是理解的工具,这种理解以某种方式被提升到"已内存在及自为存在"的地位。① 儒教高估了认知的手段,以至到了使认知的对象消失的地步。1812年出版的《大逻辑》对这种错讹的批评颇为严厉:

> 一个尺度(*Maβ*)作为通常所谓标准,是一个定量,这个定量对于外在的数目而言,是任意(*willkürlich*)采取的*自在地规定的单位*……所以,说有一种天然的事物标准是愚蠢的(*töricht*)……但是,一个绝对的标准,假如不具有上述这种意义,那便只有一个共同的(*Gemeinschaftlich*,社会性的)东西那样的意味和兴趣了,而这样的共同的东西并非自在地是普遍的,而是由于约定俗成,成为普遍的。②

尺度是一种符号,起源上是任意的,它的流传是社会性的,并外在于它所度量之物:认为它是自然的无疑是"愚蠢的"。尺度惟一表意的性质就是被定置的性质。就像一个真正的符号,只有通过同一种类的另一物才能被表达出来——作为另一种尺度的某种尺度。③

"尺度"及"尺度的宗教"的定义重演了以下情况:它们导致了黑格尔让东方等同于自然、史前史或非时间的空间的方案破产。根据黑格尔的看法,"尺度的宗教"是愚蠢的。尺度的崇拜者美化"实体的比喻表达

---

① 黑格尔《确定的宗教》,4a:447—449。我用的文本是这些演讲的第二个版本。
② 黑格尔《大逻辑》(*Wissenschaft der Logik*),I(《全集》,5:395—396)。A. V. 米勒(A. V. Miller)翻译的《逻辑科学》,对原英文翻译有所修改,页334。
③ 关于尺度的无法形容性,亦见莱布尼茨《人类理智新论》第二卷第十三章。"要有一个精确地确定的长度的观念是不可能的。用心灵既不能说出也不能理解什么是一英寸或一英尺。只有借助于被假定为不变的实在的量具才能保持这些名称的意义,凭借这些量具就永远能重新找到这些长度。"(《莱布尼茨哲学著作集》,5:134)。

法",好像它们就是实体本身,他们过早地结束黑格尔的《哲学全书》的工程——自然与精神的特性。对这个傻子来说,认知从没有失败的机会。

黑格尔的历史叙述可以在美学以及"象征型"的(用《美学》中的术语)符号型中定位东方,这种"象征型"的控制原则是表意的形式(signifying form)对符号所指的内容(signified content)的支配。① 然而,在尺度中,看不到这种不成比例性或无法被测量的性状(*Unangemessenheit*),只因为如果尺度是符号的能指(signifier),那么它并不与先在的事物或符号的能指相应。正如莱布尼茨所言的,"没有人能说也不能在智性上理解什么是一英寸或一英尺"。如果尺度拒绝翻译,那么并不是还因为它有某些其他形式不能充分表达的内容;而是因为有了它,形式与内容的差异就不能显现。尺度不能翻译,因为它本身什么都不是,只是一种(潜在的)翻译的修辞。

中国人把尺度理解为"自然的",这未被说明。也许他们的愚昧走向了另一个方向。对"尺度"的崇拜,这种能指的宗教,可能成为某种超越散文的散文——特别是如果人们知道,就像黑格尔笔下的中国人必然如此,现存的尺度能在任何时候可能被(皇帝)"摧毁"(*zerstort*),并被一个新的尺度取代。但它也可能是一种对践言性话语的崇拜。尺度的选择是纯粹的践言性话语,如果有什么的话,这种践言性话语只能参照更早的践言性话语加以解释,一种陈述性在其中消失的践言性话语。英尺的界定要参照英寸,英寸要参照格令(grain),格令要参照律管黄钟的尺寸,最后黄钟要参照国君建置的权力。② 尺度崇拜挑选出作为符号的奴隶(或骨骼)的能指,符号依次是崇高或优美表现出来的精神的奴隶——一种经过三次提取的散文的残余。

---

① 黑格尔《美学》Ⅰ(《全集》,13:107—109)。
② 参见第三章。黑格尔关于中国知识的来源包括钱德明(Amiot)的《中国古代乐记》(*Sur la musique des Chinois*);这本专著的第 8 个图版描绘了来源于音律黄钟的"音乐的英尺计量"(musical footmeasure)。

宗教符号学(semiology of religion)很难将尺度宗教恰当地放入从实体到象征再到符号的常规过程。"尺度的宗教"也许看上去像是对理性范畴缺乏力量的形容,但它肯定不属于黑格尔把它归类的范畴,作为"自然宗教的形式",其立即出现在魔法之后。那将是"愚蠢的"。没人应该花费时间为宗教历史确证中国的宗教不是犹太的宗教;然而这正是这种新的符号宗教的类型学(typology of religions of the sign)为我们制定的任务,却不能确定这个任务会产生什么结果。地图(展示世界历史最方便的图表)不愿展现自身。它卷曲起来,只能分成狭窄的纵向部分来阅读。

黑格尔对中国问题最后的论述涉及到了政治史,对政治史本身有用,但无助于这个众所周知的中心问题。"东方世界从古到今只有一个人(*One*)[即暴君]是自由的;希腊与罗马世界只有一些人(*Some*)是自由的;而日耳曼世界一切人(*All*)都是绝对自由的。"[1]选择尺度的自由毫无疑问是完全的(即使是空洞的):只要有一个尺度即可,而不管这个尺度是什么。索绪尔后来所命名的"符号的不变性与易变性"被写入了中国国家宗教的性状中。"维持法律(如,公共尺度的规则)是皇帝的职责……只有皇帝才能让法律有荣耀;他的臣民敬奉他,因为他能遵守法律。"[2]如果皇帝的统治是独断的,那是因为没有合理的或自然的方法去制定公共尺度的散文性法律。那些组成中国之性状的自由、必要性、任意性的定义,像那些应用于符号的定义,不是历史的而是属于某一范畴的[所以黑格尔的中国历史是巴特(Barthes)《符号帝国》的真正鼻祖,在这符号的乌托邦中,符号从不与它的实体对立,肤浅的形式也不与深刻的意义对立——唯一的区别在于,黑格尔在这个乌托邦中的旅行并不愉快,而巴特是愉快的]。

历史不会在这种形式的自由中认识到自己,因为"尺度的宗教"在绝对自足的情况下什么都不像,就像黑格尔提出的、为"后历史"设置的公

---

[1] 黑格尔《历史哲学》,《全集》,12:134。
[2] 黑格尔《确定的宗教》,4a:449(第一版的文本)。第二版的内容如下:"他的臣民尊敬他,就像他尊重法律。"

式一样。① 这能解释中国"非历史的历史"(unhistorical history)的停滞性吗？中国人有一套象征的符号学及符号的宗教学(这样符号学比它打算表达的任何东西都要丰富)。这恰好把它们置于黑格尔的对立面,黑格尔认为符号是"一种伟大的事物"(*etwas Großes*),但是被用来让基督教以象征性的调和取代以色列宣称的超验性。中国人必定是某种意义上的浪漫主义者,很可能也是反讽者。毕竟,他们的宗教从来都不能被去神秘化。就像莱辛(Lessing)的《智者纳旦》(*Nathan der Weise*)②第四幕一样,所有东西都为认知及相互误解搭建了舞台,但我们要延迟它,以令世界历史发生。再多一些这些巧合,世界历史也许发现自己再次转变为空间,一种"共存的秩序"③,真正的"空间的帝国"。这个帝国是否就是那同一个古老的中国,或中国的反转再现,这恰恰是帝国的空间性让它不可能道出的。

黑格尔的"线性"到底发生了什么？历史的向前跃进(*prorsa oratio*)④不停地前超历史本身,在同一时间表述两件事物,真相大白的情节

---

① 常被引用的文献(Locus classicus)是科耶夫(Kojève)《黑格尔导读》,页288—291,383—395,436—437。关于科耶夫对这个课题的最后思考,参见奥弗雷特(Auffret)《亚历山大·科耶夫》(*Alexandre Kojève*),页331—356;关于当代的实际应用,参见福山《历史的终结?》(End of History?)。
② 黑格尔经常在他早期的作品中引用这出戏剧,如在《基督教实证》(*Die Positivität der christlichen Religion*)中,《全集》,1:131。
③ 与上面的注50、注59比较;亦见黑格尔《哲学全书》,第260段(《全集》,9:55)。如果历史必须学会与经常是"后历史"的东西共存,那么它只能在空间中这样做(反对时间中更随便的、矛盾表述的共存)。绝对的知识能以两种方式实现它:《精神现象学》的结尾部分提议把观念的"深度"转变为它的"广度"(*Ausdehnung*),这种"内在化"也是一种"扩张"。这种变化的另一个名称是普世历史(《全集》,3:591)。相同的表述,亦见哈特曼《黑格尔与华滋华斯作品的情感高度》(Eblation in Hegel and Wordsworth),载《平凡的华滋华斯》,页182—193。
④ "*Prorsus*(复数形式prōsus)……形容词(*pro-versus*)。Ⅰ. 直截了当的,直接向前地,率直的,直接的:…… *prorsi limites appellantur in agrorum mensuris, qui ad orientem directi sunt* (Festus)…Ⅱ. 一种修辞风格,直白的,即散文性的,用散文形式,与韵文相反…… *prorsum est porro versum, id est ante versum. Hinc et prorsa oratio, quam non inflexit cantilena* (Aelius Donatus)。"刘易斯(Lewis)与肖特(Short)《新拉丁语辞典》(牛津:牛津大学出版社,1972)"*prorsus*"条。

重演或同时发生以取消它们:以散文为媒介,造成了诗歌的转折或回归。黑格尔作为历史学家,应该以散文写作,但他的书写并不比他保持实在做得更好。这两种挫折的原因是相同的:缺乏一种语言可以意义明确地指称中国,让这种语言既作为其本身,同时又作为可以与历史发生关系的东西。黑格尔的中国是一块无差别的领域,只能作为非无差别性的差别来理解(在历史对这种差异进行评判之前,必须巩固这种差异)。① (黑格尔面对的难题同样也是第一章中讨论到的作者们遇到的)亚洲的历史学家喜欢分类叙述,但在每种类型之后,研究亚洲的历史书写却呈现出一种讽寓。内容与语言南辕北辙。

　　黑格尔式的世界历史的次要情节可以用形式主义的口号概括如下:"手法的主题化。"② 而黑格尔历史书写的手法(再次向形式主义看齐)不仅仅是一些技巧。"散文"、"空间"、"奴隶"、"能指"、"中国",甚至"历史书写的语言",在成为更宏伟、更富表现力的结构之必不可少的基础这一点上——作为可能性的基础以及区分的原则——是共同的。在这一点上,东方是典型的,而不是例外的。所有黑格尔关于东方的规定性都是必要的修辞,这些修辞构建了历史书写的可能性而不用置身其中。然而它们建构的可能性是某种语言,"第一部"在这种语言之中就是全部的历史:"有机物利用骨骼的形成给自己一个能够站立的基础。"不过,揭示这个事实不是要去摧毁思辨理性的大厦,而是去完成它:在以奴隶或能指作为其向导的阅读的尽头,其内容或他者,最后归结为方法或自我。一开始作为历史理论障碍出现的东西——即历史发展的规律与历史书写的规则极其类似的事实——现在作为对绝对精神(肯定是散文性的)的

---

① 这样中国美学就成为"同一性与非同一性之同一"对称的对应物,这也是费希特对绝对精神的描述[见黑格尔《费希特与谢林哲学系统的差异》(Differenz des Fichteschen und Schellingschen Systems der Philosophie),《全集》,2:96]。
② 参见什克洛夫斯基(Shklovsky)《散文理论》,特别是第七章。更忠实的翻译可能是"直接展示了手法(词根是:nag-)",其与"理念的感觉体现"(simmliche Erscheinung der Idee)完美地对应。

戏仿而成果丰硕。

从明确的主题与表述来看,黑格尔《历史哲学》中的中国与龙华民的中国是非常相似的。但从系统中的接缝来看——即这部著作如何完成的角度来看——黑格尔的著作与《毛诗》所作的一样,叙述了一种历史的美学式的产生。这个产物展现了一种发生在历史之前的历史,根据定义,它不应出现:它显示了文字(Letter)怎样变为规律(Law),以及规律怎样效仿精神(Spirit)的(实际上,最后一句的动词是误导的,因为作为主题反转的一部分,这些演进并不需要在时间中展开。规律与精神已在文字之中,或在由文字表现的宗教形式之中,即尺度之中)。

象形文字阅读的缺点(即这一事实:表象一直要求自为地观察它们,并持续迫近符号直接转变为理念的过程)回应了与历史书写最剀切相关的忧虑:它的理解必须呈现为一种美学形式。那么,还有何必要去展望作为修辞之实现的历史呢?

第六章 结论：比较的比较文学

> 这种转换——从中华帝国到人们自身的帝国——是持久的。
>
> ——谢阁兰

> "您一定听到这个人的传闻了，他以为中国的公主被他装到一个瓶子里了。这是疯病。他们正在给他医治。但是，当他不发疯时，他就成了傻子。"
>
> ——普鲁斯特《盖尔芒特家那边》
>
> （夏吕斯男爵说）①

如果黑格尔、莱布尼茨、利玛窦以及《诗经》的整理者所做的是比较文学——而我认为他们所做的确实是比较文学——那么似乎比较文学要整合它的领域还是有困难的。学科的统一要付出一定的代价——考虑到所使用方法的多样性，这个代价是相当持久的。

莱布尼茨和平地解决了中国哲学与天主教神学间的冲突，这象征了

---

① 题辞：维克多·谢阁兰(Victor Segalen)，1911年9月23日致亨利·芒斯隆(Henri Manceron)之信［描述他自己的书《古今碑录》(*Stèles*)］。Trahison fidèle，页108；马塞尔·普鲁斯特(Marcel Proust)，《追忆似水年华》(*A la recherche du temps perdu*)第二部《盖尔芒特家那边》(*Le côté de Guermantes*)第二卷（巴黎：伽利马出版社，1988），页587。

比较阅读所需要做出的牺牲。在莱布尼茨《中国人自然神学的通信》中，只有当"是"(is)这个小词被剥离其意义后，两种习语间的互译性才能得到保证。一旦从"存在"(being)中抽离出"存在"(being)，本体论者就没什么可据以分歧的了。

莱布尼茨的姿态(gesture)有点离谱，我们在别处看到以较低的代价也可以取得相同的效果，原因就在于这些效果是比较阅读所固有的。例如，一旦我们观察到转喻的限定性特征，先前模糊的中欧文学关系围绕着"隐喻—明喻"这个熟悉的配对结晶后所凭借的优美而简练的规则，就证明是建立在不可比的基础之上的。中国修辞性的解读无可争辩地要借助召唤明喻才能产生，它这样做是以全部的比较为代价的，因为它需要预先假定有一种对于比较的文本是共享的单一语言及一套单一范畴，然而比较的关键却在于促使读者在比较时不要有这套预设。比较文学不仅仅是诺亚方舟，它也是一艘正在下沉的救生艇，它的乘客怎么也不会知道接着要把什么扔出船外。

《诗大序》的策略将道德准则的权威性让渡给诗歌，从而造成这种情况：诗歌仅仅变成仪礼性的局部环节，但在此过程中诗歌却获得了仪礼那种脱离自然的必要独立性。礼制是其自身的开端与标准，而被阅读的诗歌反复规定了社会行为或无礼制基础的诗歌，与相同的但通过礼制解释的行为和诗歌之间，在性质上的差异。由此工具与自然的关系（同时也是解释者与文本间关系）变成艺术品与自然关系的模式，而圣人是作为正确解释的诗歌最终的指涉也是以最好的学生出现的。但对解释而言，这意味着文本不能解释自身，同样没有道德化的读者的解读能够不基于圣人"前定的理由"。只有圣人能成为自主的读者。

《诗经》的注释者成功地将这部诗集中所有诗歌（甚至是意思上最多变的诗歌）都纳入他们的解释模式中，但在此过程中他们发现自己把早期音乐传统的表现诗学替换为一种以反讽为其起点的新模式。新模式在解释原则与典范间的张力中产生，这是比较阅读的特点之一。根据我的理解,在《诗大序》所代表的对《诗经》的解读中,"比较"采取了一种在美学学理之内的翻译形式,即从模仿之脆弱形式到对模仿之强力或规定性形式的转变。最终,强力形式没给脆弱形式任何用武之地——即使是最为虔敬的《诗经》阅读也不得不被置于英雄主义的道德模式中。就像朱熹及其之后一些比较温和的读者提醒我们的,为了让《诗经》成为真正的经典(即"经"),注释者们牺牲了诗集中的单个诗歌以满足他们对成"经"的痴迷。我认为,其得失大致与莱布尼茨把"is"这个词抽空相当。当《诗经》中的每一首诗被铭刻在新模仿论之上时,它们便失去了其意义上假定在先的视阈,颇像莱布尼茨论断中的"is"这个词从表面上无限的指涉域(reference-field)变成了一条的褊狭边界。

把艺术作品提升到规范的地位,以及令紧随其后的审美态度做必要调整,这对任何单独的诗歌而言,都是难以胜任;因而《诗经》中的诗一个接一个地被应用并被用尽。这经常被视为是对文学相对于政治之独立性的否定,但这可以有不同的理解。根据周公使用诗歌的传说,政治相对于文学的独立性似乎难以成立。比拟的手法——将政府构想为诗学纲领的延伸——也毫无疑问正被雄心勃勃地运用着。不管怎样,就像经典的《诗经》作为整体,这个纲领源自给予诗歌语言以践言性力量的决定。

于是,艺术品为我们一直在考察的比较阅读者们保留了一个特殊的位置。当下历史中每一个插曲都显示作品的价值上了一个台阶,而每一次提升都是对读者所提的文学问题的重拟。本书提出的问题也概莫能外。"我们能说有中国式的讽寓吗?""修辞可以独立于主题吗?""《诗经》的《毛诗》传统告诉了我们什么?""《诗经》的解释传统在普遍意义上是中国诗学可靠的指南吗?""把中国纳入到比较研究中有何意义?"比较阅读回答的问题与提出的问题从不完全相同。

对黑格尔来说,比较的问题存在于"世界历史"这个词之中;因为尽管很明确中国是世界的一部分,但他还是不打算在历史中给其一席之

213

地。不过历史仍不得不描述中国,在用一些要在他处找到其适当意义的形象性语言描述中国时,历史发现它正把自身描述为中国。从这一点得到的视角似乎正好缺失了其最初的主题——历史。艺术品——历史书写的叙事策略或者中国本身——已取代历史位置。艺术根据什么回答历史提出的问题?这个问题——"对历史来说,中国是什么?"——从黑格尔自己的表述来看,只可能向艺术提出。美学是历史超越限制的强力指涉,就像讽寓是类超越限制的强力指涉。历史书写只要书写非历史的历史(history of non-history)——这也直接是制造历史的历史(history of the making of history)——那么就会发现自身就像周公一样在宣读诗学语言理论家所编写的台词。

这里列举的所有翻译中,将中国的审美(Chinese aesthetic)转换为审美的中国(aesthetic China)的翻译,可能是最勉强的——但考虑到"强力"之施用于我们所探讨的阅读之中的方式,它也是最必要的。因为比较阅读就是一种强力:它不能让事物保留原来的形态。

《诗经》第237首《绵》叙述了周朝首都的建造:

  捄之陾陾,

  度之薨薨,

  筑之登登,

  削屡冯冯。

  百堵皆兴,

  鼛鼓弗胜。

鼓声"弗胜"它们所调节的工作节奏——不错,这是对周人渴望拥有一个"天城"(celestial city)的夸张修辞,但也是本书中心问题的一个样板。在可为规范的美学中,艺术对自然及行为的模仿,没有自然与行为会模仿艺术品为它们设置的模式这种期待更重要。经过经典性诠释的《诗经》之类的著作倒转了人们常常假定的被表现物(the thing represented,自然、存在、《诗经》的真正意义、历史上所发生的事情)对于对它们的表现(presentation,艺术、语言、注释、历史书写)的优先性。但在模仿之模仿(mimesis of mimesis)中,当被表现物具有表现的性质,甚至比表现更"表现"时,审美的模式跟不上它自己作品的步伐,并再次居于次要地位,"弗胜"现在要去管理一个要被治理之时代的现实。

参考文献

西文文献

Abel, Carl. *Sprachwissenschaftliche Abhandlungen*. Leipzig: Friedrich, 1885.

Adorno, Theodor. *Ästhetische Theorie*. *Gesammelte Schriften*, vol. 7. Frankfurt am Main: Suhrkamp, 1970.

Allan, Sarah. "Drought, Human Sacrifice and the Mandate of Heaven in a Lost Text from the *Shang shu*" *Bulletin of the School of Oriental and African Studies* 47(1984): 523—529.

Allanbrook, Wye Jamison. *Rbythmic Gesture in Mozart*. Chicago: University of Chicago Press, 1980.

Althusser, Louis. "Sur le rapport de Marx à Hegel." In Jacques d'Hondt, ed., *Hegel et la pensée moderne*. Paris: Presses Universitaires de France, 1970, pp. 85—111.

Althusser, Louis, and Etienne Balibar. *Lire "Le Capital."* 2d ed. 2vols. Paris: Maspero, 1970.

Amiot, Jean-Joseph-Marie. "Sur la musique des Chinois, tant anciens que modernes." In *Mémoires concernant l'histoire, les sciences, les arts, les mœurs et les usages des Chinois. Par les missionaires de Pékin*. Paris, 1780, 6: 1—254.

Anderson, Benedict. *Imagined Communities : Reflections on the Origins and Spread of Nationalism*. London: Verso, 1983.

Anderson, Marston. *The Limits of Realism : Chinese Fiction in the Revolution-*

ary Period. Berkeley : University of California Press, 1990.

Anderson, Perry. *Lineages of the Absolutist State*. London : New Left Books, 1974.

Anderson, Warren D. *Ethos and Education in Greek Music*. Cambridge, Mass. : Harvard University Press, 1966.

Aristotle. *De motu animalium*. Trans. and comm. Martha Craven Nussbaum. Princeton : Princeton University Press, 1985.

Auffret, Dominique. *Alexandre Kojève : la philosophie, l'état, la fin de l , histoire*. Paris : Grasset, 1990.

Austin, John. *How to Do Things with Words*. Cambridge, Mass. : Harvard University Press, 1962.

Barker, Andrew, ed. *Greek Musical Writings*, Vol. 1, *The Musician and His Art*. Cambridge, Eng. : Cambridge University Press, 1984.

Barthes, Roland. *L'Empire des signes*. Paris : Skira/Flammarion, 1980.

Baudelaire, Charles. *Oeuvres complètes*. 2 vols. Ed. Claude Pichois. Paris : Gallimard, 1975.

Baumgarten, Alexander Gottlieb. *Aesthetica* (1750). Reprinted-Hildesheim: Olms, 1986.

Behn, Aphra. *The Emperor of the Moon : A Farce, as it is acted by their Majesties Servants at the Queen's Theatre*. London, 1687.

Benjamin, Walter. *Gesammelte Schriften*. 4 vols. Ed. Rolf Tiedemann and Hermann Schweppenhäuser. Frankfurt am Main: Suhrkamp, 1980.

——. *Illuminations*. Trans. Harry Zohn. New York: Schocken Books, 1969.

Benveniste, Emile. *Problèmes de linguistique générale* [I]. Paris : Gallimard, 1966.

——. *Problèmes de linguistique générale*, II . Paris : Gallimard, 1974.

Bettray, Johannes, S.J. *Die Akkomodationsmethode des P. Matteo Ricci S.J. in China*. Rome : Gregorian University, 1955.

Bielenstein, Hans. *The Restoration of the Han Dynasty*, Part IV, *The Government*. *BMFEA*, 51. Stockholm : Museum of Far Eastern Antiquities, 1979.

Birch, Cyril, ed. *Studies in Chinese Literary Genres*. Berkeley : University of California Press, 1974.

Black, Max. "Metaphor." *Proceedings of the Aristotelian Society* n. s. 55 (1955): 273—94.

Bloch, Ernst. *Subjekt-Objekt : Erläuterungen zu Hegel*. Berlin: Aufbau, 1951.

Bloch, Marc. *Les Rois thaumaturges : étude sur le caractère surnaturel attribué* à la puissance royale. Strasbourg : Istra, 1924.

Bodde, Derk. *Festivals in Classical China*. Princeton : Princeton University Press, 1975.

Bodemann, Eduard, comp. *Der Briefwechsel des Gottfried Wilbelm Leibniz*. Hildesheim :Olms, 1966.

——. *Die Leibniz-Handscriften der königlichen öffentlichen Bibliothek zu Hannover*. Hildesheim: Olms, 1966.

Brailou, Constantin. *Problem of Ethnomusicology*. Cambridge, Eng. : Cambridge University Press, 1984.

Brooks, E. Bruce. "A Geometry of the shr pin. " In Chow Tse-tsung, ed., *Wen-lin : Studies in the Chinese Humanities*. Madison: University of Wisconsin Press, 1968, pp.121—150.

Buffière, Félix. *Les Mythes d'Homère et la pensée grecque*. Paris : Les Belles Lettres,1956.

Bungay, Stephen. *Beauty and Truth : A Study of Hegel's Aesthetics*. Oxford : Clarendon Press, 1984.

Bush, Susan, and Christian Murck, eds. *Theories of the Artists in Ancient China*. Princeton : Princeton University Press, 1983.

Butor, Michel. *Répertoire*, I . Paris : Minuit, 1960.

Caruth, Cathy. *Empirical Truths and Critical Fictions : Locke, Wordsworth, Kant, Freud*. Baltimore: Johns Hopkins University Press, 1991.

Centre d'Etudes et de Recherches Marxistes [Jean Chesnaux et al.]. *Sur le "Mode de production asiatique."* Paris: Editions Sociales, 1969.

Chang, Kang-i Sun. "Chinese 'Lyric Criticism' in the Six Dynasties." In Susan Bush and Christian Murck, eds. , *Theories of the Arts in Ancient China*. Princeton: Princeton University Press, 1983, pp.215—224.

——. "The Concept of Time in the *Shih-ching*. " *T s'ing-hua Journal of Chinese Studies* n.s. 12.1(1979): 73—85.

——. *The Evolution of Chinese Tz'u Poetry from Late T'ang to Northern Sung*. Princeton: Princeton University Press, 1980.

——. *Six Dynasties Poetry*. Princeton: Princeton University Press, 1986.

——. "Symbolic and Allegorical Meanings in the *Yiieh-fu pu-t'i* Poem Series. " *HJAS* 46(1986): 353—385.

Chang, Kwang-chih. *The Archaeology of Ancient China*. 4th ed. New Haven: Yale University Press, 1987.

——. *Art, Myth and Ritual : The Path to Political Authority in Ancient China. Cambridge, Mass.: Harvard University Press, 1983.

———. *Shang Civilization*. New Haven: Yale University Press, 1980.

———, ed. *Early Chinese Civilization : Anthropological Perspectives*. Cambridge, Mass.: Harvard University Press, 1976.

Chao, Chia-ying Yeh. "The Ch'ang-Chou School of Tz'u Criticism." In Adele Austin Rickett, ed., *Chinese Approaches to Literature from Confucius to Liang Ch'i-ch'ao*. Princeton: Princeton University Press, 1978, pp.151—188.

Charles, Michel. *Rhétorique de la lecture*. Paris: Seuil, 1977.

Chase, Cynthia. *Decomposing Figures : Rhetorical Readings in the Romantic Tradition*. Baltimore: Johns Hopkins University Press, 1986.

Chavannes, Edouard. "Des rapports de la musique grecque avec la musique chinoise." In idem, trans., *Les Mémoires historiques de Se-ma Ts'ien*, vol.3, Part I. Paris: Leroux, 1898, App. II, pp.630—645.

Chen Shih-hsiang. "The Genesis of Poetic Time: The Greatness of Ch'ü Yüan, Studied with a New Critical Approach." *Ts'ing Hua Journal of Chinese Studies* n.s. 10(1973): 1—43.

———. "In Search of the Beginnings of Chinese Literary Criticism." *Semitic and Oriental Studies* 11(1951): 45—64.

———. "The Shih-ching: Its Generic Significance in Chinese Literary History and Poetics." In Cyril Birch, ed., *Studies in Chinese Literary Genres*. Berkeley: University of California Press, 1974, pp.8—41.

Cheng, François. *L'Ecriture poétique chinoise*. Paris: Seuil, 1977.

Chou Fa-kao. "Reduplicatives in the *Book of Odes*." BIHP 34(1963): 661—698.

Chow Tse-tsung. "The Early History of the Chinese Word *Shih* (Poetry)." In Chow Tse-tsung, ed., *Wen-lin : Studies in the Chinese Humanities*. Madison: University of Wisconsin Press, 1968, pp.151—209.

———. *The May Fourth Movement*. Cambridge, Mass.: Harvard University Press, 1960.

———, ed. *Wen-lin : Studies in the Chinese Humanities*. Madison: University of Wisconsin Press, 1968.

Chu Hsi. *Learning to Be a Sage : Selections from the "Conversations of Master Chu, Arranged Topically."* Trans. and annot. Daniel K. Gardner. Berkeley: University of California Press, 1990.

Cicero. *M. Tulli Ciceronis Rhetorica*. Ed. A.S. Wilkins. Oxford: Oxford University Press, 1978.

Cigliano, Maria, ed. *Atti del Convegno Internazionale di Studi Ricciani*. Macerata: Centro di Studi Ricciani, 1984.

Clifford, James, and George F. Marcus, eds. *Writing Culture: The Poetics and Politics of Ethnography*. Berkeley: University of California Press, 1986.

Coleridge, Samuel Taylor. *The Table Talk and Omniana of Samuel Taylor Coleridge*. Ed. T. Ashe. London: George Bell, 1909.

Collani, Claudia von. *Eine Wissenschaftliche Akademie für China*. *Studia Leibnitiana*, Special issue 18. Stuttgart: Steiner, 1989.

Colloque International de Sinologie. *La Mission française de Pékin aux XVIIe et XVIIIe siècles*. Paris: Les Belles Lettres and Cathasia, 1976.

Comotti, Giovanni. *Music in Greek and Roman Culture*. Trans. Rosaria Munson. Baltimore: Johns Hopkins University Press, 1989.

Cordier, Henri. *Essai d'une bibliographie des ouvrages publisé en Chine parsles Européens aux XVIIe et XVIIIe siècles*. Paris: Leroux, 1883.

——, comp. *Bibliotheca Sinica*. 4 vols. 2d ed. Paris: Guilmoto, 1904—1908.

Couvreur, Séraphin, S. J., trans. *Chou King, texte chinois avec traduction*. 2d ed. Hsien-hsien, Hopei: Imprimerie de la Mission Catholique, 1916.

——. *I Li: Cérémonial, texte chinois avec traduction*. Hsien-hsien, Hopei: Imprimerie de la Mission Catholique, 1916.

——. *Li Ki, ou Mémoires sur les bienséances et les cérémonies*. 2 vols. 2d ed. Ho-chien, Hopei: Imprimerie de la Mission Catholique, 1913.

Creel, Herlee Glessner. *The Origins of Statecraft in China*, vol. 1. Chicago: University of Chicago Press, 1970.

——. *Sinism: A Study of the Evolution of the Chinese World-view*. Chicago: Open Court, 1929.

——. *What Is Taoism? and Other Essays in Chinese Cultural History*. Chicago: University of Chicago Press, 1982.

Crump, James I. *Intrigues: Studies of the "Chan-kuo-ts'e."* Ann Arbor: University of Michigan Press, 1964.

Cua, A. S. "Dimensions of Li(Propriety): Reflections on an Aspect of Hsün-tzu's Ethics." *Philosophy East and West* 29(1979): 373—394.

——. "Li and Moral Justification: A Study in the *Li Chi*." *Philosophy East and West* 33(1983): 1—16.

Curtius, Ernst Robert. *European Literature and the Latin Middle Ages*. Trans. Willard B. Trask. Princeton: Princeton University Press, 1953.

Cyrano de Bergerac, Savinien. *L'Autre Monde, ou les états et empires de la lune et du soleil*. 1657, 1662. Montreal: Le Cercle du Livre de France, 1960.

Dante Alighieri. *Tutte le Opere*. Ed. Luigi Blasucci. Florence: Sansoni, 1965.

Davidson, Donald. "On the Very Idea of a Conceptual Scheme." In John Rajchman and Cornel West, eds., *Post-Analytic Philosophy*. New York: Columbia University Press, 1985, pp. 129—144.

d'Elia, Pasquale M., S.J., ed. *Fonti Ricciane*. 4 vols. Rome: Libreria dello Stato, 1942—1949.

de Man, Paul. *Allegories of Reading*. New Haven: Yale University Press, 1979.

——. *Blindness and Insight*. 2d ed. Minneapolis: University of Minnesota Press, 1983.

——. "Hegel on the Sublime." Typescript, 1983. Also published in Mark Krupnik, ed., *Displacement : Derrida and After*. Bloomington: Indiana University Press, 1983, pp. 139—153.

——. "Kant and Schiller." Typescript, 1983; revised typescript incorporating taped variants, 1988.

——. "Kant's Materialism." Typescript, 1983.

——. "Phenomenality and Materiality in Kant." Typescript, 1983.

——. "Sign and Symbol in Hegel's *Aesthetics*." *Critical Inquiry* 8 (1982): 761—775.

Dembo, L. S. *The Confucian Odes of Ezra Pound : A Critical Appraisal*. Berkeley: University of California Press, 1963.

Derrida, Jacques. *De la grammatologie*. Paris: Minuit, 1967.

——. *La Dissémination*. Paris: Seuil, 1972.

——. *Glas*. Paris: Galilée, 1974.

——. *Marges de la philosophie*. Paris: Minuit, 1972.

——. *Psyché :* inventions de l'autre. Paris: Galilée, 1987.

Descartes, René. *Oeuvres*. Ed. Charles Adam and Paul Tannery. Paris: Vrin, 1964.

Detienne, Marcel. *Les Maîtres de vérité dans la Grèce archaïque*. Paris: Maspero, 1967.

DeWoskin, Kenneth. "Early Chinese Music and the Origins of Aesthetic Terminology." In Susan Bush and Christian Murck, eds., *Theories of the Arts in Ancient China*. Princeton: Princeton University Press, 1983, pp. 187—214.

——. *A Song for one or Two : Music and the Concept of Art in Early China*. Michigan Papers in Chinese Studies, 42. Ann Arbor: University of Michigan, Center for Chinese Studies, 1982.

Diény, Jean-Pierre. *Aux origines de la poésie classique en Chine : étude sur la poésie lyrique à l'époque des Han*. Leiden: Brill, 1968.

——. *Les Dix-neuf poèmes anciens*. Tokyo: Association Franco-Japonaise and Presses Universitaires de France, 1964.

——. *Pastourelles et magnanarelles : essai sur un thème littéraire chinois*. Geneva: Droz, 1977.

Dobson, W. A. C. H. *The Language of the "Book of Songs."* Toronto: University of Toronto Press, 1968.

——. "Linguistic Evidence and the Dating of the *Book of Songs*." *T'oung Pao* 51(1964): 322—334.

——. "The Origin and Development of Prosody in Early Chinese Poetry." *T'oung Pao* 54(1968): 231—250.

Doz, André, trans. and comm. Hegel: *la théorie de la mesure*. Paris: Presses Universitaires de France, 1970.

Dubois, Jacques, et al. *Rhétorique générale*. Paris: Larousse, 1970.

Dubs, Homer H. *Hsüntze, the Moulder of Ancient Confucianism*. London: Probsthain, 1927.

——, trans. *The Works of Hsüntze*. London: Probsthain, 1928.

Dull, Jack. "An Historical Introduction to the Apocryphal (*Ch'an-wei*) Texts of the Han Dynasty." Ph.D dissertation, University of Washington, 1966.

Dumézil, Georges. *Idées romaines*. Paris: Gallimard, 1969.

Durkheim, Emile. *Les Formes élémentaires de la vie religieuse*. Paris: Alcan, 1912.

Durkheim, Emile, and Marcel Mauss. "De quelques formes primitives de classification: contribution à l'étude des représentations collectives. " *L'Année Sociologique* 6 (1901—1902): 1—72.

Eberhard, Wolfram. Lokalkulturen im alten China, Part Ⅰ, *Die Lokalkulturen des Nordens und Westens*. Supplement to T'oung Pao, vol.37.

Leiden: Brill, 1942. Part Ⅱ, *Die Lokalkulturen des Südens und Ostens*. *Monumenta Serica*, monograph 3. Peking: Catholic University Press, 1942.

Egan, Ronald C. "Narratives in *Tso Chuan*." *HJAS* 37(1977): 323—352.

Eliséeff-Poisle, Danielle. *Nicolas Fréret (1688—1749): réflexions d'un humaniste du XVIIIe siècle sur la Chine*. Paris: Collège de France, Institut des Hautes Etudes Chinoises, 1976.

Elman, Benjamin A. *From Philosophy to Philology*. Cambridge, Mass.: Harvard University, Council on East Asian Studies, 1984.

Elvin, Mark. *The Pattern of the Chinese Past*. Stanford: Stanford University Press, 1973.

Empson, William. *Argufying*. Ed. John Haffenden. Iowa City: University of Iowa Press, 1987.

——. *Some Versions of Pastoral*. New York: New Directions, 1974.

——. *The Structure of Complex Words*. London: Chatto & Windus, 1951.

Engels, Friedrich. *Anti-Dühring : Herr Eugen Dühring's Revolution in Science*. Peking: Foreign Languages Press, 1976.

Etiemble. *L'Europe chinoise*, Vol. 1, *De l'empire romain à Leibniz*; Vol. 2, *De la sinophilie à la sinophobie*. Paris: Gallimard, 1988, 1989.

——. *Les Jésuites en Chine*: Julliard, 1966.

Falkenhausen, Lothar Von. *Suspended Music : The Chime-Bells of the Chinese Bronze Age*. Berkeley: University of California Press, 1993.

Felber, Roland. "Neue Möglichkeiten und Kriterien für die Bestimmung der Authentizität des *Zuo-Zhuan*." *Archiv Orientální* 34(1966): 80—91.

Fenves, Peter D. *A Peculiar Fate : Metaphysics and World-History in Kant*. Ithaca: Cornell University Press, 1991.

Feuerbach, Ludwig. *Gesammelte Werke*. Ed. Werner Schuffenhauer. Berlin: Akademie-Verlag, 1970.

Fingarette, Herbert. *Confucius : The Secular as Sacred*. New York: Harper & Row, 1972.

Firth, J. R. *Selected Papers of J. R. Firth, 1952—1959* . Ed. F. R. Palmer. Bloomington: Indiana University Press, 1968.

Fletcher, Angus. *Allegory : The Theory of a Symbolic Mode*. Ithaca: Cornell University Press, 1964.

Foucault, Michel. *Les Mots et les choses*. Paris : Gallimard, 1966.

Frankel, Hans H. *The Flowering Plum and the Palace Lady : Interpretations of Chinese Poetry*. New Haven: Yale University Press, 1976.

Frege, Gottlob. *Collected Papers on Mathematics, Logic, and Philosophy*. Ed. Brian McGuinness. Oxford: Blackwell, 1984.

Freud, Sigmund. "The Antithetical Meaning of Primal Words." In *Standard Edition of the Complete Psychological Works of Sigmund Freud*. Trans. and ed. James Strachey. London: Hogarth Press, 1957, Ⅱ : 153—162.

Fukuyama, Francis. "The End of History?" *The National Interest* 16(1989): 3—18.

Fung Yu-lan. *A History of Chinese Philosophy*. 2 vols. Trans. Derk Bodde. Princeton: Princeton University Press, 1953.

Gadamer, Hans-Georg. *Hegel's Dialectic : Five Hermeneutical Studies*. Trans. P. Christopher Smith. New Haven: Yale University Press, 1976.

——. *Truth and Method*. Trans. Garrett Barden and John Cumming. London: Sheed & Ward, 1975.

Gärtner, Helga, Waltraut Hekye, and Viktor Pöschl, eds. *Bibliographiezur antiken Bildersprache*. Heidelberg: Winter-Universitätsverlag, 1964.

Gasché, Rodolphe. "Hegel's Orient or the End of Romanticism." In Irving J. Massey and Sung-won Lee, eds., *History and Mimesis*. Buffalo: State University of New York, Department of English, 1983, pp.17—29.

Geertz, Clifford. "Anti Anti-Relativism."*American Anthropologist* 86(1984): 263—278.

——. *The Interpretation of Cultures*. New York: Basic Books, 1983.

——. *Local Knowledge : Further Essays in Interpretive Anthropology*. New York: Basic Books, 1983.

——. *Negara : The Theatre-State in Nineteenth-Century Bali*. Princeton: Princeton University Press, 1980.

Gentili, Bruno. *Poetry and Its Public in Ancient Greece*. Trans. A. Thomas Cole. Baltimore: Johns Hopkins University Press, 1989.

Gernet, Jacques. *Chine et christianisme : action et réaction*. Paris: Gallimard, 1982.

Gibbs, Donald A. "Notes on the Wind :The Term 'Feng' in Chinese Literary Criticism." In David C. Buxbaum and Frederick W. Mote, eds., *Transition and Permanence : Chinese History and Culture, a Festschrift in Honor of Dr. Hsiao Kung-ch'üan*. Hong Kong: Cathay Press, 1972, pp.285—294.

Giles, Herbert A. *A History of Chinese Literature*. New York: Appleton-Century, 1928.

Glockner, Hermann. *Beiträge zum Verständnis und zur Kritik Hegels*. Bonn: Bouvier, 1965.

Godelier, Maurice. "La Notion de 'Mode de production asiatique.'" *Les Temps Modernes* 228(1965): 2002—2027.

Goethe, Johann Wolfgang von. *West-Östlicher Divan*. 1819. Frankfurt am Main: Insel, 1951.

Grafton, Anthony. "Renaissance Readers and Ancient Texts: Comments on Some Commentaries." *Renaissance Quarterly* 38(1985): 615—649.

Graham, A. C. "'Being' in Classical Chinese." In John W. M. Verhaar, ed., *The Verb "Be" and Its Synonyms*. Foundations of Langugae, supplementary series, 1. Dordrecht: Reidel, 1967, 1: 1—39.

———. "'Being' in Linguistics and Philosophy." In John W. M. Verhaar, ed., *The Verb "Be" and Its Synonyms*. Foundations of Language, supplementary series, 14. Dordrecht: Reidel, 1972, 5: 225—233.

———. "'Being' in Western Philosophy Compared with *Shih/Fei* and *Yu/Wu* in Chinese Philosophy." *Asia Major* n. s. 7(1959): 79—112.

———. *Disputers of the Tao : Philosophical Argument in Ancient China*. La Salle, Ⅲ. : Open count, 1989.

———. *Later Mohist Logic, Ethics and Science*. Hong Kong: Chinese University Press; London: School of Oriental and African Studies, 1978.

———. *Studies in Chinese Philosophy and Philosophical Literature*. Albany: State University of New York Press, 1990.

Granet, Marcel. *Catégories matrimoniales et relations de proximité dans la Chine ancienne*. Paris: Alcan, 1939.

———. *Fêtes et chansons anciennes de la Chine*. 2d ed. Paris : Leroux, 1929.

Greenblatt, Stephen. *Renaissance Self-fashioning*. Chicago: University of Chicage Press, 1980.

Hackenesch, Charles. *Die Logik der Andersheit : Eine Untersuchung zu Hegel's Begriff der Reflexion*. Frankfurt am Main: Athenäum, 1987.

Halliwell, Stephen. *Aristotle's Poetics*. London: Duckworth, 1986.

Halm, Carolus, ed. *Rhetores Latini minores*. Leipzig: Teubner, 1863.

Hamacher, Werner. "*pleroma :* zu Genesis und Struktur einer dialektischen Hermeneutik bei Hegel." Introduction to Hegel, *Der Geist des Christentum : Schriften, 1796—1800*. Berlin: Ullstein, 1978.

Hansen, Chad. *Language and Logic in Ancient China*. Ann Arbor: University of Michigan Press, 1983.

Harris, H. S. *Hegel's Development*, Vol. 1, *Toward the Sunlight* (1770—1801); Vol. 2, *Night Thoughts (Jena, 1801—1806)*. Oxford: Clarendon Press, 1972, 1983.

Hartman, Geoffrey H. *Beyond Formalism : Literary Essays, 1958—1970* . New Haven: Yale University Press, 1970.

———. *Saving the Text*. Baltimore: Johns Hopkins University Press, 1981.

———. *The Unremarkable Wordsworth*. Minneapolis: University of Minnesota Press, 1987.

Hart Nibbrig, Christiaan L. *Ästhetik: Materialien zu ihrer Geschichte. Ein Lesebuch.* Frankfurt am Main: Suhrkamp, 1978.

Hawkes, David, trans. and annot. *The Songs of the South.* Harmondsworth, Eng.: Penguin, 1985.

Hegel, Georg Wilhelm Friedrich. *Jenaer Systementwürfe* I : *Das System der spekulativen Philosophie.* Ed. Klaus Düsing and Heinz Kimmerle. Hamburg: Meiner, 1986.

——. *Jenaer Systementwürfe* II : *Logik, Metaphysik, Naturphilosophie.* Ed. Rolf-Peter Horstmann. Hamburg: Meiner, 1982.

——. *Jenaer Systementwürfe* III : *Naturphilosophie und Philosophie des Geistes.* Ed. Rolf-Peter Horstmann. Hamburg: Meiner, 1987.

——. "Philosophie der allgemeinen Weltgeschichte, vorgetragen von Hegel im Winterhalbenjahre 1822—23." Lectures transcribed by Karl Gustav Julius von Griesheim. Berlin Staatsbibliothek, Preussischer Kulturbesitz, ms. germ. qu. 550, 551.

——. *Philosophy of Nature.* Trans. and annot. A. V. Miller. Oxford: Clarendon Press, 1970.

——. *Philosophy of Nature.* 3 vols. Trans. and annot. M.J. Petry. London: Allen & Unwin, 1970.

——. *Philosophy of Right.* Trans. and annot. T. M. Knox. Oxford: Oxford University Press, 1958.

——. *Philosophy of Subjective Spirit.* Trans. and annot. M. J. Petry. Dordrecht: Reide, 1979.

——. *Science of Logic.* Trans. and annot. A. V. Miller. London: Allen & unwin, 1969.

——. *Die Vernunft in der Geschichte.* Ed. Johannes Hoffmeister. *Vorlesungen über die Philosophie der Weltgeschichte,* vol. I . Hamburg: Meiner, 1955.

——. *Vorlesungen über die Philosophie der Religion.* Ed. Walter Jaeschke. Volumes 3, 4a, and 4b of Hegel, *Vorlesungen: Ausgewählte Nachschriften und Manuskripte.* Hamburg: Meiner, 1983—1985.

——. *Vorlesungen über die Philosophie der Weltgeschichte.* Three parts: *Die orientalische Welt, Die griechische und römische Welt, Die germanische Welt.* Ed. Georg Lasson. Hamburg: Meiner, 1919—1923.

——. *Werke in zwanzig Bänden.* Theorie-Werkausgabe. Frankfurt am Main: Suhrkamp, 1969—1971.

——. *Werke, vollständige Ausgabe durch einen Verein von Freunden des Ve-*

rewigten. 2d ed. Berlin: Duncker und Humblot, 1840.

Heidegger, Martin. *Being and Time*. Trans. John Macquarrie and Edward Robinson. New York: Harper & Row, 1962.

——. *Der Satz vom Grund*. Pfullingen: Neske, 1957.

——. *Sein und Zeit*. 15th ed. Tübingen: Niemeyer, 1986.

——. *Unterwegs zur Sprache*. Pfullingen: Neske, 1959.

Henderson, John B. *The Development and Decline of Chinese Cosmology*. New York: Columbia University Press, 1984.

——. *Scripture, Canon and Commentary: A Comparison of Confucian and Western Exegesis*. Princeton: Princeton University Press, 1991.

Heraclitus [Ponticus]. *Allégories d'Homère* [*Homērika problēmata*]. Ed. Félix Buffière. Paris : Les Belles Lettres, 1962.

Herder, Johann Gottfried. *Ideen zur Philosophie der Geschichte der Menschheit*. In *Herders sämmtliche Werke*, ed. Bernhard Suphan, vols. 13—14. Belin: Weidmannsche, 1908.

Hightower, James Robert. "The *Han-shih Wai-chuan* and the *San Chia Shih*." HJAS 11(1948): 241—310.

——. *Topics in Chinese Literature: Outlines and Bibliographies*. Rev. ed. Cambridge, Mass. : Harvard University Press, 1971.

——. "The *Wen Hsüan* and Genre Theory." In John L. Bishop, ed. , *Studies in Chinese Literature*. Cambridge, Mass. : Harvard University Press, 1966, pp. 142—163.

——, trans. and annot. *Han Shih Wai Chuan : Han Ying's Illustrations of the Didactic Application of the "Classic of Songs."* Harvard-Yenching Institute Monograph Series, vol 11. Cambridge, Mass. : Harvard University Press, 1952.

Hindess, Barry, and Paul Q. Hirst. *Pre-Capitalist Modes of Production*. London: Routledge & Kegan Paul, 1975.

Hjelmslev, Louis. *Essais linguistiques*. Paris: Minuit, 1971.

Holoch, Donald. "*The Travels of Laocan:* Allegorical Narrative." In Milena Doleželová-Velingerová, ed. , *The Chinese Novel at the Turn of the Century*. Toronto: University of Toronto Press, 1980, pp. 129—149.

Holzman, Donald. "Confucius and Ancient Chinese Literary Criticism." In Adele Austin Rickett, ed. , *Chinese Approaches to Literature from Confucius to Liang Ch'i-ch'ao*. Princeton: Princeton University Press, 1978, pp. 21—41.

——. "Literary Criticism in China in the Early Third Century A. D." *Asiatische Studien* 28.2(1974): 113—49.

Hondt, Jacques d'. *Hegel secret*. Paris: Presses Universitaires de France, 1968.

——. ed. *Hegel et la pensée moderne*. Paris: Presses Universitaires de France, 1970.

Hsiao Kung-ch'üan. *A History of Chinese Political Thought*. Trans. Frederick W. Mote. Princeton: Princeton University Press, 1979.

Hsu, Cho-yun. *Ancient China in Transition*. Stanford: Stanford University Press, 1965.

Hsu, cho-yun, and Katheryn M. Linduff. *Western Chou Civilization*. New Haven: Yale University Press, 1988.

Hu, Chi-hsi, "Mao Tsé-toung, la révolution et la question sexuelle." *Tel Quel* 59(1974): 49—70.

Hulin, Michel. *Hegel et l'Orient*. Paris: Vrin, 1979.

Hung, Chang-tai. *Going to the People : Chinese Intellectuals and Folk Literature, 1918—1937* . Cambridge, Mass.: Harvard University Press, 1985.

Husserl, Edmund. *The Crisis of European Sciences and Transcendental Phenomonology* Trans. David Carr. Evanston, Ⅲ.: Northwestern University Press, 1970.

Imber, Alan. "*Kuo yü* : An Early Chinese Text and Its Relations with the *Tso chuan*." Ph.D. dissertation, University of Stockholm, 1975.

Intorcetta, Prosper, Christian Herdtrich, François Rougemont, and Philippe Couplet. *Confucius Sinarum philosophus, sive scientia Sinensis latine exposita*. Paris, 1687.

Ishiguro, Hidé. *Leibniz's Philosophy of Logic and Language*. London: Duckworth, 1972.

Jakobson, Roman. "Closing Statement: Linguistics and Poetics." In Thomas A. Sebeok, ed., *Style in Language*. Cambridge, Mass.: MIT Press, 1960, pp.350—77.

——. "Two Aspects of Language and Two Types of Aphasic Disturbances." In idem and Morris Halle, *Fundamentals of Language*. The Hague: Mouton, 1956, pp.55—82.

Jakobson, Roman, and Linda Waugh. *The Sound Shape of Language*. Bloomington: Indiana University Press, 1979.

Jambet, Christian. *La Logique des Orientaux : Henry Corbin et la science des formes*. Paris: Seuil, 1983.

Jameson, Fredric. "Third-World Literature in the Era of Multinational Capitalism." *Social Text* 15(1986): 65—88.

Jullien, François. *Encre de Chine : la révolution et sa lettre*. Lausanne: Alfred Eibel, 1978.

——. " 'Fonder' la morale, ou comment légitimer la transcendance de la moralité sans le support du dogme ou de la foi(au travers du Mencius). "*Extrê me-Orient Extrê me-Occident* 6(1985): 23—81.

——. "Ni Ecriture sainte ni œuvre classique: du statut du Texte confucéen comme texte fondateur vis-à-vis de la civilisation chinoise. "*Extreme-Orient Extreme-Occident* 5(1984): 75—127.

——. *La Valeur allusive : des catégories originales de l'interprétation poétique dans la tradition chinoise*. Paris: Ecole Française d'Extrême-Orient, 1985.

Kant, Immanuel. *Kant's Critique of Aesthetic Judgement*. Trans. James Creed Meredith. Oxford: Clarendon Press, 1911.

——. *Werke in zehn Bänden*. Ed. Wilhelm Weischedel. Darmstadt: Wissensch- aftliche Buchgesellschaft, 1983.

Kantorowicz, Ernst H. *The King's Two Bodies : A Study in Mediaeval Political Theology*. Princeton: Princeton University Press, 1957.

——. *Laudes Regiae : A Study in Liturgical Acclamations and Mediaeval Ruler Worship*. University of California Publications in History, vol. 33. Berkeley: University of California Press, 1946.

Kao, Karl S. Y. "Rhetoric." In William H. Nienhauser, Jr. , ed. , *The Indiana Companion to Traditional Chinese Literature*. Bloomington: Indiana University Press, 1986, pp. 121—37.

Karlgren, Bernhard. "Cognate Words in the Chinese Phonetic Series. " *BMFEA* 28(1956): 1—18.

——"The Early History of the *Chou Li and Tso Chuan Texts*." *BMFEA* 3 (1931): 1—58.

——. "Glosses on the *Book of Documents*." *BMFEA* 20(1948): 39—315; *BMFEA* 21(1949): 163—206.

——. "Glosses on the *Kuo Feng* Odes." *BMFEA* 14(1942): 71—247.

——. "Glosses on the *Li Ki*. " *BMFEA* 43(1971): 1—65.

——. "Glosses on the *Siao Ya* Odes." *BMFEA* 16(1944): 25—169.

——. "Glosses on the *Ta Ya and Sung* Odes. " *BMFEA* 18(1946): 1—198.

——. *Grammata Serica*. *BMFEA* 12 (1940): 1—471. Reprinted—Taipei: Ch'eng-wen, 1978.

——. *Grammata Serica Recensa*. *BMFEA* 29(1957). Reprinted—Stockholm: Museum of Far Eastern Antiquities, 1972.

——. "Legends and Cults in Ancient China." *BMFEA* 18(1946): 199—365.

——. "Loan Characters in Pre-Han Texts. " *BMFEA* 35(1963):1—128; *BMFEA* 36(1964): 1—105; *BMFEA* 37(1965): 1—136; *BMFEA* 38(1966): 1—82; *BMFEA* 39(1967): 1—51.

——, trans. *The Book of Documents*. *BMFEA* 22(1950): 1—81.

——, trans. *The Book of Odes*. Stockholm: Museum of Far Eastern Antiquities, 1950.

Kauppi, Raili, *Über die Leibnizsche Logik*. Helsinki: Societas Philosophica, 1960.

Keightley, David N. "The Religious Commitment: Shang Theology and the Genesis of Chinese Political Culture". *History of Religions* 17(1978): 211—25.

——, ed. *The Origins of Chinese Civilization*. Berkeley: University of California Press, 1983.

Kiesewetter, Hubert. *Von Hegel zu Hitler*. Hamburg: Hoffman & Campe, 1974.

Knoblock, John, Trans. *Xunzi: A Translation and Study of the Complete Works*, Vol. 1, *Books* 1—6. Stanford: Stanford University Press, 1988.

Kojève, Alexandre. *Introduction à la lecture de Hegel*. Ed. Raymond Queneau. Paris : Gallimard, 1968.

Köster, Hermann, trans. *Hsün-tzu*. Kaldenkirchen: Steyler, 1967.

Kuttner, Fritz A. "A Musicological Interpretation of the Twelve Lü in China's Traditional Tone System. "*Ethnomusicology* 6.1(1965): 22—38.

Lach, Donald F. "Leibniz and China. " *Journal of the History of Ideas* 6 (1945): 436—55.

——, ed. and annot. *The Preface to Leibniz'*"*Novissima Sinica*." Honolulu: University of Hawaii Press, 1957.

Lacoue-Labarthe, Philippe. *La Fiction du politique*. Paris: Bourgois, 1987.

Lamberton, Robert. *Homer the Theologian*. Berkeley: University of California Press, 1986.

Lee, Leo Ou-fan. *The Romantic Generation of Modern Chinese Writers*. Cambridge, Mass. : Havard University Press, 1973.

Legge, James, trans. *The Chinese Classics*. 5 vols. Reprinted—Hong Kong: University of Hong Kong Press, 1960.

Leibniz, Gottfried Wilhelm. *Discourse on the Natural Theology of the Chinese*. Trans., with commentary, Henry Rosemont, Jr., and Daniel J. Cook. Honolulu: University of Hawaii Press, 1977.

——. *Discours sur la théologie naturelle des Chinois*. Ed. Christiane Frémont. Paris: Editions de l'Herne, 1987.

——. *Die Hauptschriften zur Dyadik von Leibniz*. Ed. Hans Joachim Zacher. Frankfurt am Main: Klostermann, 1973.

——. Manuscripts and letters deposited in the Leibniz-Archiv, Niedersächsische Landesbibliothek, Hannover. Cited according to Bodemann's catalogue numbers, preceded by LH (*Leibniz-Handschriften*) or LBr (*Leibniz-Briefe*).

——. *Novissima Sinica historiam nostri temporis illustratura*. Hannover, 1697.

——. *Opera omnia*. Ed. Ludovicus Dutens. Geneva, 1768.

——. *Opuscules et fragments inédits*. Ed. Louis Couturat. Paris: Alcan, 1903.

——. *Die philosophischen Schriften von G. W. Leibnitz*. Ed. G. I. Gerhardt. 1890. Reprinted—Hildesheim: Olms, 1965.

——. *Sämtliche Schriften und Briefe*. Ed. Preussischen Akademie der Wissenschaften, Berlin. Darmstadt: Akademie-Verlag, 1923—38; Leipzig: Akademie-Verlag, 1938; Berlin: Akademie-Verlag, 1950—.

——. *Zwei Briefe über das binäre Zahlensystem und die chinesische Philosophie*. Ed. Renate Loosen and Franz Vonessen. Stuttgart: Belser, 1968.

Leslie, Donald D., Colin Mackerras, and Wang Gungwu, eds., *Essays on the Sources for Chinese History*. Canberra: Australian National University Press, 1973.

Leuze, Reinhard. *Die außerchristlichen Religionen bei Hegel*. Göttingen: Vandenh- oeck und Ruprecht, 1975.

Lévi, Jean. "Le Mythe de l'âge d'or et les théories de l'évolution en Chine ancienne." *L'Homme* 17(1977): 73—103.

——. "Solidarité de l'ordre de la nature et de l'ordre de la société : 'loi' naturelle et 'loi' sociale dans la pensée légiste de la Chine ancienne." *"Extreme-Orient Extreme-Occident* 3(1983): 23—36.

Levy, Dore J. *Chinese Narrative Poetry*. Durham, N. C.: Duke University Press, 1988.

——. "Constructing Sequences: Another Look at the Principle of *Fu* 'Enumeration.'" *HJAS* 46(1986): 471—93.

Li Xue qin. *Eastern Zhou and Qin Civilizations*. Trans. K. C. Chang. New Haven: Yale University Press, 1986.

Lin, Shuen-fu, and Stephen Owen, eds. *The Vitality of the Lyric Voice*. Princeton: Princeton University Press, 1986.

Liu, James J. Y. *Chinese Theories of Literature*. Chicago: University of Chicago Press, 1975.

Lloyd, G. E. T. *Polarity and Analogy*. Cambridge, Eng. : Cambridge University Press, 1966.

Longobardi, Nicolas, S. J. *Traité sur quelques points de la religion des Chinois*. Paris, 1701. Reprinted in Leibniz, Opera omina, Ed. Ludovicus Dutens. Geneva, 1768, 4: 89—144.

Louie, Kam. *Inheriting Tradition: Interpretations of the Classical Philosophers in Communist China, 1949—1966*. New York: Oxford University Press, 1986.

Lovejoy, Arthur O. *Essays in the History of Ideas*. Baltimore : Johns Hopkins University Press, 1948.

Löwith, Karl, ed. *Die Hegelsche Linke*. Stuttgart and Bad Cannstatt: Frommann, 1962.

Lübbe, Hermann, ed. *Die Hegelsche Rechte*. Stuttgart and Bad Cannstatt: Frommann, 1962.

Lukács, Georg. *The Young Hegel*. Trans. Rodney Livingstone. Cambridge, Mass. : MIT Press, 1976.

Lyotard, Jean-François. *La Condition post-moderne*. Paris: Minuit, 1979.

Macherey, Pierre. *Hegel ou Spinoza*. Paris: Maspero, 1979.

MacIntyre, Alasdair. *After Virtue*. Notre Dame, Ind. : University of Notre Dame Press, 1984.

——. "Hegel on Faces and Skulls. " In idem, ed. , *Hegel : A Collection of Critical Essays*. New York: Anchor Books, 1972, pp. 219—236.

Malebranche, Nicolas. *Entretien d'un philosophe chrétien et d'un philosophe chinois sur l'existence et la nature de Dieu*. Ed. André Robinet. Oeuvres complètes de Malebranche, vol. 15. Paris: Vrin, 1958.

Mallarmé, Stéphane. *Oeuvres complètes*. Ed. Henri Mondor, Paris: Gallimard, 1945.

March, Andrew L. *The Idea of China : Myth and Theory in Geographic Thought*. New York: Praeger, 1974.

Marcus, George E. , and Michael M. J. Fischer, *Anthropology as Cultural Critique : An Experimental Moment in the Human Sciences*. Chicago: University of Chicago Press, 1986.

Marx, Karl. *Capital*, vol. 1. Trans. Samuel Moore and Edward Aveling. New York: Modern Library, n. d.

——. *Early Writings*. Trans. Rodney Livingstone and Gregor Benton. New

York: Vintage, 1975.

——. *Pre-Capitalist Economic Formations*. Trans. Jack Cohen. Ed. Eric J. Hobsbawm. New York: International Publishers, 1965.

Marx, Karl, and Friedrich Engels. *Marx-Engels Gesamtausgabe [MEGA]*. Berlin: Dietz, 1984.

Maverick, Lewis A. "A Possible Chinese Source of Spinoza's Doctr- ine. "*Revue de Littérature Comparée* 19(1939): 417—428.

Medhurst, W. H. *An Inquiry into the Proper Mode of Rendering the Word God in Translating the Sacred Scriptures into the Chinese Language*. Shanghai: Mission Press, 1848.

Merleau-Ponty, Maurice. *Signes*. Paris: Gallimard, 1960.

Miner, Earl. Comparative Poetics: *An Intercultural Essay on Theories of Literat‐ure*. Princeton: Princeton University Press, 1990.

Miyoshi, Masao. "Against the Native Grain: The Japanese Novel and the 'Postmodern' West." *South Atlantic Quarterly* 87(1988): 525—550.

Montesquieu, Charles‐Louis de. *Oeuvres complètes*. Paris: Seuil, 1964.

Mote, Frederick W. "The Artists and the 'Theorizing Mode' of the Civilization." In Christian Murck, ed., *Arts and Traditions: Uses of the Past in Chinese Culture*. Princeton: Princeton University Press, 1976, pp. 3—8.

——. "The Cosmological Gulf Between China and the West." In David C. Buxbaum and Frederick W. Mote, eds., *Transition and Permanence : Chinese History and Culture, a Festschrift in Honor of Dr. Hsiao Kung‐ch'üan*. Hong Kong: Cathay Press, 1972, pp. 3—21.

Mounin, Georges. *Les Problèmes théoriques de la traduction*. Paris: Gallimard, 1963.

Mungello, David E. *Curious Land : Jesuit Accommodation and the Origins of Sinology*. Honolulu: University of Hawaii Press, 1989.

——. *Leibniz and Confucianlism : The Search for Accord*. Honolulu: University of Hawaii Press, 1977.

Munro, Donald J. *The Concept of Man in Early China*. Stanford: Stanford University Press, 1969.

Murck, Christian, ed. *Arts and Traditions : Uses of the Past in Chinese Culture*. Princeton: Princeton University Press, 1976.

Nagy, Gregory. *The Best of the Achaeans*. Baltimore: Johns Hopkins University Press, 1979.

——. *Greek Mythology and Peotics*. Ithaca: Cornell University Press, 1990.

Nakaseko, Kazu. "Symbolism in Ancient Chinese Music Theory. " *Journal of Music Theory* 1.2(1957): 147—180.

Needham, Joseph. *The Grand Titration: Science and Society in East and West.* London: Allen & Unwin, 1969.

Needham, Joseph, et al. *Science and Civilisation in China.* 6 vols. Cambridge, Eng.: Cambridge University Press, 1954—1971.

Needham, Joseph, and Ho Ping-yü. "Theories of Categories in Early Medieval Chinese Alchemy. " *Journal of the Warburg and Courtauld Institutes* 22(1959): 173—210.

Needham, Joseph, and Kenneth Robinson. "Sound(Acoustics). " In J. Needham et al., *Science and Civilisation in China*, vol. 4, pt. I. Cambridge, Eng.: Cambridge University Press, 1962, pp. 126—228.

Nienhauser, William H. ,Jr. "An Allegorical Reading of Han Yü's 'Mao Ying chuan'(Biography of Fur Point)." *Oriens Extremus* 23(1976): 153—174.

——. ed. *The Indiana Companion to Traditional Chinese Literature.* Bloomington: Indiana University Press, 1986.

Nietzsche, Friedrich. *Sämtliche Werke.* Ed. Giorgio Colli and Mazzino Montinari. Munich: DTV; Berlin: de Gruyter, 1988.

Northrop, F. S. C. *The Meeting of East and West.* New York: Macmillan, 1946.

Owen, Stephen. *The Great Age of Chinese Poetry: The High T'ang.* New Haven: Yale University Press, 1981.

——. *Mi-Lou: Poetry and the Labyrinth of Desire.* Cambridge, Mass.: Harvard University Press, 1989.

——. *The Poetry of the Early T'ang.* New Haven: Yale University Press, 1977.

——. *Remembrances: The Experience of the Past in Classical Chinese Literature.* Cambridge, Mass.: Harvard University Press, 1986.

——. *Traditional Chinese Poetry and Poetics: Omen of the World.* Madison: University of Wisconsin Press, 1985.

Pang, Ching-jen. *L'Idée de Dieu chez Malebranche et l'ìdée de "li" chez Tchou Hi.* Paris: Vrin, 1942.

Parry, Milman. *The Making of Homeric Verse.* Ed. Adam Parry. Oxford: Oxford University Press, 1971.

Pechmann, Alexander von. *Die Kategorie des Maßes in Hegels "Wissenschaft der Logik": Einfübrung und Kommentar.* Cologne: Pahl Rugenstein, 1980.

Pelliot, Paul. "Le Chou king en caractères anciens et le Chang chou che wen. " *Mémoires Concernant l'Asie Orientale* 2(1916): 123—184.

Percy, Walker. *The Message in the Bottle*. New York: Farrar, Strauss & Giroux, 1975.

Petry, Michael John, ed. *Hegel und die Naturwissenschaften*. Stuttgart and Bad Cannstatt: Frommann-Holzboog, 1987.

Pfister, Louis, S.J. *Notices biographiques et bibliographiques sur les jésuites de l'ancienne mission de Chine (1552—1773)*. 2 vols. Shanghai: Imprimerie de la Mission Catholique, 1932—1934.

Philastre, P. L. F., trans. *Le"Yi: King" ou Livre des Changements de la dynastie des Tsheou*. *Annales du Musée Guimet*, vols. 8, 23(1885,1893). Reprinted - Paris: Maisonneuve, 1982.

Picken, Laurence E. R. "The Shapes of the *Shi Jing* Song-Texts and Their Musical Implications." *Musica Asiatica* 1(1977): 85—109.

Pinot, Virgile. *La Chine et la formation de l'esprit philosophique en France*. Paris: Geuthner, 1932.

———, ed. *Documents inédits relatifs à la connaissance de la Chine en France de 1685 à 1740*. Paris: Geuthner, 1932.

Pippin, Robert B. *Hegel's Idealism : The Satisfactions of Self-Consciousness*. Cambridge, Eng.: Cambridge University Press, 1989.

Plaks, Andrew. *Archetype and Allegory in "Dream of the Red Chamber."* Princeton: Princeton University Press, 1976.

———, ed. *Chinese Narrative : Critical and Theoretical Essays*. Princeton: Princeton University Press, 1977.

Powers, Martin J. *Art and Political Expression in Early China*. New Haven: Yale University Press, 1991.

Quilligan, Maureen. *The Language of Allegory : Defining the Genre*. Ithaca: Cornell University Press, 1979.

Quine, W. V. *From a Logical Point of View*. Cambridge, Mass. : Harvard University Press, 1961.

———. "Meaning and Translation." In Reuben A. Brower, ed., *On Translation*. Cambridge, Mass.: Harvard University Press, 1959, pp. 148—172.

———. *Ontological Relativity and Other Essays*. New York: Columbia University Press, 1969.

———. *Theories and Things*. Cambridge, Mass. : Harvard University,1981.

———. *Word and Object*. Cambridge, Mass. : MIT Press, 1960.

Quintilian. *Institutionis oratoriae libri duodecim*. Ed. M. Winterbottom. Oxford: Oxford University Press, 1970.

Reding, Jean-Paul. *Les Fondements philosophiques de la rhétorique chez les sophistes grecs et chez les sophistes chinois*. Bern: Peter Lang, 1985.

Régis, Jean-Baptiste, S.J., et al., trans. and annots. *Y-king, antiquissimus Sinarum liber*. Ed. Julius Mohl. Stuttgart and Tübingen: Cotta, 1839.

Rémusat, Abel. *Mélanges asiatiques*. Paris: Dondey-Dupré (Journal Asiatique), 1825.

——. *Nouveaux mélanges asiatiques*. Paris: Schubart et Heideloff (Journal Asiatique), 1829.

——, trans. *Iu-kiao-li, ou les deux cousines : Roman chinois*. Paris: Moutardier, 1826.

Richards, I. A. *Mencius on the Mind*. London: Routledge & Kegan Paul, 1964.

Rickett, Adele Austin, ed. *Chinese Approaches to Literature from Confucius to Liang Ch'i-ch'ao*, Princeton: Princeton University Press, 1978.

Rickett, W. Allyn. *Guanzi : Political, Economic and Philosophical Essays from Early China*, vol. 1. Princeton: Princeton University Press, 1985.

Riegel, Jeffrey K. "Poetry and the Legend of Confucius' Exile." *Journal of the American Oriental Society* 106(1986): 13—22.

Riffaterre, Michael. *Semiotics of Poetry*. Bloomington: Indiana University Press, 1978.

Robinet, André. *Malebranche et Leibniz : relations personnelles*. Paris: Vrin, 1955.

Röllicke, Hermann-Josef. Die Fährte des Herzens: Die Lehre vom Herzensbestreben (*zhi*) im grossen Vorwort zum *Shijing*." M. A. thesis, University of Tübingen, 1989.

Rorty, Richard. *Consequences of Pragmatism : Essays, 1972—1980* . Minneapolis: University of Minnesota Press, 1982.

Rose, Gillian. *Hegel Contra Sociology*. London: Athlone, 1981.

Rosenkranz, Karl. *Ästhetik des Häßlichen*. 1853. Reprinted – Darmstadt: Wissenschaftliche Buchgesellschaft, 1979.

——. *Georg Wilhelm Friedrich Hegels Leben*. 1844. Reprinted – Darmstadt: Wissenschaftliche Buchgesellschaft, 1977.

Russell, Bertrand. *A Critical Exposition of the Philosophy of Leibniz*. London: Allen & Unwin, 1937.

Said, Edward. *Orientalism*. New York: Pantheon, 1978.

Sakai, Naoki. "Modernity and Its Critique: The Problem of Universalism and Particularism." *South Atlantic Quarterly* 87(1988): 475—504.

Saussure, Ferdinand de. *Cours de linguistique générale*. Paris: Payot, 1970.

——. *Cours de linguistique générale : édition critique*. Ed. Rudolf Engler. 2 vols. Wiesbaden: Harrassowitz, 1967.

Schiller, Friedrich. *On the Aesthetic Education of Man*. Trans. and ed. Elizabeth M. Wilkinson and L. A. Willoughby. Oxford: Clarendon Press, 1985.

——. *Schriften zur Ästhetik, Literatur und Geschichte*. Munich: Goldmann, n.d.

Schleiermacher, Friedrich Daniel Ernst. *Ästhetik [1819/25]; Über den Begriff der Kunst [1831/32]*. Ed. Thomas Lehnerer. Hamburg: Meiner, 1984.

Schneider, Helmut, ed. And comm. " Unveröffentlichte Vorlesungsmanuskripte Hegels. " *Hegel-Studien* 7(1972): 9—59.

Schneider, Laurence A. *Ku Chieh-kang and China's New History*. Berkeley: University of California Press, 1971.

——. *A Madman of Ch'u : The Chinese Myth of Loyalty and Dissent*. Berkeley: University of California Press, 1980.

Schoeps, Hans Joachim. "Die auβerchristlichen Religionen bei Hegel. " *Zeitschrift für Religions-und Geistesgeschichte* 7(1955):1—34.

Schwab, Raymond. *The Oriental Renaissance*. New York: Columbia University Press, 1988.

Segalen, Victor. *Essai sui l'exotisme*. Paris: Librairie Générale Française, 1986.

——. *Lettres de Chine*. Ed. Jean-Louis Bedouin. Paris: Plon, 1967.

——. *Stèles*. Ed. Henry Bouillier. Paris: Mercure de France, 1982.

Segalen, Victor, and Henry Manceron. *Trahison fidèle: correspondance, 1907—1918* . Ed. Gilles Manceron. Paris: Seuil, 1985.

Semedo, Alvaro. *Histoire universelle de la Chine ··· avec l'histoire de la guerre des Tartares... Par le P. Martin Martini*. Lyon, 1667.

Serres, Michel. *Le Système de Leibniz et ses modèles mathématiques*. 2 vols. Paris: Presses Universitaires de France, 1968.

Seznec, Jean. *The Survival of the Pagan Gods*. Trans. Barbara P. Sessions. New York : Pantheon, 1953.

Shen, Sinyan. "Acoustics of Ancient Chinese Bells." *Scientific American* 256. 4(April 1987): 104—10.

Shih, Vincent Yu-chung, trans. and annot. [Liu Hsieh,] *The Literary Mind and the Carving of Dragons*. Hong Kong: University Press of Hong Kong, 1983.

Shklovsky, Viktor. *Theory of Prose*. Trans. Benjamin Sher. Elmwood Park, Ⅲ.: Dalkey Archive, 1990.

Smith, John H. *The Spirit and Its Letter : Traces of Rhetoric in Hegel's Philosophy of Bildung*. Ithaca: Cornell University Press, 1988.

Souche-Dagues, Denise. *Logique et politique bégéliennes*. Paris: Vrin, 1983.

Spitzer, Leo. *Essays in English and American Literature*, Princeton: Princeton University Press, 1962.

Spivak, Gayatri Chakravorty. "Translator's Preface." In Jacques Derrida, *Of Grammatology*. Baltimore: Johns Hopkins University Press, 1976, pp. ix—lxxxv.

Stumpfeldt, Hans. *Staatsverfassung und Territorium im antiken China*. Düsseldorf: Bertelsmann, 1970.

Suidas. *Lexicon*. Ed. Immanuel Bekker. Berlin: Reimer, 1854.

Szondi, Peter. *On Textual Understanding*. Trans. Harvey Mendelsohn. Minnea-polis: University of Minnesota Press, 1986.

Tarski, Alfred. "The Semantic Conception of Truth." *Philosophy and Phenomenological Research* 4(1944): 341—375.

Tchang, Mathias, S. J. *Synchronismes chinois*. Shanghai: Imprimerie de la Mission Catholique, 1905.

Texier, Jacques. "Le Concept de Naturwüchsigkeit dans *L'Idéologie allemande*." *Hegel-Jahrbuch* 27(1990): 339—355.

Theunissen, Michael. *Hegels Lehre vom absoluten Geist als theologisch-politischer Traktat*. Berlin: de Gruyter, 1970.

———. *Sein und Schein : Die kritische Funktion der Hegelschen Logik*. Frankfurt am Main: Suhrkamp, 1978.

Tjan Tjoe Som, trans. and annot. *Po Hu T'ung : The Comprehensive Discussions in the White Tiger Hall*. 2 vols. Sinica Leidensia, no. 6. Leiden: Brill, 1949, 1952.

Todorov, Tzvetan. "Comprendre une culture: du dedans/du dehors." *Extrême-Orient Extrême-Occident* 1(1982): 9—15.

Tökei, Ferenc. *Essays on the Asiatic Mode of Production*. Budapest: Akadémiai Kiadó, 1979.

———. *Naissance de l'élégie chinoise*. Paris: Gallimard, 1967.

———. "Sur le rythme du *Chou king*." *Acta Orientalia Academiae Scientiarum Hungaricae* 7(1957): 77—104.

Tu Wei-ming. *Centrality and Commonality: An Essay on "Chung-yung."* Honolulu: University of Hawaii Press, 1976.

Turbayne, Colin Murray. *The Mytb of Metaphor*. New Haven: Yale University Press, 1962.

Tuve, Rosemond. A *llegorical Imagery: Some Mediaeval Books and Tbeir Posterity*. Princeton: Princeton University Press, 1966.

Vandermeersch, Léon. *La Formation du légisme: recherche sur la constitution d'une philosophie politique caractéristique de la Chine ancienne*. Paris: Ecole Française d'Extrême-Orient, 1965.

———. *Wangdao ou la voie royale: recherches sur l'esprit des institutions de la Chine archaïque*, Vol. 1, *Structures cultuelles et structures familiales*; Vol. 2, *Structures politiques, les rites*. Paris: Ecole Française d'Extrême-Orient, 1977, 1980.

Van Dyke, Carolynn. *The Fiction of Truth: Structures of Meaning in Narrative and Dramatic Allegory*. Ithaca: Cornell University Press, 1985.

Van Zoeren, Steven Jay. *Poetry and Personality: Reading, Exegesis and Hermeneutics in Traditional China*. Stanford: Stanford University Press, 1991.

Vernant, Jean-Pierre, and Jacques Gernet. "Histoire sociale et évolution des idées en Chine et en Grèce du VIe au IIe siècle avant notreère." In J.-P. Vernant, *Mythe et société en Grèce ancienne*. Paris: Maspero, 1974, pp. 83—102.

Vernière, Paul. *Spinoza et la pensée française avant la Révolution*. Paris: Presses Universitaires de France, 1954.

Vico, Giambattista. *La Scienza nuova*. Milan: Rizzoli, 1977.

Vissière, Isabelle, and Jean-Louis Vissière, eds. *Lettres édifiantes et curieuses de Chine par des missionaires jésuites*, 1702—1776. Paris: Garnier-Flammarion, 1976.

Waley, Arthur. "The Book of Changes." *BMFEA* 5 (1933): 121—142.

———, trans. *The Book of Songs*. New York: Grove Press, 1974.

Wandschneider, Dieter. *Raum, Zeit, Relativität: Grundbestimmungen der Physik in der Perspektive der Hegelschen Naturphilosophie*. Frankfurt am Main: Klostermann, 1982.

Wang, C. H. *The Bell and the Drum: "Shih Ching" as Formulaic Poetry in an Oral Tradition*. Berkeley: University of California Press, 1974.

———. *From Ritual to Allegory: Seven Essays in Early Chinese Poetry*. Hong Kong: Chinesse University Press, 1988.

Wang Zhongshu. *Han Civilization*. New Haven: Yale University Press, 1982.

Warminski, Andrzej. *Readings in Interpretation : Hölderlin , Hegel , Heidegger*. Minneapolis: University of Minnesota Press, 1987.

Watson, Burton, trans. *The "Tso Chuan": Selections from China's Oldest Narrative History*. New York: Columbia University Press, 1939.

——. *The Religion of China : Confucianism and Taoism*. Trans. and ed. Hans H. Gerth. Glencoe, Ill. : Free Press, 1951.

Weinrich, Uriel. *Languages in Contact : Findings and Problems*. The Hague: Mouton, 1968.

Weiskel, Thomas. *The Romantic Sublime : Studies in the Structure and Pschology of Transcendence*. Baltimore:Johns Hopkins University Press, 1976.

Wells, Rulon S. "Metonymy and Misunderstanding: An Aspect of Language Change." In Roger W. Cole, ed., *Current Issues in Linguistic Theory*. Bloomington: Indiana University Press, 1977, pp. 195—214.

Wheatley, Paul. *The Pivot of the Four Quarters*. Chicago: Aldine, 1972.

Whitman, Jon. *Allegory : The Dynamics of an Ancient and Modern Technique*. Oxford: Clarendon Press, 1987.

Whitney, William Dwight. *Language and the Study of Language*. New York: Charles Scribner, 1868.

Widmaier, Rita. *Die Rolle der chinesischen Schrift in Leibniz' Zeichentheorie*. *Studia Leibnitiana* Supplementa, vol. 24. Stuttgart: Steiner, 1983.

——, ed. *Leibniz korrespondiert mit China*. Frankfurt am Main: Klostermann, 1990.

Wilson, Edmund. *Axel's Castle*. New York: Scribner's, 1931.

Wittfogel, Karl A. *Oriental Despotism*. New Haven: Yale University Press, 1957.

Wittgenstein, Ludwig. *Philosophical Grammar*. Berkeley: University of California Press, 1978.

Wixted, John Timothy. "The *Kokimsbu* Prefaces: Another Perspective." *HJAS* 43.1 (1983): 215—38.

——. *Poems on Poetry : Literary Criticism by Yüan Hao-wen*. Wiesbaden: Steiner, 1982.

Wohlfart, Gunter. *Der speculative Satz*. Berlin: de Gruyter, 1981.

Wolf, Eric R. *Europe and the People Without History*. Berkeley: University of California Press, 1982.

Wilson, Edmund. *Axel's castle*. New York: Scribner's, 1931.

Wittfogel, Karl A. *Oriental Despotism*. New Haven: Yale University Press,

1957.

Wittgenstein, Ludwig. *Philosophical Grammar*. Berkeley: University of Calif- ornia Press, 1978.

Wixted, John Timothy. "The *Kokinshū* Prefaces: Another Perspective." *HJAS* 43.1(1983): 215—238.

——. *Poems on Poetry: Literary Criticism by Yüan Hao-wen*. Wiesbaden: Steiner, 1982.

Wohlfart, Günter. *Der speculative Satz*. Belin: de Gruyter, 1981.

Wolf, Eric R. *Europe and the People Without History*. Berkeley: University of California Press, 1982.

Wu Hung. *The Wu Liang Shrine: The Ideology of Early Chinese Pictorail Art*. Stanford: Stanford University Press, 1989.

Xue Hua. "Weltgeist und Chinageist." *Hegel-Jahrbuch* 20 (1981-82): 203—213.

Yandell, Cathy. "A la recherche du corps perdu: A Capstone of the Renaissance *Blasons anatomiques*." *Romance Notes* 26 (1985): 135—142.

Yeh, Michelle. "Metaphor and Bi: Western and Chinese Poetics." *Comparative Literature* 39 (1987): 237—254.

Yu, Anthony C., trans. *The Journey to the West*. 4 vols. Chicag: University of Chicago Press, 1976—1983.

Yu, Pauline R. "Allegory, Allegoresis, and the *Classic of Poetry*." *HJAS* 43.2 (1983): 377—412.

——. "Metaphor in Chinese Poetry." *CLEAR* 3 (1981):27—53.

——. "Poems in Their Place: Collections and Canons in Early Chinese Literature." *HJAS* 50.1 (1990): 163—96.

——. *The Reading of Imagery in the Chinese Poetic Traditon*. Princeton: Princeton University Press, 1987.

Zhang Longxi. "The letter or the Spirit: *The Song of Songs*, Allegoresis, and the *Book of Poetry*." *Comparative Literature* 39 (1987): 193—217.

——. "The Myth of the Other: China in the Eyes of the West." *Critical Inquiry* 15 (1988): 108—31.

——. *The Tao and the Logos*. Durham, N.C.: Duke University Press, 1992.

Zottoli, Angelo, S. J. *Cursus litteraturae sinicae*. 5 vols. Shanghai: Typographia Missionis Catholicae, 1879—82.

Züfle, Manfred. *Prosa der Welt: Die Sprache Hegels*. Einsiedeln: Johannes-Verlag, 1968.

中文及日文文献

张汉良:《德里达,书写与中文》,《当代》4 (1986):30—33。
赵制阳:《诗经赋比兴综论》,新竹:枫城出版社,1974。
陈飞龙:《荀子礼学之研究》,台北:文史哲出版社,1979。
陈奂:《诗毛氏传疏》,1847,台北:学生书局重印本,1986。
陈国庆编著:《艺文志注疏汇编》,北京:中华书局,1983。
陈槃:《周召二南与文王之化》,1928,载顾颉刚主编《古史辨》,香港:太平书局,1962,3:424—439。
——.《诗三百篇之采集与删定问题》,载罗联添编《中国文学史论文选集》,台北:学生书局,1978,1:33—48。
陈望道:《修辞学发凡》,香港:大光出版社,1981。
郑振铎:《读毛诗序》,1924,载顾颉刚主编《古史辨》,香港:太平书局,1962,3:382—401。
郑樵:《通志略》,《四库备要》本,上海:中华书局,1946。
郑玄:《毛诗郑笺》,台北:新星出版社,1980。
纪昀等纂:《四库全书总目提要》,台北:商务印书馆,1983。
简博贤:《今存三国两晋经学遗籍考》,台北:三民书局,1986。
钱锺书:《管锥编》,北京:中华书局,1979。
钱穆:《先秦诸子系年》第二版,香港:香港大学出版社,1956。
——.《两汉经学今古文评议》,香港:新亚研究所,1958。
周策纵:《"卷阿"考》,《清华学报》7.2(1960):176—205。
——:《古巫医与"六诗"考》,台北:联经出版公司,1986。
——:《"破斧"新诂》,新加坡:Island Society,1969。
朱谦之:《中国音乐文学史》,上海:商务印书馆,1935。
朱熹:《朱子语类》八卷,黎靖德编,北京:中华书局,1986。
——:《诗集传》,台北:正华出版社,1975。
——:《诗序辨说》,《四库全书》本,69:3—42。
——:《四书集注》,《四库备要》本,上海:中华书局,1930。
朱冠华:《关于毛诗序的作者问题》,《文史》16(1982):177—187。
朱廷献:《尚书研究》,台北:商务印书馆,1987。
朱东润:《诗三百篇探故》,上海:上海古籍出版社,1981。
朱自清:《诗言志辨》,1945,载《朱自清古典文学论文集》,上海:上海古籍出版社,1981,页185—355。
屈万里:《先秦说诗的风尚和汉儒以诗教说诗的迂曲》,《南洋大学学报》

5(1971):1—10。
　　——:《论"出车"之诗著成的时代》,《清华学报》1.2(1957):102—110。
　　——:《论国风非民间歌谣的本来面目》,《中央研究院历史语言研究所集刊》34.2(1963):477—504。
　　——:《屈万里全集》第五卷,台北:联经出版公司,1983。
　　郭庆藩:《庄子集释》,台北:汉京文化事业有限公司,1983。
　　郝懿行:《尔雅》,台北:汉京文化事业有限公司,1985。
　　范晔撰、王先谦补注:《后汉书》,北京:中华书局,1983。
　　方玉润:《诗经原始》,1871,北京:中华书局重印本,1986。
　　傅斯年:《傅孟真先生集》七卷,台北:联经出版公司,1980。
　　——:《宋朱熹的诗经集传和诗序解》,《新潮》1.4(1919):693—701。
　　复旦大学中文系古典文学教研组:《中国文学批评史》,上海:上海古籍出版社,1979。
　　韩婴:《韩诗外传》,《四部丛刊》本,上海:商务印书馆,1929。
　　萧公权:《中国政治思想史》,《萧公权先生集》卷四,台北:联经出版公司,1982。
　　萧统编、李善注《文选》,台北:联经出版公司,1983。
　　熊公哲编:《诗经论文集》,台北:黎明文化事业公司,1980。
　　徐中舒:《豳风说》,《中央研究院历史语言研究所集刊》6(1936):431—452。
　　许慎撰、段玉裁注:《说文解字》,台北:汉京文化事业有限公司,1983。
　　徐文珊:《先秦诸子导读》,台北:幼狮文化事业公司,1964。
　　王先谦:《荀子集解》,台北:世界书局,1983。
　　胡平生、韩自强:《阜阳汉简诗经研究》,上海:上海古籍出版社,1988。
　　高诱注:《淮南子》,《四库备要》本,台北:中华书局,1970。
　　黄彰健:《经今古文学问题新论》,台北:中央研究院历史语言研究所,1982。
　　惠周惕:《诗说》,载阮元编《皇清经解》,广州:学海堂,1860,卷190—193。
　　洪业:《"破斧"》,《清华学报》,1.1(1956):21—60。
　　洪业编:《春秋经传引得》,哈佛燕京汉学引得系列,卷十一,北平:哈佛燕京学社,1937。
　　洪业编:《毛诗引得》,哈佛燕京汉学引得系列,卷九,北平:哈佛燕京学社,1934。
　　饶宗颐:《陆机〈文赋〉理论与音乐之关系》,《中国文学报》14(1961):22—37。
　　阮元编:《皇清经解》,广州:学海堂,1860。
　　——:《十三经注疏》,1855,台北:大华书局重印本,1987。
　　康晓城:《先秦儒家诗教思想研究》,台北:文史哲出版社,1988。
　　康有为:《新学伪经考》,广州:万木草堂,1891。
　　高亨:《诸子新笺》,济南:齐鲁书社,1980。
　　柯庆明、林明德编:《中国古典文学研究丛刊:诗歌之部》,台北:巨流图书公司,

1977。

柯庆明、曾永义编:《中国文学批评资料汇编:两汉、魏、晋、南北朝》,台北:成文出版社,1978。

顾颉刚:《汉代学术史略》,1935,台北:天山出版社,1985,修订后以《秦汉的方士与儒生》为名重新出版,上海:群联出版社,1955。

顾颉刚编:《古史辨》七卷,1926—1941,香港:太平书局重印本,1962。

顾炎武:《日知录》,载阮元编《皇清经解》,广州:学海堂,1860,卷18—19。

房玄龄注:《管子》,《四库备要》本,上海:中华书局,1930。

龚慕兰:《乐府诗选注》,台北:广文书局,1971。

孔颖达:《毛诗正义》,《十三经注疏》本。

郭绍虞、王文生编:《中国历代文论选》,上海:上海古籍出版社,1979。

《国语》,上海:上海古籍出版社,1978。

李之藻编:《天学初函》,1628,台北:学生书局重印本,1965。

李黼平:《毛诗紃义》,载阮元编《皇清经解》,广州:学海堂,1860,卷1331—1354。

利玛窦编:《天主教东传文献》,台北:学生书局,1982。

李洒杨、中津滨涉编:《十三经注疏经文索引》,台北:大化书局,1987。

李泽厚:《中国古代思想史论》,北京:人民出版社,1986。

李泽厚、刘纲纪:《中国美学史》二卷,北京:中国社会科学出版社,1984,1987。

梁启超:《墨经校释》,台北:新文丰出版公司,1975。

张湛注:《列子》,台北:世界书局,1983。

林庆彰编:《诗经研究论集》,台北:学生书局,1983。

刘向:《列女传》,《四部丛刊》本,上海:商务印书馆,1929。

刘勰撰、周振甫译注:《文心雕龙》,台北:里仁书局,1983。

刘光义:《汉武帝之用儒及汉儒之说诗》,台北:商务印书馆,1969。

罗倬汉:《诗乐论》,台北:中华书局,1954。

罗联添编:《中国文学史论文选集》,台北:学生书局,1978。

陆玑:《毛诗草木鸟兽虫鱼疏》,《四库全书》本。

逯钦立编:《先秦汉魏晋南北朝诗》三卷,北京:中华书局,1983。

《吕氏春秋》,许维遹,北京:中国书店出版社,1985。

马瑞辰:《毛诗传笺通释》,《四库备要》本,上海:中华书局,1930。

聂崇义:《三礼图》,《四部丛刊》本,上海:商务印书馆,1936。

班固撰、王先谦集解:《汉书》,北京:中华书局,1983。

包世荣:《毛诗礼征》,台北:大通书局重印本。

裴普贤:《诗经研读指导》,台北:东大图书公司,1977。

皮锡瑞:《经学历史》,台北:艺文出版社,1974。

白川静:《金文の世界》,东京:平凡社,1971。

——:《诗经:中国古代の歌谣》,东京:中央公论社,1970。
泷川龟太郎:《史记会注考证》,1932—1934,台北:华世出版社重印本,1982,卷一。
谭嘉定编:《中国文学家大辞典》,台北:世界书局,1967。
唐晏:《两汉三国学案》,台北:华世出版社重印本,1967。
董仲舒:《春秋繁露》,《四库备要》本,上海:中华书局,1930。
董挽华:《诗大序与诗品序的比较观》,载叶庆炳、吴宏一编《中国古典文学批评论集》,台北:幼狮文化事业公司,1985,页127—142。
王金凌:《中国文学理论史:上古篇》,台北:华成出版社,1987。
王静芝编:《诗经通释》,台北:辅仁大学文学院,1957。
王充撰、刘盼遂集解:《论衡集解》,北京:古籍出版社,1957。
王夫之:《诗广传》,上海:中华书局,1965。
王先谦编:《皇清经解续编》,江阴:南菁书院,1888。
——:《诗三家义集疏》,北京:中华书局重印本,1987。
王国维:《王国维遗书》,上海:上海古籍出版社,1983。
魏征、长孙无忌编纂:《隋书》,上海:同文,1884。
闻一多撰、费振刚整理:《诗"葛生"、"采薇"新义》,《文史》13(1982):159—166。
——:《闻一多全集》四卷,上海:开明书店,1948。
杨鸿铭:《荀子文艺研究》,台北:文史哲出版社,1980。
杨松年:《研究中国文学批评作品所会面对的问题:以毛诗关雎序为例的说明》,《中外文学》20(1991):187—206。
姚际恒:《诗经通论》,香港:中华书局,1963。
安居香山、中村璋八编:《重修纬书集成》,东京:明德出版社,1971。
叶珊:《诗经国风的草木和诗的表现技巧》,载柯庆明、林明德编《中国古典文学研究丛刊:诗歌之部》,台北:巨流图书公司,1977,页11—45。
于省吾:《诗经中"止"字的辨释》,《中华文史论丛》3(1963):121—132。
余英时:《中国知识阶层史论:古代篇》,台北:联经出版公司,1980。
郁沅《论乐记美学思想的两派》,载《中国文艺思想史论丛》,北京:北京大学出版社,1984,1:44—78。

附录：《诗经》中的复沓、韵律和互换①

中国古代对诗歌的评论是相当印象式的。孔子和其他上古思想家十分重视诗歌艺术，他们将研习诗歌的心得传授给弟子，甚至引用到具体的诗歌作品。②但谈到诗歌时，他们强调诗歌的主题以及情感，而非创作的技巧。这种态度可以从《论语》第三篇第二十则（子曰："《关雎》乐而不淫，哀而不伤。"）一例中体现出来。诗歌的价值在于它所表达的（或者说它在人们理解中所表达的）情感。为了证明相关艺术形式的重要性，《乐记》（约成书于公元前200年）将音乐完全转换成情感术语："治世之音安以乐，其政和；乱世之音怨以怒，其政乖……声音之道与政通矣。"③

---

① 这篇论文的初稿曾递交给1996年4月举办的"哈佛前现代中国研讨会"。我感谢普鸣（Michael Puett）、阿诺德·班德（Arnold Band）、宇文所安（Stephen Owen）、罗泰（Lothar von Falkenhausen）、张隆溪、象川马丁（Martin Svensson），以及一位匿名学者对这篇论文的评论。我的学生饶博荣（Steven Riep）、许子东和约珥·赛赫勒（Joel Sahleen）用他们有益的怀疑精神激发了我的想法。
② 关于儒家文学批评中的伦理倾向可以参看李泽厚、刘纲纪《中国美学史》（北京：中国社会科学出版社，1984—87）Ⅰ：23—24,115—116,142；侯思孟（Donald Holzman）《儒家及古代中国文学批评》；载李又安（Adele Austin Rickett）编《中国的文学观：孔子到梁启超》（普林斯顿：普林斯顿大学出版社，1978），页21—41；宇文所安《中国文论读本》（剑桥：东亚研究理事会，哈佛大学，1992），页19—36。
③《礼记》37—39,《乐记》[阮元《十三经注疏》本（广州，1815）],37.4a—b。相似的讨论还见于《荀子》第二十篇《乐论》及司马迁《史记》卷二十四《乐书》。关于中国古代的音乐理论和实践，可参见罗泰《乐悬：中国青铜时代的编钟》（伯克莱、洛杉矶：加利福尼亚大学出版社，1994）。

由于哲学家和礼学家将他们的关注完全投射到情感效果上,他们将艺术技巧留给匠人去发掘。

于是,在技巧的意义上,文学批评难以真正形成一个源自圣人的谱系。在过去三个世纪中,这一点已被逐渐看作是《诗经》的缺陷,并且这部文学作品开始成为朴学家而非道学家的研究对象。《诗经》朴学研究中一个必要的姿态——也是从宋代的郑樵、王柏到 20 世纪"疑古派"反复运用的姿态——就是宣告《诗经》诠释的自足性。① 道德解读在这种情况下仍然是可能的,但它必须能够找到文献依据来证明自身的合理性;把文本当作最基本的材料,从此观点出发,完全根据假定的情感影响的诗歌研究是武断而缺乏根据的。今天,两类读者——一类仅对诗歌的文学性感兴趣,一类则针对诗歌的文化影响进行阅读——间存在着分工:第一类读者对儒家的解读方式不感兴趣,而第二类读者则频频解释及肯定这种解读方式。

但是我们会问,这些分歧确实适用于这些诗歌及其最早的阐释产生的背景吗?"声音之道"与"为政之道"是否仅在伦理积习的场域内是相通的? 更讲究技巧的诗学(与将艺术作为论据的道德相反)在《诗经》的世界中不可能存在吗?

为了解释形式和时代风气之间的不同关系,我可以先举出古代的两段文字。第一段来自《论语》,对句的使用清楚显示了"和"与"同"两个术语的对立,不然这两个词很可能被理解为同义词:

> 君子和而不同,小人同而不和。②

第二段文字截取自《国语》中的一段说辞,绝妙地演绎了《论语》所指

---

① 关于儒家传统的阐释,可参见余宝琳《中国诗歌传统的意象解读》(普林斯顿:普林斯顿大学出版社,1987)和范佐伦《诗歌与人格:传统中国经解与诠释学》(斯坦福:斯坦福大学出版社,1991)。
② 《论语》第十三篇第二十三则,刘殿爵的翻译语言优美,但引入隐喻的代价可能使上面的讨论模糊不清:"君子赞同他人而不是作他人的回声,小人作他人响应的回声却不赞同他人。"参见他的《孔子:论语》(哈芒斯沃斯:企鹅书店,1979),页 524。关于注释及相似的文本,参见程树德的《论语集释》(北京:中华书局,1990),3:935—936。

出的这种差异。

> 今王……去和而取同,夫和实生物,同则不继。以他平他谓之和,故能丰长而物归之。若以同裨同,尽乃弃矣……于是乎先王聘后于异姓,求财于有方,择臣取谏工而讲以多物,务和同也,声一无听,物一无文,味一无果①,物一不讲,王将弃是类也而与剸同。②

这两段文字确实无关诗歌或者艺术。它们讨论的是社会行为和社会关系——君子的举止、婚嫁、贡赋、公众的抗议,以及统治者和谏诤者之间的关系。但是,这些文本在不同层次上为好的与坏的行为制定箴言,在被表述出来时似乎有关审美秩序不言自明的理解,不知何故优先于仪礼、家庭、经济、政府领域中的成败标准。这两段话赞同那些表现出平衡、取舍、协调,甚至整合相反性质的行为方式;它们暗示着国君的行为可以根据品味的规则得到评估,但这种评估独立于目标或者结果。"和而不同"这个词描述诸侯应当*如何*行事,并非他做了*什么*或者为*什么*这样做。这种规则并非道德的或者实用的规则,而是一种好的形式的规则。

正如我们看到的,上古的诗歌(充分尊重孔子的意见)不仅仅通过主题和语调显示出相同的关注,而且在我看来,《诗经》形式上的特性与行为方式之间的关系是不可分的——诗歌的韵律与诗节的组织是不可忽视的手法,音乐与为政就在那里"相通"。

阅读,对称与非对称

《国语》所描绘的明君性格几乎在《诗经》全部诗歌中出现过。押韵

---

① 关于"果"的解释,参见诸桥辙次主编的《大汉和辞典》(东京:大修馆书店,1960)第14556条,子目第8条。
② 《国语·郑语》(《四库备要》本,上海:中华书局,1942),16.4b—5a。关于对此段讨论,参见冯友兰《中国哲学史》(上海:上海古籍出版社,1984),页59;以及卜德(Derk Bodde)译冯友兰《中国哲学史》(普林斯顿:普林斯顿大学出版社,1983),页34—35。关于早期中国"和"多种含义极好的论述,参看李泽厚、刘纲纪《中国美学史》,Ⅰ:86—101。

的一节诗以反复的相似性形式组织起来,这种相似性并非一成不变的重复:一个贴切的韵节就是一个"和而不同"的例子。但韵律仅仅是语音模式吗?韵律对它的结构力量——内容——影响何在呢?假如韵律不是为形式而形式(正如人们能想到的,君子意义上的正确行为从来不曾存在过),那么它对自身之外又有哪些影响呢?

解答这些问题,我们先要举出《诗经》中的一首诗以及古代一位博学的注释家。这首诗就是《樛木》(#4),而这位学者是王先谦(1842—1918)。(每个韵脚后面,我插入了现代汉语的发音以及高本汉拟构的古代汉语发音。为了便于讨论,我将不时提到文本中一些词汇在现代汉语中对应的读法。韵脚在英译中用斜体标示。)

  南有樛木,葛藟累[lei, li wər]之。乐只君子,福履绥[sui, sni wər]之。

  南有樛木,葛藟荒[huang, χmwâng]之。乐只君子,福履将[jiang, tsi ang]之。

  南有樛木,葛藟萦[ying, i weng]之。乐只君子,福履成[cheng, di eng]之。①

《樛木》拥有《诗经·国风》经常出现的典型结构。它的第一节规定了后面两节诗的形式,几乎规定到了字词。在任一节诗中出现的大多数字词,在另一节诗中也出现在同样的位置:事实上,只有韵脚没有在第一诗节中决定下来。韵律作为不变的形式中可变的("不同")因素而引人注目。然而,韵律对"不同"也设定了限制:韵脚之间必须有相同的元音、结尾以及(由于包含韵律的诗具有的高度重复性)语法类型。它们由此演绎了"和"。

---

① 我的译文根据高本汉《诗经英译》(多有修改)(斯德哥尔摩:远东古物博物馆,1950)。我排列的韵律,根据上揭书以及他所编的《汉文典》(斯德哥尔摩:远东古物博物馆,1957)。目的仅仅是提供声音的大致轮廓。更专业的探讨,参见白一平(William H. Baxter III)《〈诗经〉中从周到汉的音韵》,载波尔兹(William G. Boltz)、夏皮洛(Michael G. Shapiro)所编《亚洲语言的历史音韵研究》(阿姆斯特丹·费城:本杰明,1991),页1—34。

每一节诗包含两对诗句。第一对诗句描写向下弯曲的树以及生长于它们附近的藤蔓;第二对诗句表达对君子福祉的祈愿,这给诗歌的主题和语法模式带来一些变化。诗节之间的关系,同构性占主流;但是,每节诗的主题在第一对诗句与第二对诗句内部又有所分离。

从而,《樛木》在高度重复的结构中,构建了两个方面的不同:韵脚的选择以及每节诗在第二行、第三行之间主题上的不连续性。我们必须抓住这些方面进行解读。清代朴学家王先谦在他辑注的《诗三家义集疏》中,准确地在那些微小的差异中确立了一种简洁的阅读方式。他指出:"首言'安之',此乃大矣,成则更进,次弟如此。"[①]王先谦的解读证实了形式对内容的压力。如果没有诗节结构的规律性,就不会在词汇方面按照渐进高潮式的思路来排列"绥"、"将"、"成"。王先谦认为韵脚的变化暗示,后续诗节所表达的主题具有一种递进性:尽管受到形式限制的严格制约,但在"规则演进"的主题规制下还是出现了差异。《诗经》中已有的先例有力地支持了这种解读方式:存在着其他以相同形式建构主题的诗歌。仅举几例:《螽斯》(#5)、《桃夭》(#6)、《兔罝》(#7)、《芣苢》(#8)、《鹊巢》(#12)、《草虫》(#14)、《摽有梅》(#20)、《采葛》(#72)、《鳲鸠》(#152)。

为了辨明"绥之"—"将之"—"成之"这个系列稳定的增强性,王先谦在显而易见的不同之处建构了相似性和等效性,即统辖差异性的共同性;他因此可以说是写成这首诗的合作者。王先谦的解读使我们能够说第一节诗中的"绥之"必须最先出现,第二节诗中的"将之"必须紧随其后,第三节诗中的"成之"必须最后出现。王先谦解读的注意力集中在第四行的韵脚上,这是因为,在同义词和近义词复沓的过程中,这个韵脚最能发掘词义清晰的差异。差异是这种解读成为可能的条件,并且在使

[①] 王先谦《诗三家义集疏》(十三经清人注疏系列:北京,中华书局,1987),页34。从"将"到"成"的演进过程也在《鹊巢》(#12)第2、第3两段诗节中出现;这样的演进过程可能是诗歌表达祝愿和祈福的标准要素。我在下面将讨论典型韵律。

"将"比"绥"更有力、"成"比"将"更有力的过程中,差异为自身建构了一种崭新的非对称性。但是,这些差异是在文本叙述进程之更广阔的语境中运作的:它们被解释,并且被构成叙述的一部分。

王先谦从而取得了主题的连续性——所有解读的基本目标。但是这种整体性的出现,是以引入一种非对等性的形式为代价的,他在注释中并未提及这种非对等性。在王先谦的解读中,这首诗关键之处在于每节诗对结尾韵脚的选择,这个词表达了对诸侯特别的祝福。这个词便成为这一节诗的中心和焦点。然而对第四行韵脚阐释越清楚,第二行韵脚(累之—荒之—萦之)所起到的作用就越微弱。王先谦对藤蔓和树木变化的姿态无所作为,它们也没有形成主题的综合,仅仅是装饰性或者附属性的成分,或者我们也可以根据这一点解释王先谦不去解读他们的原因。当然,我们可以尝试把这些动词看作藤蔓对树木逐步增强的"草木情结",从而与为诸侯越来越诚挚的祈愿联系在一起;但王先谦觉得这样做不合适。这一事实告诉我们:对于王先谦所代表的传统意义上最好的《诗经》研究来说,这种拟人是过度的。随着第二诗节韵脚的消失,起首诗句(树的主题)与后续诗句(诸侯主题)之间的不连续性也消失了。那么,起首诗句与后续诗句之间只具有空洞的联系吗?它只是一个惯例,还是押韵时的权宜之计呢?深度解读将从反面解答这些疑问。

假如遵循罗曼·雅各布森(Roman Jakobson)极具洞见的主张,"诗歌功能"的确切任务是建立对等性,那么《樛木》的确是诗歌中极具诗意的一篇,王先谦也是位阐释诗意水平极高的读者[1]。但是诗不是由对等性本身产生的:完美的复沓或者缺乏中介的差异都不能催生解释。诗歌

---

[1] 罗曼·雅各布森《结束陈述:语言学与诗学》,见托马斯·谢贝俄克(Thomas A. Scbcok)编《语言风格》(剑桥:麻省理工学院出版社,1960),页350—377。关于重复性,尤其是《诗经》中诗节的重章复沓,参见魏建功《歌谣表现法组织最紧要者——重奏复沓》,收入顾颉刚编《古史辨》(香港:太平书局重印本,1962),3:592—608。

带给我们的大多是相似、一致以及重复:王先谦对各部分的相对重要性作出了决断,并且在近似的诗节中建构了一条单向发展路径,这是一种不对称性,以及用来平衡明显对等性的非对等性。这种诗歌解读的成功,得归功于差异性发挥的作用。王先谦的解读以及他所遗留的、未经探讨的问题,都显示了《樛木》的形式给读者提出一系列的谜题。这首诗把它的读者引入到这项任务中:在差异当中寻找相似,在重复中寻找渐变。它的韵律以及复沓在读者的意识中建构了一种听觉上以及主题上"和而不同"规则的假相。

不重要的相互关联?

王先谦对《樛木》的解释——以及我们对他未探讨的剩余部分的解读——假定在《诗经》的诗歌中,平行结构的作用暗示着相关性。按照《樛木》的二元形式(即诗中每一节中后一段关于贵族的陈述承接和回应前一段关于树的叙述)创作的诗歌作品,在韵律和听觉等同性的基础上,建立了主题的等同性。经验丰富的《诗经》读者具有一种听觉,能够读出此类平行结构所暗示的涵义。但是有些诗歌似乎能够预见到那种诠释惯性,从而有意阻碍它——这样留下一些问题,即使用力最勤的读者也难以解答。这类诗歌造成的语义无序性,能够更好地突出《樛木》的对称性,及其精心设计的推进过程。

《桑中》(#48)在首次押韵的地方,以植物的名称开始每一段诗节:

爰采唐[tang, d'âng]矣,沬之乡[xinag, χiang]矣,云谁之思?美孟姜[jiang, kiang]矣。期我乎桑中[zhong, tiông],要我乎上宫[gong, kiông],送我乎淇之上[shang, diang]矣。

爰采麦[mai, mɛk]矣,沬之北[bei, pɛk]矣,云谁之思?美孟弋[yi, dik]矣。期我乎桑中,要我乎上宫,送我乎淇之上矣。

爰采葑[feng, p'iung]矣,沬之东[dong, tung]矣,云谁之思?

美孟庸[yong, di̯ung]矣。期我乎桑中,要我乎上宫,送我乎淇之上矣。①

每段诗节的韵脚可以分为下面三个语义范畴:植物名称、地域名称、女性姓氏。传统的注释者对这首不敬的小诗是极不赞同的。对他们来说,《桑中》作为《诗经》中一首著名的讽刺诗,被写成讽刺性的暴露,嘲弄古代卫国的道德败坏。郑玄(127—200)解释第一节诗时,显示出某种与王先谦同样的直觉。他试图在韵脚之间寻找到内在的逻辑联系,把植物名称、地域名称以及偷情的机会联系在一起。"于何采唐?"郑玄问道,"必沫之乡。犹言欲为淫乱者必之卫之都。恶卫为淫乱之主。"②在这种解读中,"采唐"与"沫"之间的联系是符合逻辑且必然的,正如淫荡与卫国国君间暗示性的关联与必然性所具有的平行关系。如果想要采唐,必须到能够找到唐的地方去;如果想要寻求不正当的性爱,可以到卫国去。因此郑玄的解读就是相互关联的了:诗节开头的叙述(关于唐)为它接下来的陈述(关于得到孟姜)提供了一个程式。但是接下来的诗节引起我们对这种推论的质疑。将韵脚的发音解读为叙述者表达的某一方面的欣悦之情(而不是郑玄所谓的"恶"),从"唐"、村庄到孟姜之间的推进过程在第二、三诗节中呈现出一层新的意思;在第二、三诗节中,详细讲述了孟弋和孟庸同样的冒险。这样的顺序难道证实了此诗在情境设定和人物行为之间的必然联系吗?还是相反,它们之间并没有紧密的联系?叙述者可能划出了两条平行线,意思是说:"我知道到哪里去寻找我想要的,不管是可食的植物还是调情的对象。"他也可能指出一种区别,意思是说:"对于唐、麦或者葑,需要到特定的地方去寻找;但是对于出身高贵的女性伴侣,我所到之处都能遇到。"三行完全一样的诗句,叙述了每段偷情插曲的结果,同时也证

---

① 王先谦《诗三家义集疏》,页 230—233;高本汉《诗经英译》,页 31。我保留"乡"译为"村庄"翻译(而不是高本汉所译的"南方"),因为郑玄的注释似乎这样认为的。
② 王先谦引郑玄语,《诗三家义集疏》,页 231。

实了第二种解读。尽管这几段诗节开始的韵律并不相同:就相关的韵律而言,这三行文字的结句是一个自我包容的意义单元;但三行诗的组合,在音节上附和了第一诗节的韵律,但应用到第二、三诗节时,韵律却没有发生变化。诗行之间采用相似的形式:引导设问的诗行、回答问题的诗行及夸耀的结论相组合;这种组合形式告知我们,叙述者无论到哪里,都遇到自然而然、可以预见的成功;这种成功与每个有名有姓的高贵女子,或者与她们谐律的植物、地域名称都没有关系。这些女人都符合复沓的诗节形式,她们之间是可以互换的;这一事实使诗节开头对植物、地域的胪列仅仅成为装饰,或者巧合。郑玄的传统解读在解说唐生长在村庄周边、麦长在沬的北边等等上可能是正确的。为了能够实现他设定的此诗主旨,郑玄要让叙述者这样言说:他只能到卫国的国都去。但是整体上看,叙述者的言辞却好像在说:他可以去任何地方,并获得同样的成功。郑玄想要用起首的一行为后文提供语境;然而,叙述者却用他自己的言语行为告诉我们,这个语境其实是无关紧要的。这样,创作者随意选择植物的名称作为诗节的开头,这种做法似乎对于诗歌形式是一种不够尊重的态度:植物的名称可能是也可能不是有意义的韵律;但即便如此,它们也不能对涉及女性的诗行产生任何意义上的差别。然而只有当我们看到足够多的诗节,能够判断诗中同异部分相对的重要性之后,我们才能明白这种讽刺的洞察力。

这两个例子显示,韵律的表达与主题的表达是如何整合为一体的;以及韵律与主题如何匹配在一起的,或在地位相当的两个部分中如何难分主次的。两首诗通过完美的组构获得复杂性。大部分诗歌语言都是纯粹的重复,诗节之间的差别是非常微小的;在一首押韵的诗中,一段诗节能够称之为新的一节,韵脚的差别是必要的。我们的解读证实,对于这样微小的变化,我们大有可为:韵脚的表现形态决定整首诗的解读。

互换

《樛木》的诗节(与《桑中》每诗节最初四行大致相同)引发了某些普遍的问题和社会含义。它的四行诗分为两段:最先两行有关树木、藤蔓,随后两行关于君子的福祉。分离的诗行使用同一个韵脚结尾,这样,韵律就联结了两者在主题上的差异。开篇两行与主题截然不同的两行应答,分别在第二行、第四行的结尾处押韵——这种诗歌形式是《诗经·国风》最常见的形式之一。在这样的一段诗节中,起初几行一般描写自然景色和自然事物。这也就是著名的"兴"("引发"、"激发"、"开端"之意),汉初的《毛传》首次单独对其进行了讨论。① 对后来的文学理论家而言,比如刘勰,分离的诗节与"兴"实际上被定义为《诗经》的体裁之一。② 但究竟什么是"兴"呢?《毛传》将"兴"作为专有名词,用它来标记诗歌开头那些被当作修辞而非主题的陈述。文学史家及(追随刘勰的)比较文学批评家把"兴"当作一种意象,其定义常常与隐喻产生某种联系。③ 这些定义使用了语义学、修辞学及主题学的术语来解释"兴"的内涵。但是,考虑到诗句的结构,现在我们将恢复"兴"在诗歌形式和诗歌词汇上为诗歌确定韵律发挥的特殊作用。

---

① 对这种解释最近的研究成果,见象川马丁,*Hermeneutica / Hermetica Serica*(斯德哥尔摩大学博士论文,1996)。
② 刘勰《文心雕龙·比兴》一章中包含着大部分文学历史的讯息,这些讯息大多将兴专门附属于《诗经》:毛公对这种修辞的定义,其根源不在理,而在于情;自然和社会层次间的等级差别;汉以后诗歌"兴"的特征的消失,见《文心雕龙》,周振甫译注(台北:立人出版社,1984),页677。当然,刘勰并没有将《诗经》中诗句模式的统计分析作为基础。
③ 许多批评家试图将"兴"剥离为一种特殊类型的意象,通常采用将其与"比"、"赋"区分开的方法。见亚瑟·魏理(Arthur Waley)《周易》英译,《远东古物博物馆刊》(BMFEA) 5(1933):121—142;威廉·麦克诺顿(William McNaughton)《复合的意象:〈诗经〉诗学》,《亚洲研究学报》(JAS) 83(1963):92—103 页;叶珊《〈诗经·国风〉的草木和诗的表现技巧》,第 11—45 页,载柯庆明、林明德编《中国古典文学研究丛刊:诗歌之部》(台北:巨流图书公司,1977),第 19—20 页;余宝琳《中国诗歌传统的意象解读》第一章。我并不认为意象是不相干的,意象只有在韵律和诗节所设定的条件下才能发挥作用。

然而，第一个韵脚从主题上看出于诗歌并不重要的部分；正如我们看到的，王先谦和郑玄都将建立开头诗节及结尾诗节之间的联系看作是挑战。正是每诗节结尾的韵承担着最大的主题意义。《樛木》叙述的连续性、《桑中》讽刺的重复性都依赖结尾的韵律。第一个韵脚预示了第二个韵脚，但不能替代它。如果重新安排，将第三、四行诗句放在一、二行诗句之前，这有悖于《诗经》悠久的传统。韵脚语音上的相似性遮蔽了两段诗节主题上的不尽相同。这种主题的对比在表现与解释之间产生了差异。尽管在读者的实际经验中，似乎是第一韵决定第二韵；但从创作者的角度来看，主题以及第二韵，才起决定性作用。《国风》的创作者，无疑先决定了最后一段诗节的韵律，然后才选择一个合适的"兴"，来传递所需的开篇韵律。"兴"并非诗的主题，但诗却假托它是，至少在韵律的持续上如此。"兴"的显要地位及其领起后文的韵脚，体现了创作者故意的反讽，或者换成专业术语，即"交错"①：它们不是原因而是托辞，出现在诗歌中的托辞完全依赖于显著的结果，即第四行的韵律。②

韵律和"兴"，构建一段诗节为明显的网状对应形式：显然的与真实的，直接的与延迟的。分离的诗节在主题与重要性之间有所区别，又使《国风》诗歌明显的内容（手工劳动、乡村风景、季节标识）与我们看到它们最早被吟诵、被解释的情境（即宫廷和外交场合③）平行。应用到实际中的古老解释风格常常被认为是不搭界、不可靠的，但是以"兴"开篇的

---

① 关于《诗经》中的交错句法（chiasmus），见钱锺书《管锥编》（北京：中华书局，1979），1:65—56。
② 叶珊（即王靖献）引用了这种结构一个令人信服的例证《黄鸟》（#131）。每段诗节最后的韵脚是一个独立的名字，而开头的韵律是植物的名字。诗人不会随意更改被纪念个体的名称，但是植物的名称应当是为了适应韵律的需求而挑选的。见《〈诗经·国风〉的草木和诗的表现技巧》，页19—20。
③ 关于在公众环境下吟诵《诗经》的古代活动，见顾颉刚《〈诗经〉在春秋战国间的地位》，《古史辨》3:309—367页。关于《国风》起源的标准解释是，它们由官方从民歌中收集和保存，用来记载公众的意见。这自然是不能证实的，而20世纪的怀疑论者已经在努力表明，目前存在的文本显然是为了适应官方的目的和口味。见屈万里《论〈国风〉非民间歌谣的本来面目》，《历史语言研究所集刊》第34本(1963):477—504。

诗节是这种诗学的先例。在这种诗节中,阅读者耳中的"高"和"低"被当作对称、平行的单元;正是这种解释强调了主题范围内的差异,同时从解释学上说,也是由诗节的另一半决定主题。伴随着《国风》创作过程的真正开始,解释也相应成为一次创作。

《木瓜》(#64)将《樛木》、《桑中》的演进过程压缩为两行,从而规避了以上我们讨论过的诗句形式的范围。叙述者说:"投我以木瓜[kwå],报之以琼琚[kio]。"《樛木》模式的诗歌用相同的方法抛出了自然的、农业的物品,接着好像用内部对话或者合唱的方式,以一个考虑周到的、特别的、高尚的关切之心回应。但是,仅仅说发生了一次物品交换,这个结果令人满意吗?不,《木瓜》的叙述者继续说:"匪报[pôg]也,永以为好[χôg]也。"这就使这次交换超越了互利或等价交易的范围,确定了这首诗中木瓜及琼琚的韵律联系及诗歌系统的等同性(kwå-kio:《木瓜》一诗的韵律形式是 aabb)。《木瓜》类推了自身的类比。物品不等价的交换通过韵语补偿性的复沓从而获得了对称性。诗人独创性与阅读者的巧思相结合,这一点被《木瓜》的叙述者异乎寻常的自问自答预料到,所以这种结合在于找到把韵律变为理由,将偶然联系转化为和谐而必然联系的途径。诗歌使我们参与它的设计过程。它为我们提供韵律,而我们回报以称赞的原因。

道德的圆周

那么,究竟《诗经》中的什么韵律将自然与社会生活、赠予与不平等的回赠、平民与贵族整合在一起并建立一致性,而在其他情况下它们是分离的?韵律即是(它们之间的)联结体、语义的黏合剂。《既醉》(#247)一步步表现出按照社会交换的姿态安排的韵律。在这首诗中,受惠的接受者叙述了赠予者的友善,并且用虔诚的祈愿作为回报,从而结束他们的叙述过程:"既醉以酒,既饱以德[de, tək]。君子万年,介尔景福[fu, piǔk]。""德"和"福"的韵律既充当缘起,同时也起到了回应的作用。从逻辑与听觉上看,两句陈述之间的联结都强调了礼物交换关系(gift-relationships)的力量。① 恰当地说,xaxa 类型四行诗所具有的对称与附和,向社会行为者展示了完美的交换模式,这种行为在回应时得到完全的承认和回报。在这个语境中,"德"和"福"的韵律呈现出一种类似于魔法的暗示:意译出来就是,"希望美德给你带来幸福,就像开头的韵律顺利带给回应的韵律的一样"。在《诗经》中,"德"和"福"在韵律上的对应反复出现,尤其是在王朝史诗的部分,可以参见《天保》(♯166)、《宾之初筵》(♯220)、《文王》(♯235)、《下武》(♯243)、《烝民》(♯260),下文会讨论到其中一些诗。

这种礼物赠予关系,可以称为个人的,并几乎是神圣的,不应当过分视为无感情因素的,然而又是必要的贸易关系:比如说,礼物的价格在很多的文化中都是禁忌的话题;返赠的礼物不一定要紧紧地仿效赠送礼物,或者一定要具有显而易见的本质差别。假如这种规则的 tic-tac 韵律是为了暗示一种买卖上利己的对称关系,那又怎样呢?《彤弓》(♯175)在叙述礼物场景时,似乎认识到了这个问题:

　　彤弓弨兮,受言藏[dz'âng]之。我有嘉宾,中心贶[χi̭wang]之。钟鼓既设,一朝飨[χi̭ang]之。

　　彤弓弨兮,受言载[tsəg]之。我有嘉宾,中心喜[χi̭əg]之。钟鼓既设,一朝右[gi̭ǔg]之。

　　彤弓弨兮,受言櫜[kôg]之。我有嘉宾,中心好[χôg]之。钟鼓既设,一朝酬[di̭ôg]之。

此诗将叙述主要集中在君王身上(在此范围内,君王是否掌控着叙

---

① 关于经典交换关系的民族学参考文献是马塞尔·莫斯(Marcel Mauss)的《礼物》(Essai Sur le don),编入他的《社会学与人类学》(Sociologie et enthropolgie)(巴黎:法国大学出版社,1950),页145—279。

述仍有疑问,因为并不清楚这个代词指称的是谁)①,这排除了一种不得体的暗示,即将感激仅仅看作是对所获物品价值的承认。第一段诗节中的动词是"藏"(感激主题的行为体现)、"贶"(慷慨君主的行为)及"飨"(君主慷慨的进一步体现)。不同于《木瓜》和《既醉》,这首诗罗列了一串连绵不断的恩赐;为了强调这一点,不同于通常的四行形式,这首诗每段诗节(三个韵脚)由六行组成。这首诗与忠诚于君王主题毫无关联,而是通过象征性俯首"藏之"以及后续诗节中的"载之"、"櫜之"来展现其尊敬的感恩之情。接受礼物在第一个韵脚处发生,接下来便是君王对这个词的回应,因此接受赠予的受益者无法采取回报的行动。赠予与接受者的关系在一定程度上偏离了《樛木》的结构,还有许多其他诗歌也遵照这种"召唤—应答"模式。在这些诗歌中,第一个韵脚似乎只是作为诗歌寻找平衡和结束的开始,不过最终第一个韵脚也仅仅作为主题上更重要的第二韵脚的先行者。在结构对称的《既醉》中,赠予礼物的行为开始韵的互换,而回报的行为则完成了韵律:韵律及其互换的变动完美合拍。但是,假如《木瓜》也遵照这种模式,那就暗示着,赠予礼物(即使是木瓜这样不值一提的礼物)的原因是为了得到更有价值的回赠物;这种暗示很难适用于国王与臣民结合的语境。《彤弓》(《木瓜》也一样,但因为别的原因)很有必要使押韵及换韵的节奏从前后紧接的形式(lock‐step)中挣脱出来。君王的礼物出现在第一行,处于整首诗的韵律系统之外。大臣接受礼物处在第二行(对情节、回答、回应而言),接着便开始展示一系列君主奖赏的韵律连续休,所有这些

---

① 这段诗节的前两行对于叙述的不确定性始终负有责任。由于《诗经》中处处存在着句法及诗行位置极好的平行性,《毛传》注解第二行"言"为"我"。但这样就使"我有嘉宾"一句的持续显得局促不安:在八个字的空间里,两个不同的人——赠予礼物的人和接受者——在没有明显过渡的情况下都使用第一人称说话。对于这个困境十分敏感的郑玄宣称"言"意味着"王策命也。王赐朱弓,必策其功以命之受,出藏之,乃反入也"。见王先谦《诗三家义集疏》,页603。郑氏的注释确定是错误的(现代学者将"言"解释为助词),但是这种努力仍然显示出早期阅读者对于此诗叙述者视角重视的自觉意识。

都因此自然而然而让人印象更加深刻。

韵律发挥了举足轻重的作用,韵的增多和加强也相应地提高了阅读者的期待。在另一首诗中,韵的增多和加强却意味着社会联系的巩固,《诗经·大雅》中的《下武》(♯243)表现的是代际间的联系:

> 下武维周,世有哲王[gi wang]。三后在天,王配于京[kliǎng]。①
>
> 王配于京[kliǎng],世德作求[g'iôg]。永言配命[miǎng],成王之孚[p'iug]。
>
> 成王之孚[p'iug],下土之式[siək]。永言孝思[siəg],孝思维则[tsək]。
>
> 媚兹一人,应侯顺德[tək]。永言孝思[siəg],昭哉嗣服[b'iŭk]。
>
> 昭兹来许[xio],绳其祖武[miwo]。於万斯年,受天之祜[g'o]。
>
> 受天之祜[g'o],四方来贺[g'a]。於万斯年,不遐有佐[tsâ]。

《下武》包含比《诗经》通常一首诗歌所要求多得多的韵律:不仅每段诗节的偶数行押韵,而且大多数奇数行也押韵,有的是相邻两行相押,有的是隔行相押。通过一段诗节到另一段诗节之间(加点的字),以及诗行、短语的复沓及贯穿2、3、4诗节(从 g'iôg 到 b'iŭk)②相似或相近韵律的连续体,这首诗的声音模式变得更加稠密。更明显的是,第1、2、3、5诗节的最后一行作为一个整体形成下一段诗节的第一行。这种丰富的韵律展示到何处才结束的呢?这首诗讲述的,是代际间的王权传递,或者引用小序的话来说,是"继文也"③。而这首诗的押韵格式想表达的又是什

---

① 也许这句最好翻译为"the king performs(配)sacrifices in the capital"君王献祭给上天,也坚信他的祖先也能分享好处。关于这种用法,可对比《思文》(♯275)所有古代学派的注释;见王先谦《诗三家集义疏》,页1017。
② 关于细节,见高本汉《诗经英译》,页197。并非所有的韵律都如高本汉所认定的那样;发音是从他的《诗经英译》其他诗歌中引用过来的。
③ "继文"这一短语的解释背离了郑玄的传统;关于支撑的资料,见陈奂《诗毛氏传疏》(台北:学生书局重印本,1986),23.26b。

么呢？用韵律突显第1、3行，及第2、4行，以及贯穿12句诗韵律的环环相扣，也是另一种意义上的"继文"："昭先人之功。"这种连珠式的诗节[为欧洲诗人所知的是其马来文名称"潘图体"（pantoum）]为先祖的渐行渐远与他们留给后人的功业提供了语音上的类似性——不愧是赞美孝道、慎终追远王朝的完美诗章。①

这种模式存在着断裂——第4、第5节开头的诗句（并没有与上句蝉联）——但即使是在这两句中也有来自前面诗节的语词和诗句填补这些空白。不愿接受偶然性的批评家可能观察到，正当诗歌叙述当今王朝之建立时，第一处断裂发生了。第4诗节中断了之前诗节密集的韵律：它的第一行（与第1诗节的第一行相同）结束时并没有押韵。第4诗节的第2行回到了之前抛弃的韵系，第3、第4行也同样押韵。第5诗节四行诗句中有3句押韵。当第5诗节的最后一行又与第6诗节的第一行蝉联时，这首诗平安渡过了连续性危机，并且重建了第2诗节意外出现的 abab—bcbc 模式。

以《棫木》为典型的由两部分诗节组成的诗歌形式中，每一个韵脚在诗节的位置中不是押头韵就是押尾韵，而且这种位置关系与主题的突出相互关联。《下武》打乱了这种期待。它的第一诗节遵循 xaxa 结构：第2行、第4行以共鸣的韵律结束，第1行、第3行最后的音节相差很远。但是从第二诗节开始，结构发生了变化：第2诗节的第一行重复了第一节的最后一行；第2诗节的第3行又重新恢复第1行的韵律。在第一诗节结束时失效的 xaxa 模式的韵律，在后续诗节中继续获得了响应。这种韵律模式在新诗节第1行的位置通常导致押韵的中断，然而出人意料的是，第3行回应了第1行的韵。潘图体形式的《下武》，弃绝了韵律开始与结束的区别，弃绝奇数行与偶数行的差别，同样也弃绝一段诗节开

---

① 这种是一段诗节结束、同时也是另一段诗开始的重复诗行也出现在《文王》（#235）、《大明》（#236），以及《既醉》（#247）中，这些诗歌都来自《大雅》。

始与结束两个部分之间的区别。潘图体形式使韵律及诗行位置摆脱固定的角色，从而终止了诗节时间（stanzaic time）。

　　押韵的《诗经》诗节好像一幕小型的戏剧。回应的韵律会完成一次语音的循环吗？——同样也是韵律互换的循环、继承性的循环、感情纽带的循环、因果的循环以及文化记忆的循环吗？《诗经》诗歌常常认可它们所引发的期望：它们的美感大部分情况下是规则性的美。《下武》使韵律调整的条件复杂化了。在两部分的诗节中，韵律在不一致中宣称等同性，在不平等中确认关联性。韵律所弥补的不平等、不对称形式是暂时的排列形式。就像线性排列的、受时间限制的言语，韵脚的出现也是按照次序排列的，而非共时性的；但是韵律也要求我们在记忆中记住前一个韵脚的回音，直到它得到响应。在《下武》中，一个单独的韵脚在韵系中既是回应的部分，又是起首的部分。特别针对韵律的时间性不再根据对称性的一个单独的点（两部分组成诗节的中点）来计算。在时间定位的混合中，《下武》的韵律完美地给能够胜任的后继音律设置了一个不可能完成的任务。

诗歌之外的韵律存在

　　我们的解读从显示韵律作为结构组成部分的例子上移开，转向那些显示韵律在中介、解构这些相同结构中发挥作用的例子。为了实现上述目的，我们把单独的诗作为分析单位。韵律当然有助于一首诗的结构和稳定，正如它将词汇、陈述联结成令人印象深刻的美感图式那样。但是一首单独的诗并非是韵律能够获得意义的唯一语境。组群式或者同语系的韵脚在《诗经》的诗歌中如此频繁地——更准确地说，是在某种类型或主题的诗歌中出现——以至于这些韵脚似乎成为这些诗歌所从属的亚文类预期的，甚至可能是必要的要素。这些韵组中的一个典型在我们考察《下武》时已经出现了。这个韵律系统包括："tək"

德、"si∂k"式、"si∂g"思、"ts∂k"则、"b'iǔk"服。《既醉》为这个韵群贡献了另一个成员——"p'iǔk"福。许多诗歌共享了大部分这些词汇,因此可以说,这些语音上拥有相同音节的韵律在更大范围内是主题上有关联的系列。这里援引这个系列中的一个韵词来达到抛砖引玉的作用,但这个系列主题的联系性并不依赖于其中任何一个成员的出现。让我们把它们称作"典型韵律"(typical rhymes)。① 下面将解读《烝民》(#260)部分诗节：

天生烝民,有物有则[ts∂k]。民之秉彝,好是懿德[t∂k]。……
仲山甫之德[t∂k],柔嘉维则[ts∂k],令仪令色[si∂k],小心翼翼[gi∂k],古训是式[si∂k],威仪是力[li∂k]。

(在翻译的过程中,近乎无意义文字的出现暗示:我们正在讨论一种专门的、固有的赞美词汇。)这些诗行为韵系增加了"gi∂k"翼(这里用作一个强调的叠词)②和"li∂k"力两个成员。由于从韵律到韵脚都已经属于这一系列,其他诗歌还引入了这一韵系的其他一些韵脚:"ngia"仪、"d'i∂k"直、"kw∂k"国、"tsi∂g"子:可参阅《大明》(#236)、《卷阿》(#252)、《荡》(#255)以及《崧高》(#259)。"典型韵律"的分布很难说是偶然的巧合:在周代特有的道德王权理论中,大多数韵出自这一韵系的诗歌,分享了同一核心主题。统治者表现美德、竭力用良好品行的学者去辅佐他,从而成为许多诸侯的仪范;诸侯就奉他为天子——这就是《诗经》经常使用的押韵词汇所表达理论的大致解释。

在《下武》中能部分看到一个常常与"德"字有关的韵律系统。这第二个韵律系统包括"giwang"王、"di̅ang"常、"kliǎng"京、"tsi̅ang"将、"piwang"方、"miǎng"命、"di̅ěng"成,以及尽管元音不同却可以互押的

---

① 向 Walter Arend 的 Typische Szenen bei Homer(柏林:Weidmann,1933)表示敬意。
② 关于这一韵脚的进一步使用,见《鸳鸯》(#216)和《白华》(#229)。

"sěng"生、"nieng"宁。① 上面已经讨论过的《樛木》、《彤弓》和《既醉》偶尔涉及第二个韵系,这无疑为他们的颂赞增加了光彩。《文王》(♯235)、《大明》(♯236)、《皇矣》(♯241)等王朝颂歌是宽泛使用两个韵系的最好例证。《文王有声》开始的诗节中出现了关键词"王",下一节它使用了一个押"命"的外韵,接着转入几乎完全相同的韵,它恰好将文王征服的重要地点串联在一起。

　　文王有声[sieng],遹骏有声[sieng],遹求厥宁[nieng],遹观厥成[dieng],文王烝哉。

　　文王受命[miăng],有此武功[kung],既伐于崇[dz'iông],作邑于丰[p'iông],文王烝哉。

这些韵脚是主动掌控诗歌并将其写下来的吗?还是配合王权理论而创作出这首诗的?诚然,诗人使用这些词汇,由于它们在汉语中是现成的;它们中的许多词汇在同主题的散文体文献中也会出现。但是,如果仅把这些词汇当作一系列有意义的术语,那么将忽略诗歌技巧及传播对塑造诗歌内容,最终形成语言习惯用法的威力。必定是在诗歌的成例将这些典型韵脚集合、连接之后,它们才能够表现出如此持续不断、先验性的力量;它们最终成为君王权力必要的隐喻,促使整个韵系用到它们中的一个的任何时候扩张到整段诗节。当然,韵律依附于诗歌而存在,但是假如韵律在某种程度上获得了充分的独立力量和意义,则诗也可以为了韵律而创作出来。

　　这些韵群及与它们类似组群的反复施行,为《诗经》的韵律暗示了进一步的向度——这种向度让我们超越某首单一的诗歌,而使我们将这一传统当作整体来对待。这些韵系引发了一种假想:对于《诗经》任何一个

---

① 在这种关联中,要注意本文开头所引的《国语》段落末尾占主导地位的"ang"字。如此精心安排的散文无疑可以看作从言语到诗歌的中间形态。见杜克义《周朝的诗韵》("Sur le rythme du Chou king"),《匈牙利科学院东方学报》(Acta Orientalia Academiae Scientianm Hungaricae)7(1957):页77—104。

有才能的创作者,他们催发主题上专属韵系的能力也可以当作他们创作技巧的一部分。一旦这些韵系成为语音上、主题上相似的单元,它们在诗歌中的存在就会被奉为神圣:一首关于神圣王权的诗歌,如果不包括这些韵系中某些成员,则会被认为是不合标准的。只有使用正确的韵律,诗歌才参与到意义几乎被魔法化的场中:结果,平行结构或者对句结构对于诗歌的效果便不再是决定性的了(《大雅》和《颂》的诗歌大致上采用了远比《国风》松散的诗节组织形式)。为了确认这个成例的规范性力量,我们可以引用据说是汉高祖妃嫔唐山夫人创作的《安世房中歌》。这组乐歌为的是激发《大雅》的文学性以及被赋予的权威性[1],出现了刚刚提到的韵群。认识到相同的语词在关于君权性质的哲学辩论中发挥决定性的作用,这只是穿越时间、跨越文类的一小步。孔子、孟子的语录已经不押韵了,但是能说这些语录不再使用长期用这些韵律并取得显著地位的词汇了吗?

回到《国语》、《论语》中两段根据方式而非动机或结果描述高雅行为的引文,为我们带来一次完整的循环。我们在评价上古诗歌、艺术时,缺乏对模式的关注。韵律从属于创作中的模式与手法。物理特性限制并且决定了对材料所能做的一切(让人想到"编织")。通过韵律这种《诗经》中大多数诗歌的物理特性,材料(文本的语音层次)才能与诗歌的主题层次联系起来,也决定了支配孔子对诗歌兴趣的判断与态度。韵律与主题、意象、叙述及实用目的的运作如此密切,以至于在中国上古美学最广阔的领域中视韵律为巧思的模式非常吸引人——这些领域有多么广阔,从上文所引《国语》中的话可以看出来。

---

[1] 逯钦立编《先秦汉魏晋南北朝诗》(北京:中华书局,1983),页145—77。

索 引

阿尔都塞,174
阿特密多洛斯,21
埃蒂安·巴利巴尔,174
爱弥尔·涂尔干,5,10,39

Being(存在),8,10,30,48,212
Blason,34,亦见象征(emblem),画谜
柏拉图,4,9,82
班固,33,63,64,80,91,93,108,117,244
包咸,152
保罗·德曼,20,108,197
本体论,9,12,28,29,32,35,37,42,47,51,53,54,56,115,148,191,212;二元论,28,33,42;亦参见讽寓;差异;模仿
比,41,48,92,100,121,147,150,156,213,251
比较,2,3,4,8,9,11,13,14,15,16,18,19,21,22,24,28,33,39,41,53,92,101,112,116,117,121,137,151,158,160,167,169,172,175,176,196,197,204,208,211,212,213,214,245;亦参见比较文学;隐喻;诗学;翻译
比较文学,3,13,20,21,50,58,211,212,213,255,267,268,269;亦参见比较;翻译
比喻误用,44,50,51,52
边界,189,213
表达,17,18,29,32,33,38,41,43,50,51,54,72,73,76,77,78,85,95,96,98,

105,107,108,109,110,111,116,117,121,124,125,129,137,141,143,144,154,157,158,159,160,162,177,187,189,197,198,199,200,201,202,203,205,208,246,250,251,253,254,260,263;美学表达,29,74,96,98—101,110,156;表达与模仿,107,143;诗学表达与音乐表达,100—112,121

表现 6,7,10,29,44,53,54,58,66,68,82,97,100,101,107,108,115,117,120,121,138,139,140,143,158,167,171,173,179,181,190,192,194,198,203,204,206,209,210,212,214,215,245,248,251,254,255,256,257,260,263,264

布鲁诺·鲍威尔,182,204

《春秋》33,64,93
操作,134,135,136,138,140,141,147,155
差异,12,13,30,35,54
超存在(hyperousia),49
陈奂,4,24,25,26,126,128,132,136,146,147,151,153,242,260
陈槃,69,242
尺度,73,129,144,193,204,205,206,207,210
崇高,180,193,194,197,198,199,200,201,202,203,204,206
词义反用,50
茨维坦·托多罗夫,5
辞格,18,21,38,138,143,149,151,152,153,154,155,161,185

《大学》,126
道教,83,204
典范,6,7,20,124,130,134,154,165,166,182,198,212
董仲舒,35,96,151,152,245
对应,17,21,29,43,64,122,132,144,152,198,197,200,202,203,209,249,256,258

《尔雅》,101,243

翻译,1,2,4,9,11,13,15,16,17,18,19,20,21,25,35,40,43,44,45,46,47,48,49,50,52,53,54,55,56,58,59,60,63,73,74,80,82,85,89,91,95,100,101,123,125,126,127,131,135,137,142,146,151,168,172,175,186,189,191,192,193,195,202,203,205,206,209,213,214,247,253,260,263,266,267,268,269,270;翻译与转录;亦参见比较文学;比较

反讽,21,50,97,106,107,108,109,110,111,120,143,162,208,212,256;亦参见

讽刺

反复,21,28,82,117,143,173,175,195,203,212,247,249,258,264

反例,31,32,37,111,121,129

范畴,8,28,32,39,55,107,122,134,145,146,167,169,179,182,192,194,195,199,201,205,207,212,253

范佐伦 59,73,77,99,107,111,247

方,8,100

方玉润,125,159,243

费尔迪南·德·索绪尔,35

费希特,171,182,209

风,111,134,141,143,144,164

讽,74,75

讽刺,34,58,104,105,106,108,109,110,144,149,253,254,256;亦参见反讽

讽寓,2,3,15,17,19,20,21,22,24,27,28,29,30,31,32,33,34,35,37,39,40,41,43,44,45,47,50,51,52,53,54,55,57,58,59,60,61,68,71,72,73,75,78,82,86,88,95,108,111,115,118,122,133,134,135,136,137,144,154,165,166,182,192,198,201,209,213,214;讽寓的昆体良定义,15,31,32,116,118;西方讽寓,30,31,34;讽寓与中国文学,20,21,27—32,35,40,44,48,52,57,71,87,88;神学家的讽寓与语法学家的讽寓,32,57;讽寓与讽寓解释,72,118;讽寓与典范,165—167,亦参见寄托;寓言;附会;《毛诗》;隐喻;《诗经》;宗教故事;拟人

讽寓解释,24,72,86,118

伏羲,140

符号,9,35,43,45,53,55,101,108,110,161,172,181,197,198,202,203,204,205,206,207,208,210

符号学,13,34,35,111,182,202,203,207,208;亦参见修辞;符号;象征;修辞

附会,42,44,58,59,65,72,96,125,199

赋,2,21,40,92,93,128,137,142,145,146,147,148,155,157,162,163,242,243,248,255

赋诗,35,61,73,76,77,79,85,156,157,159

高本汉,24,25,26,60,63,80,83,91,113,123,125,126,131,132,133,134,139,142,143,144,150,158,163,249,253,260

歌德,2,4,187

葛兰言,23,24,60,68,69,71,74,122,123,124,125,126,127,129,130,135,136

葛瑞汉,8,9,10,11,12,143

公刘,134,138,139,140,144

《公羊传》,64,71
《古今和歌集》,96
古文经学派,63,64,65,66
《榖梁传》,64
顾颉刚,24,59,65,68,69,70,71,79,242,244,251,256
关系,3,4,8,9,10,13,20,24,28,32,33,34,37,38,39,41,42,50,54,58,64,68,70,82,83,84,85,99,101,102,105,108,111,112,113,115,117,121,133,136,142,143,159,164,165,166,169,171,172,176,177,178,182,183,184,188,193,194,195,197,199,200,201,202,203,209,212,247,248,250,253,254,258,259,261
国风,24,26,69,70,72,75,78,85,90,94,104,110,116,143,164,245,249,255,256,257,265;参见《诗经》
国君,84,85,105,116,119,121,122,123,137,140,144,149,158,164,184,206,248,253
《国语》,25,64,67,76,103,156,203,244,247,248,264,265
过度解释,4,17,52,69,73,251

海德格尔,42,52,175,185,190,191,192,193,269
韩诗,64,73,113,116,132,134,144,156,164,243
汉朝,64,65
汉文帝,65
汉景帝,65
汉平帝,65
汉章帝,65
河间献王,63,65,113
赫拉克利德斯·彭提乌斯,28
黑格尔,3,4,20,29,36,116,168,169,170,171,172,173,174,175,176,177,178,179,180,181,182,183,184,185,186,187,188,189,190,191,192,193,194,195,196,197,198,199,200,201,202,203,204,205,206,207,208,209,210,212,269;论世界历史,175—186,193—197,200,205—210;论自然,170—177,180—187,200;空间与时间,176,178,185—195,201;论宗教,185,200,203—207;扬弃,186,190,192;论崇高,194,197—206;论散文,195—201;尺度,73,129,144,193,204,205,206,207,210

——引用或讨论到的黑格尔著作:《历史哲学》,168,170,174,175,176,177,179,180,183,186,190,195,196,197,202,203,204,207,210;《自然哲学》,171,175,182,189,192;《哲学全书》,170,171,172,173,174,175,176,179,180,181,182,183,184,185,189,190,192,194,195,202,203,206,208;《精神现象学》,36,170,172,174,200,208;《权力哲学》;《哲学史》,179,182,186,195;《美学》,29,54,116,117,195,196,

269

197,198,199,200,201,202,203,204,206;《宗教哲学》,197;《大逻辑》,205;《耶拿体系草稿》,172,173,174,187,189,192;早年神学著作,182,195,208;"论差异",209

侯思孟,71,72,73,74,85

胡适,69,70

化,90,91,104,111,133;亦参见风

画谜,129;亦参见 blason,象征

黄钟,101,112,113,206

吉恩·塞兹内克,8

纪贯之,96

寄托,58,85,96

佳亚特里·斯皮瓦克,8

间接肯定法,50

交换,73,188,189,257,258,268

教化,26,29,32,39,75,79,84,85,92,93,97,103,104,105,106,111,112,113,115,116,117,121,122,130,138,140,141,144,148,156,166,167

解读,3,8,15,16,25,26,30,32,33,35,37,39,44,47,50,51,52,54,59,60,67,68,69,72,78,82,83,87,88,89,90,96,97,98,100,102,104,105,106,107,109,110,111,113,115,116,117,118,119,120,121,122,123,124,125,126,127,128,129,130,131,133,134,135,137,138,139,140,141,142,143,144,145,147,148,149,151,152,153,154,155,157,159,161,162,163,164,165,166,167,168,169,172,182,183,186,187,189,194,197,212,213,247,250,251,252,253,254,255,262,263;践言性解读,116—118,165—166;道德解读,115,117,128,129,130,142,247

今文经学派,63,65

经典(canon),8,11,23,24,26,29,32,38,39,44,46,47,49,58,60,61,62,64,66,70,72,75,77,88,89,95,96,104,106,115,117,120,125,145,213,214,258,269,尺度

经学,20,24,44,63,64,65,66,69,113,122,242,244;古文经学与今文经学,63,64,65,66,113;亦参见《孝经》;孔子;《尚书》;《易经》;《诗经》;《礼记》;《左传》

康德,1,10,51,54,57,168,187,193,194,197,199,269

康有为,65,69,243

克里斯蒂安·沃尔夫,179

孔子,22,23,48,61,62,63,64,68,70,71,72,73,74,75,80,82,84,85,88,96,98,105,116,117,120,121,125,127,128,134,140,143,146,156,160,164,246,247,248,265;孔子论《诗经》,61,85

孔颖达,62,67,81,82,83,84,85,88,89,90,91,92,93,94,95,104,105,108,111,

121,126,128,132,133,143,146,152,162,244

昆体良,9,15,28,29,31,32,44,58,107,115,118,141,154

莱布尼茨,2,4,8,28,36,40,41,43,45,46,48,49,50,51,52,53,54,55,56,152,169,179,182,205,206,211,212,213

类,35,37,39,44,60

礼,23,25,30,46,48,61,62,64,65,69,70,73,76,78,84,85,90,91,93,94,96,98,99,100,101,103,104,106,113,114,115,116,117,122,125,126,131,132,133,134,135,136,137,138,140,141,142,144,145,154,160,163,164,165,169,212,242,244,246,247,248,258,259

《礼记》,25,64,65,69,90,96,99,100,101,103,113,115,122,125,246

李约瑟,30,34,35,49,91,101,113,114,143,145

李之藻,244

理,48,49,50,51

力量,36,39,46,107,120,137,144,154,161,173,200,204,207,213,249,258,264,265

历史,2,3,4,7,8,12,13,20,23,24,26,28,30,31,33,39,42,43,59,61,62,63,64,65,66,67,68,69,71,74,77,78,83,87,88,89,90,103,106,111,114,116,117,118,120,127,129,138,139,144,155,156,157,158,159,160,161,162,163,164,165,166,167,168,169,170,171,174,175,176,177,178,179,180,181,182,183,184,185,186,187,188,189,194,195,196,197,199,200,202,203,204,206,207,208,209,210,213,214,215,243,244,249,255,256

利玛窦,44,45,46,47,48,57,169,211,244

《列子》,143,244

刘向,114,150,244

刘勰,58,96,108,146,255

龙华民,46,47,48,49,50,52,54,55,169,210

卢卡奇,198

鲁诗,64,113,144

鲁僖公,81

《吕氏春秋》,100,101,244

《论语》,61,62,68,74,75,82,84,90,91,92,95,105,127,152,156,163,246,247,265;参见孔子

罗兰·巴特,9,207

罗曼·雅各布森,251

逻各斯,50,179

271

马克思,184,188,189

《毛诗》,62,63,64,65,66,67,68,69,76,78,81,88,89,94,104,109,111,113,117,119,122,125,127,128,129,130,134,144,156,157,161,163,164,165,166,167,210,213;作为讽寓的《毛诗》,59,60,72,78,111,122,166;《诗小序》,59,87—119,124,126,153,156,164;亦参见《诗经》

《毛传》,25,26,63,69,70,81,90,95,109,111,115,116,126,127,128,132,134,135,136,139,140,142,147,148,149,150,153,154,155,157,160,161,255,259

毛苌,62,65

毛亨,62

美刺,103,107,108,111,120,144

美学(审美),10,20,29,37,54,96,97,103,105,110,115,116,117,120,121,122,142,167,168,169,172,193,195,196,197,198,199,200,201,202,203,204,206,209,213,214,245,246,248,265,266;音乐美学,97—106,120;美学与历史,195—201;亦参见诗学

《孟子》,90,93,109,156,160

孟德斯鸠,184

谜语,19,28,159,164,177,202

米歇尔·胡林,176

描写,140,141

民歌,22,23,67,68,69,70,71,74,78,85,93,123,256

民族学,6,258

模仿,22,28,29,30,31,32,76,85,88,96,102,105,107,109,116,120,121,137,141,143,144,145,162,164,165,167,168,169,197,213,214,215

模式,4,15,18,20,22,27,29,30,35,37,42,43,53,54,55,56,62,66,75,78,83,92,97,100,103,109,111,112,115,116,117,118,120,121,124,126,127,129,134,141,144,148,151,154,155,158,161,162,164,165,166,167,172,174,175,176,182,183,184,185,188,189,193,194,196,198,199,200,212,213,214,215,249,250,255,257,258,259,260,261,265;亦参见典范,样板

牟复礼,30,114

能指,11,48,50,51,53,55,103,122,127,203,206,209,253

尼古拉斯·马勒伯朗士,45,46

拟人,36,198,251

批评,97,103,104,129

浦安迪,20,27,29,30,33,34,35,39,40,42,55

272

齐诗,64,113,162,164
气,35,48,55
屈原,16,18,108

人类学,7,9,11,39,50,52,175,258,268
认识论相对主义,7
任意性(作为符号学原理),112,207
儒教,44,204,205
阮元,89,90,100,128,243,244,246

萨义德,179
三家诗,63,64,65,109
《尚书》,4,26,64,76,91,96,98,145,157,158,159,162,164;《金滕篇》,26,156,157,158,159,160,162,163,164
圣人,23,94,114,115,116,117,118,120,141,165,166,169,212,247
《诗经》,2,3,4,22,23,25,26,30,31,33,37,39,43,56,57,58,59,60,61,62,63,64,65,66,67,68,69,70,71,72,73,74,76,77,78,79,80,81,84,85,87,88,89,90,91,92,93,95,96,97,99,101,102,103,104,105,106,107,108,109,110,111,112,113,115,116,117,118,119,120,121,122,123,125,127,128,129,130,131,133,134,135,137,141,142,143,145,146,147,148,149,150,151,154,155,156,157,160,163,164,165,166,167,168,169,211,212,213,214,215,246,247,248,249,250,251,252,253,255,256,257,258,559,260,262,263,264,265,266,267;与《诗经》有关的讽寓,3,57,58,68,71,72,88,94,122;《诗经》与现代学者,23—29,59,60,66,68,126;《诗经》文本史,59,63—66,74;《诗经》诠释,69,80;《诗经》起源,61,68;《小雅》,62,94,120,145;《诗经》佚文,62;《诗经》与民歌,67,68,69,70,71,74,256;《国风》,26,69,70,72,75,78,85,91,104,110,116,164,256,257,265;赋诗,35,61,73,76,77,79,85,156,157,159;《颂》,69,85,111,120,265;《大雅》,126,134,261,265;正统与堕落,106,108

—引用或讨论到的《诗经》篇章:《瞻仰》(第264首),104;《常棣》(第164首),126;《正旻》(第260首);《巧言》(第198首),152;《鸤鸠》(第155首),156;《駉》(第297首),79;《竹竿》(第59首),136;《车舝》(第218首),142;《二子乘舟》(第44首),142;《伐柯》(第158首),43;《蜉蝣》(第150首),148;《汉广》(第9首),130;《昊天有成命》(第271首),78;《鹤鸣》(第184首),160;《何彼秾矣》(第24首),136;《相鼠》(第52首),149;《小宛》(第196首),125;《行露》(第17首),148;《关雎》(第1首),160;《公刘》(第250首),134;《狼跋》(第160首),24,26,83;《六月》(第177首),62;《绵》(第237首),214;《沔水》(第183首),147;《南山》(第101首),136;《南有嘉鱼》

273

(第171首),132;《泮水》(第299首),143;《北山》(第205首),134;《閟宫》(第300首),81;《摽有梅》(第20首),128;《柏舟》(第26首),37,149;《破斧》(第157首),135;《桑中》(第48首),106,252;《山有扶苏》(第84首),125;《荡》(第255首),163,263;《桃夭》(第6首),39,123,250;《定之方中》(第50首),144;《缁衣》(第75首),125;《文王有声》(第244首),116;《野有死麕》(第23首),68;《有駜》(第294首),亦参见经;《毛诗》;诗歌

《诗大序》,29,75,88,89,93,95,96,97,98,99,100,102,103,104,105,106,107,108,109,110,111,113,115,117,119,120,121,122,144,145,164,166,212,213;参见《毛诗》

《诗小序》,参见《毛诗》

颂,25,69,70,78,80,81,83,84,85,92,93,94,104,111,120,125,128,134,139,145,164,264,265;亦参见《诗经》

诗学,19,30,34,36,40,41,42,76,88,96,98,99,102,103,104,105,128,144,164,167,169,214,247,257;亦参见美学

史诗,20,28,121,134,187,195,258

双关,4,10,35,45,82,128,136,140,148,150,154,165,172

斯宾诺莎,45,46,48,182

苏达斯,32

提喻,34,35,37,38,39,40

田园诗,84,85,134,182

瓦尔特·本雅明,56,197

王柏,59,247

王金凌,73,89,145,164,245

王莽,65,66

王权,121,134,143,145,260,263,264,265

威廉·燕卜荪,18,84

维科,200

卫宏,89

卫文公,144

卫宣公,142,

文化,5,7,10

《文选》,40,88,93,101,137,242,243,244

闻一多,69,142,143,150,245

乌列·文莱奇,13

五四一代的作家,69,70

奚密,20,39,124,126,128,129
相对主义,7,12,13,41,54
想象,7,10,15,17,27,30,42,50,52,58,76,77,159,168,192,194,196,197,198,201
象征(symbol),172,197,218,221,223,234
象征(emblem),138,亦参见讽寓;blason;画谜
萧公权,113,121,122,243
《孝经》,92
兴,26,43,45,58,61,65,73,74,75,85,92,94,124,132,133,143,145,146,147,148,154,155,156,157,158,159,160,161,162,163,164,171,255,256
修辞,2,3,18,20,21,22,28,33,35,37,38,39,41,42,43,44,49,50,51,52,53,54,55,56,58,64,71,72,82,85,97,106,108,111,119,120,129,132,135,138,141,143,145,146,147,148,149,151,152,153,154,155,160,161,165,166,169,180,185,188,194,199,200,206,208,209,210,212,213,214,242,255;亦参见讽寓;词义反用;比喻误用;辞格;赋;兴;反讽;间接肯定法;隐喻;转喻;宗教寓言;比;提喻
荀子,60,62,74,85,90,92,96,103,113,114,115,117,121,122,161,243,245,246;荀子论礼,115

《乐记》,25,64,65,96,98,99,100,101,102,103,104,105,108,109,110,112,113,115,119,120,122,141,246;参见《礼记》
乐语,74,75,102,108,147
雅,参见《诗经》
《雅歌》,60,61
雅克·德里达,8,18,28,137,173,182,185,192,202
亚里士多德,10,21,37,44,51,101,112,120,154,182,183,185,187,191,192,194,199
延展,34,108
言,23,24,60,68,69,71,74,122,123,124,125,126,127,129,130,135
言语,13,45,91,104,105,148,262,264
言语活动,18,154,155,161;亦参见践言性语言;双关语;言语行为
言语行为,38,42,117,137,254;亦参见约翰·奥斯汀,践言性语言
样板,214;亦参见模式
宜,125,126,127,139
《易经》,25,34,179

275

意义,4,5,6,8,9,11,12,15,16,17,18,20,21,23,24,25,26,28,30,32,33,34,35,36,37,38,39,40,42,43,44,45,47,48,49,50,51,52,55,56,58,60,61,67,68,71,72,73,74,76,77,78,79,82,85,86,87,91,95,98,99,100,101,102,103,105,106,108,109,110,111,115,117,120,121,123,124,126,127,128,129,130,133,137,140,141,142,143,144,145,146,148,149,151,153,155,156,157,158,161,162,164,174,175,176,179,180,184,185,186,187,192,194,197,201,203,205,207,208,209,212,213,214,215,247,249,251,254,256,261,262,263,264,265;与应用相对,71—75,76—79,85

音乐,25,35,62,65,70,91,92,98,100,101,102,103,104,105,106,108,109,110,111,112,113,115,120,121,141,144,164,192,206,212,242,243,246,248;亦参见《礼记》

音乐学(音乐理论),102,112,120,141

隐喻,4,16,17,18,19,20,21,27,28,29,30,32,33,34,35,36,37,38,39,42,43,44,50,51,52,55,73,74,82,124,128,154,182,185,201,212,247,255,264

余宝琳,15,16,19,24,25,27,28,29,30,33,34,35,36,37,39,41,42,55,60,72,96,109,145,247,255

宇文所安,27,28,30,35,42,55,58,77,96,246,267,268

语言,4,7,8,11,12,13,14,17,18,19,20,22,29,32,34,35,36,37,38,40,42,43,44,45,47,50,51,52,53,54,55,56,61,63,70,74,77,78,91,96,99,101,102,104,105,107,108,110,111,113,116,117,120,128,129,133,141,145,146,148,154,155,161,162,163,165,166,167,168,169,177,179,185,186,198,202,203,209,212,213,214,215,243,247,249,251,254,256,264,267,268,270;修辞性语言,39,42,49,54,56,79,135,142,165,169;陈述性语言,39,165,166;描述性语言,79,103,117,124,127,140,145,148,155,165;规定性语言,88,103,117,127,129;践言性语言,117,137,140,141,145,155,166

语义学,11,12,16,35,36,37,43,44,255

喻象,138,141,143,149,151,152,153,154,155,161,185

寓言,4,58,85,98,125,163,164,166,167,182,198,203

元语言,12,54

约翰·奥斯汀,38,137

翟理斯,22,23,24,59

张隆溪,24,61,72,246 召南,61,94,119;参见《诗经》

证据,7,9,10,43,44,52,107,156,159,165,183,194,200

郑樵 24,242,247

郑玄,62,81,88,89,91,92,93,95,107,126,132,133,136,137,138,140,143,

144,146,147,148,151,152,153,154,155,159,161,242,253,254,256,259,260

郑振铎,59,60,69,242

志,75,76,77,96,98,158,162,164

中国,4,5,40,45

《周礼》,60,63,64,74,75,92,100,113,128,141,145,147

周朝,63,65,66,68,85,88,90,124,158,164,214,264

周武王,93

周成王,25,26,65,90,93,94,137,156,157,158,159,160,161,162,163,164,260

周公,24,25,26,65,90,94,135,137,138,156,157,158,159,160,161,162,163,164,169,213,214

周南,61,94,110,119;参见《诗经》

朱熹,59,60,62,74,110,122,125,126,133,146,213,242,243

朱自清,70,74,75,76,102,107,156,157,164,242

主题化,13,34,108,117,121,134,141,186,209

转喻,34,38,39,212

子夏,89,116

自然,9,23,29,34,35,36,39,42,45,49,51,96,110,112,114,116,117,118,124,126,127,128,129,130,134,140,141,142,143,145,146,148,149,154,163,164,165,166,171,172,175,176,177,180,181,182,183,184,185,186,187,188,189,191,192,194,195,197,200,204,205,206,207,212,214,215,254,255,256,257,260,267

宗教,5,6,10,31,36,39,43,46,47,48,49,50,51,53,103,110,122,196,197,198,200,203,204,205,206,207,208,210

《左传》,35,64,65,67,73,74,76,81,98,103,121,125,156,160

277

译 后 记

本书之翻译历时两年多,译事即将告竣之际,在略松一口气之时,也不禁想起两年来逡巡踌躇之艰辛,搜肠刮肚、绞尽脑汁之况味,种种人生的情愫泛上心头。

2007年春夏之交的一天,我接到师兄中国社会科学院文学研究所张晖博士的电话,问我愿不愿意翻译一本美国学者写的关于《诗经》的书。我听后表示很有兴趣,但又些犹豫:尽管我对西方汉学一向抱有很大的兴趣,也翻译过一两篇英文写成的汉学论文,但我深知我的英文水平可能无法承担翻译一本书的任务。不过出于挑战自我想法,我还是答应先看看此书再作决断。不久,我就接到《海外中国研究丛书》主编刘东教授的学生、也是南大校友何恬博士寄来的《中国美学问题》原书的复印件——正是这本复印件,整整伴随我度过了两年多的时光,从六朝古都南京,一直到大洋彼岸的波士顿,我几乎天天捧读这本书。虽然没有韦编三绝,现在也是朱墨灿然了。

经过试译后,我有点退缩了——此书的研究方法和我从前的研究思路可以说完全不同。我在南京大学学习十年,接受的是以文献学为基础的朴学训练。自己养成了重材料、轻思辨的习惯,也可以说是个不好的习惯。所以这本完全以思辨及理论为中心的书,对我来说,有点难了。但最终接受此书的翻译,原因是多方面的。首先,我得到本书作者苏源熙教授的支持,他读了我的试译后,觉得不错,同意让我继续翻译,并表示有问题可以和他商量。其次,我受到刘东教授极大的鼓励和支持。刘先生是南大的校友,所以对母校的学者非常客气,也非常看重。他把如此重要的任务交给我这个初出茅庐的年青学人,我在得到动力的同时,也感到一种无形的鞭策与压力,这也是我在这两年中遇到无数困难,始终没有产生放弃念头的原因。再次,"海外中国研究丛书"已经成为一个学术品牌,我自己收藏有这套丛书已出版的几乎所有出版物。这套丛书的不但选题非常高明,而且所收作品也大多为海外中国学的名著,如果能跻身这一丛书的译者之列,自然是十分荣耀的事。最后,考虑到自己当时不到三十岁,基于长远的学术考量,我有必改变一下学术的路径,以免形成一种惯性,走上自我重复之路。2008年6月,业师张伯伟教授与我有番谈话,他叫告诫我不能产生唯文献是论的想法,做学问的最高境界是从文献出发,最终从中抽绎出自己的理论来。这是非常高远,也是非常诱人的学术境界。所以,我希望借着从事这本书翻译之机,实现自己学术转型与提升,同时真正沉浸式地学习西方汉学研究中国文学的方法。当然,促使我翻译这本书最根本的原因就在于对中国古典文学,特别是对《诗经》的爱好。

2007年8月,和江苏人民出版社签订了翻译出版合同之后,我以为用一年时间完全可以把这本书翻译出来。可是真正着手后,发现自己错了,这本书涉及的知识谱系完全超过了我的学识范围,我只能边学边译。整个2008年,我几乎是在焦虑中度过的,因为随着交稿的日子临近,我发现我的译文问题还是非常多。虽然2008年暑假我基本上完成了初译,但觉得还没有到交稿的时机。这里就必须对哈佛大学东亚语言及文明系、比较文学系教授宇文所安(Stephen Owen)先生表示十二万分的感激。他在2008年初通过哈佛燕京学社组织了一个"世界文学与比较文学"的特别项目,从中国遴选四位学者到哈佛大学访问,希望促进中国"世界文学与比较文学"的研究,我极其有幸地入选这一项目。在哈佛燕京学社访问期间,我得以充分哈佛大学的资源,对译稿进行了全面的修订,并就一些问题请教了宇文所安教授,同时我也得以亲自读到苏源熙教授在书中引用到原始资料。可以说,没有得到去哈佛大学访问的机会,此书的翻译完成是不可能的。

另外,我在哈佛大学访问的时候,得到非常多友人的帮助。特别感谢当时在哈佛燕京图书馆工作的 Matt Bilder,没有他一星期两次为我详细讲解书中的难句,我要最终完成此书翻译真不知何日。还有在美国结识的华裔友人李佩亭,在我为译事伤透脑筋之际,她也给我很多耐心而有成效的帮助。现在已为哈佛大学比较文学系博士生,曾与我在同一项目中学习的北京大学外国语学院的马筱璐,也多次花费大量时间帮我解决翻译中的困难,让我有豁然开朗之感。"世界文学与比较文学"特别项目中的另一位学者四川大学梁昭博士也不辞辛苦帮我校阅了完成后的中文翻译稿,提出了很多意见,而且给我提供了很多关于人类学与比较文学的信息,让我避免不少错误,最后我们又合作完成了本书的"译者的话"。当时在哈佛大学政府系学习的阎小骏博士(现为香港大学政治系助理教授)、哈佛大学东亚系的唐巧美、南京大学英语系的方红教授、首都师范大学英教系的蒋童博士,还有在南京大学结识的美籍华裔友人叶美华、张敏方都给我不少帮助。哈佛燕京学社的李若虹博士对我也颇多关照。另外,本书牵涉到多种语言,在德语方面得到了南京大学外国语学院的李吟吟的帮助,在此对以上诸位表示衷心感谢。

附录中的《〈诗经〉中的复沓、韵律与交换》一文,由我的学生许晓颖初译一遍,之后我又做了四次校订,做了比较大的改正。另外,晓颖还帮我把书后的参考文献全部输入电脑,省了我很多时间。这里也对她表示感激之情。

最后仍要感谢苏源熙教授、刘东教授对我的信任和鼓励。刘东教授在我每每遇到困难之时,总能给予我热情的支持。在译稿完成后,我将其呈给苏源熙教授审阅,苏教授订正了译稿中的若干讹误,让我对他的细心与博学印象极为深刻;并且苏教授还特别为中译本重撰一篇新序,也让我倍感荣幸。2009年4月28日,苏教授邀我至耶鲁大学访问,访问期间,我又就有关问题咨询了苏教授,得到了他细致的解答。翻译过程中,我多次就有关问题,包括术语的翻译、语句的典故等等,咨询了苏源熙教授,都得到他耐心的回答。还要感谢江苏人民出版社府建明先生的支持和宽容,他对我一次次拖延交稿时间表示了充分的理解。责任编辑做了很多具体工作,在此也表示感谢。

本书译稿杀青之后,得到苏源熙教授高足张强强君的帮助,他花了一个月时间将全书正文校订一遍,改正了我不少错误。他对西方文学与文学理论的熟稔让我佩服不已。没有他的帮助,此书真的难以最后完善,所以我对强强特别感激。我的妻子朱霞欢也帮我校订了译稿,并仔细润饰了文字。我对他们的襄助,感念之情溢于言表。当然,我对他们的校订都做了最后的取舍与整理,所以文责应由我来承担。

苏源熙教授这本书为我打开了一扇通向西方汉学及比较文学的大门,入得门来,我发现一片广阔的天地。我从1990年开始学习英文,至今十有九年。读书时父亲对我学习英文最为重视,不遗余力地支持。不禁想起,以前在家里的学习英语的时候,父亲拿着课本念中文,而我在一旁默写英文。此情此景虽然已经过去十几年了,但这个场景一直印在我的记忆中。如今父亲已经离开了我,如果他知道我今天翻译完成了这本书,他一定会觉得当初的苦心没有白费。

最后要说明的是,本书引用到很多西方哲学经典著作,特别是第五章引用到康德、黑格尔、海德格尔等哲人的多部著作。我本人西方哲学的修养并不是很好,所以尽可能地利用了现在已有的中文翻译,并参考了这些翻译中对一些专门术语的翻译,但有些地方我根据本书的英文引文做了一点改动。可以说,第五章之所以能译成,不能不感谢在这个领域中耕耘的前辈学者。

　　苏源熙教授这本书引用到中西文著作约五百多种,涉及到多种语言。在翻译过程中,不能不为苏教授在书中展现的博学与洞见折服。这不是一本写给一般读者的书,读这本书的人必须有很好的中西文化修养,即一方面要深谙西方从古典时代到当代的哲学、文学传统,另一方面又要对中国古典文学、古典哲学传统十分了解,这才能领会到书中的奥妙。基于我个人的学术背景,我可能并不是最理想的译者。尽管很努力也很吃力地译完了这本书,但我相信书中还有很多讹误之处,祈请各位前辈时彦不吝赐教!

卞东波记于哈佛燕京学社
2009 年 3 月 3 日初稿
2009 年 7 月 16 日再稿

"海外中国研究丛书"已出书目

中国的现代化 [美]罗兹曼 著
中国食物 [美]安德森 著
洪业:清朝开国史 [美]魏斐德 著
儒教与道教 [德]马克斯·韦伯 著
中华帝国的法律 [美]D.布迪,C.莫里斯 著
文化、权力与国家:1900—1942年的华北农村 [美]杜赞奇 著
在传统与现代性之间:王韬与晚清革命 [美]柯文 著
最后的儒家:梁漱溟与中国现代性的两难 [美]艾恺 著
中国思想传统的现代诠释 余英时 著
佛教征服中国 [荷]许里和 著
中国政治 [美]詹姆斯·汉·汤森、布兰特科·沃尔克 著
向往心灵转化的庄子:内篇分析 [美]爱莲心 著
古代中国的思想世界 [美]史华兹 著
汉哲学思维的文化探源 [美]郝大维、安乐哲 著
汉代农业:早期中国农业经济的形成 [美]许倬云 著
欧洲中国古典文学研究十年文选 乐黛云 编
北美中国古典文学研究十年文选 乐黛云 编
东亚文明:五个阶段的对话 [美]狄伯瑞 著
摆脱困境:新儒学与中国政治文化的演进 [美]墨子刻 著
孔子哲学思维 [美]郝大维、安乐哲 著
中国:传统与变革 [美]费正清、赖肖尔 著
儒家思想新论:创造性转换的自我 [美]杜维明 著
德国思想家论中国 [德]夏瑞春 编
东亚之锋 [美]小R.霍夫亨兹、K.E.柯德尔 著
从理学到朴学:中华帝国晚期思想与社会变化面面观 [美]艾尔曼 著
台湾:走向工业化社会 [美]吴元黎 著
危险的愉悦:20世纪上海的娼妓问题与现代化 [美]贺萧 著
大分流:欧洲、中国及现代世界积极的发展 [美]彭慕兰 著
内闱:宋代的婚姻与妇女生活 [美]伊沛霞 著
中国北方村落的社会性别与权力 [加]朱爱岚 著

先贤的民主:杜威、孔子与中国民主之希望　[美]郝大维、安乐哲　著
中国人的幸福观　[德]鲍吾刚　著
中国近代思维的挫折　[日]岛田虔次　著
天潢贵胄:宋代宗室史　[美]贾志扬　著
中国的亚洲内陆边疆　[美]拉铁摩尔　著
为权力祈祷　[加]卜正民　著
闺塾师:明末清初江南才女文化　[美]高彦颐　著
缀珍录:十八世纪及其前后的中国妇女　[美]曼索思　著
竞争的话语:明清小说中的正统性、本真性以及所生成的意义　[美]艾美兰　著
革命与历史:中国马克思主义历史学的起源　[美]德里克　著
中国妇女与农村发展:云南禄村六十年变迁　[加]宝森　著
中国现代思想中的唯科学主义:1900—1945　[美]郭颖颐　著
梁启超与中国思想的过渡:1890—1907　张灏　著
中国社会史　[法]谢和耐　著
转变的中国:历史变迁与欧洲经验的局限　王国斌　著
胡适与中国的文艺复兴　[美]格里德　著
义和团运动的起源　[美]周锡瑞　著
五四运动:现代中国的思想革命　[美]周策纵　著
寻求富强:严复与西方　[美]本杰明·史华兹　著
经学、政治与宗族:中华帝国晚期常州今文经学派　[美]艾尔曼　著
历史三调:作为事件、经历和神话的义和团　[美]柯文　著
孔子:即凡而圣　[美]艾伯特·芬格莱特　著
十八世纪中国的官僚制度与荒政　[德]魏丕信　著
儒家之道:中国哲学之探讨　[美]倪德卫　著　[美]万白安　编
蒙元入侵前夜的中国日常生活　[法]谢和耐　著
功利主义儒家:陈亮对朱熹的挑战　[美]田浩　著
莱布尼兹与儒学　[美]孟德卫　著
宋代江南经济史　[日]斯波义信　著
血路:革命中国中的沈定一(玄庐)传奇　[美]萧邦奇　著
中国近代经济史研究:明末海关财政与通商口岸市场圈　[日]滨下武志　著
都市里的农家女:性别、流动与社会变迁　[澳]杰华　著
技术与性别:晚期帝制中国权力经纬　[美]白馥兰　著
近代中国知识分子与文明:改革开放以来中国性别化的渴望　[日]佐藤慎一　著
另类的现代性:改革开放时代中国性别化的欲望　[美]罗丽莎　著
繁盛之阴:中国医学史中的性:960—1665　[美]费侠莉　著
中国大众宗教　[美]韦斯蒂　编著

中国诗画语言研究　［法］程抱一　著
中国的思维世界　［日］沟口雄三、小岛毅　著
他山的石头记：宇文所安自选集　［美］宇文所安　著
新政革命与日本：中国，1898—1912　［美］任达　著
德国与中华民国　［美］柯伟林　著
走向21世纪：中国经济的现状、问题和前景　［美］D. H. 帕金斯等　著
一个中国村庄：山东台头　杨懋春　著
上海罢工：中国工人政治研究　［美］裴宜理　著
斯文：唐宋思想的转型　［美］包弼德　著
开放的帝国：1660年前的中国历史　［美］芮乐伟·韩森　著
中国现代文学与电影中的城市：空间、时间与性别构形　张英进　著
现代性的诱惑：书写半殖民地中国的现代主义　史书美　著
中国制度史研究　［美］杨联陞　著
近代中国与新世界：康有为变法与大同思想研究　［美］萧公权　著
道与庶道：宋代以来的道教、民间信仰和神灵模式　［美］韩明士　著
章学诚的生平及其思想　［美］倪德卫　著
近代中国的犯罪、惩罚与监狱　［荷］冯客　著
改良与革命：辛亥革命在两湖　［美］周锡瑞　著
回应革命与改革：皖北李村的社会变迁与延续　韩敏　著
中国农民经济　［美］马若孟　著
近代中国之种族观念　［英］冯客　著
传统中国日常生活中的协商：中古契约研究　［美］韩森　著
现实主义的限制：革命时代的中国小说　［美］安敏成　著
中国的经济革命：20世纪的乡村工业　［日］顾琳　著
皇帝与祖宗：华南的国家与宗族　科大卫　著
饕餮之欲：当代中国的食与色　［美］冯珠娣　著
缠足："金莲崇拜"盛极而衰的转变　［美］高彦颐　著
十八世纪中国社会　［美］韩书瑞、罗友枝　著
从民族国家拯救历史：民族主义话语与中国现代史研究　［美］杜赞奇　著
私人领域的变形：唐宋诗歌中的园林与玩好　［美］杨晓山　著
山东叛乱：1774年王伦起义　［美］韩书瑞　著
中国美学问题　［美］苏源熙　著
礼物、关系学与国家：中国人际关系与主体性建构　杨美慧　著
王弼《老子注》研究　［德］瓦格纳　著
中国的女性与性相：1949年以来的性别话语　［英］艾华　著
理解农民中国　［美］李丹　著

毁灭的种子:战争与革命中的国民党中国　[美]易劳逸　著
中国转向内在:两宋之际的文化转向　[美]刘子健　著
帝国的隐喻:中国民间宗教　[英]王斯福　著
寻求正义:1905—1906年的抵制美货运动　[美]王冠华　著
间谍王:戴笠与中国特工　[美]魏斐德　著
卫生的现代性:中国通商口岸卫生与疾病的含义　[美]罗芙芸　著
中国与达尔文　[美]浦嘉珉　著
朱熹的思维世界　[美]田浩　著
欧几里得在中国:汉译《几何原本》的源流与影响　[荷]安国风　著
翻译的传说:中国新女性的形成,1898—1918　胡缨　著
明清时期东亚海域的文化交流　[日]松浦章　著
大萧条时期的中国:市场、国家与世界经济(1929—1937)　[日]城山智子　著
清代内河水运史研究　[日]松浦章　著
美国的中国形象(1931—1949)　[美]T.克里斯托弗·杰斯普森　著
中国善书研究　[日]酒井忠夫　著
千年末世之乱:1813年八卦教起义　[美]韩书瑞　著
六朝精神史研究　[日]吉川忠夫　著
《诗经》原意研究　[日]家井真　著
明代乡村纠纷与秩序　[日]中岛乐章　著
矢志不渝:明清时期的贞女现象　[美]卢苇菁　著
中华帝国晚期的欲望与小说叙事　黄卫总　著
一江黑水:中国未来的环境挑战　[美]易名　著
虎米丝泥:晚期中华帝国南部的环境与经济　[美]马立博　著